新时代工程咨询与管理系列丛书

工程总承包项目投资管控理论与实务

钟　泉　郑子英　丁燕梅⊙主编

尹贻林　李孝林　张瑞瑞⊙主审

中国建筑工业出版社

前　言 | FOREWORD

EPC模式，即设计—采购—施工一体化的承发包模式，在我国又被称为“工程总承包”模式，是一种包括设计、设备采购、施工、安装和调试，直至竣工移交的总承包模式。建设单位作为业主，将建设工程发包给总承包单位，总承包单位承揽整个建设工程的设计、采购和施工，并对所承包的建设工程的质量、安全、工期、造价等全面负责，最终向建设单位提交一个符合合同约定、满足使用功能、具备使用条件并经竣工验收合格的建设工程。

EPC模式于1984年率先在我国化工行业试点推广后，逐渐成为石油、电力、纺织等行业所青睐的一种建设模式。近年来，随着各项政策、规范和管理办法的陆续出台，我国工程总承包模式进入崭新阶段，工程总承包模式逐渐成为市场的主流模式。2019年，住房和城乡建设部、国家发展改革委制定了《房屋建筑和市政基础设施项目工程总承包管理办法》。2021年，广东省人民政府办公厅发布了《关于印发广东省促进建筑高质量发展若干措施的通知》，提出“实施新型工程组织管理模式，政府和国有资金投资项目带头推行工程总承包，各地级以上市要明确每年不少于20%的政府和国有资金投资项目实施工程总承包。鼓励社会投资项目采用工程总承包方式组织工程建设。装配式建筑原则上采用工程总承包”。除此之外，山西、浙江、上海、湖北、济南等省市也出台过相关规定和政策，可以看出政府部门对工程总承包扶持的力度与决心。

与传统平行发包模式不同，EPC模式下，业主无须介入太多，一般只进行有限的整体性、原则性、目标性的管理和控制，只要总承包商最终能够交付符合合同约定、满足使用功能、具备使用条件并经竣工验收合格的建设工程即可。EPC合同一般采用总价合同，合同结算价格在固定价的基础上调整合同风险范围外签证、索赔、工程变更等，形成最终结算价格。对于固定价部分，一般不会因为设计变更或工程量增减进行调整，因此有利于控制工程整体造价。但是，由于国内弱信任环境，EPC项目在总价基础上发展出各式具有中国特色的计价方式，部分EPC项目在投资管控上不仅没有达到预期的结果，更是与原设定目标背道而驰。

本书针对工程总承包模式下的业主投资管控痛点，结合理论与实践，在对包括基于信任的合理风险、基于客户参与的价值共创理论、基于项目性价比的价值工程理论以及基于项目实施状态的动态控制理论在内的工程总承包项目的投资管控理论深入研究的基础上，结合作者长期从事工程总承包项目投资管理的实践工作，提出基于总承包合同下的EPC项目风险识别分担和特殊风险管理、EPC项目两阶段设计利益悖论解决方案、承包人合理化建议以及激励机制、EPC动态投资控制方案。本研究成果对工程总承包单位的管理同样具有一定的理论和实践价值。

由于作者水平有限，书中难免存在不足之处，敬请作者批评、指正。

作者

2022年12月

目　录 | CONTENTS

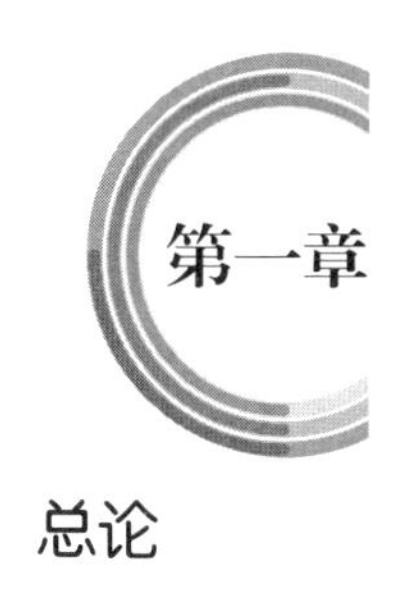

总论

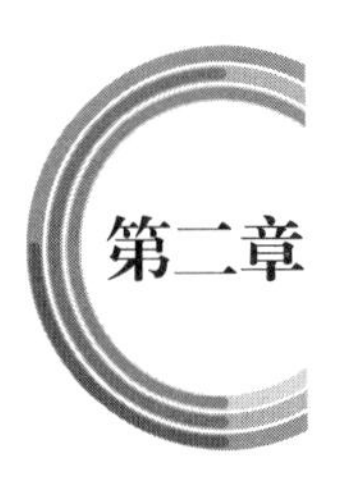

基于风险分担理论的EPC项目风险分担研究

基于价值共创理论的EPC项目设计管理研究

基于价值工程的EPC项目合理化建议确定及奖励机制研究

基于动态控制理论的EPC项目投资管控研究

| 第一章 |

总论

第一节 工程承发包模式的历史演变

一、工程承发包的传统模式

工程承发包的传统模式一般专指DBB（Design-Bid-Build，DBB）模式，即设计—招标—建造模式，意指由业主委托建筑师或咨询工程师进行前期的各项工作（如进行机会研究、可行性研究等），待项目评估立项后再进行项目设计。在设计阶段编制施工招标文件，随后通过招标选择承包商。而有关单项工程的分包和设备、材料的采购一般都由承包商与分包商和供应商单独订立合同并组织实施。这种模式最突出的特点是强调工程项目的实施必须按照DBB的顺序进行，只有在一个阶段全部结束后，另一个阶段才能开始。

世界银行、亚洲开发银行贷款项目和采用国际咨询工程师联合会（Fédération Internationale Des Ingénieurs Conseils，FIDIC）合同条件的项目均采用该模式。我国目前采用的"招标投标制""建设监理制""合同管理制"基本也是参照此模式。DBB模式下的项目参与方的关系如图1-1所示。

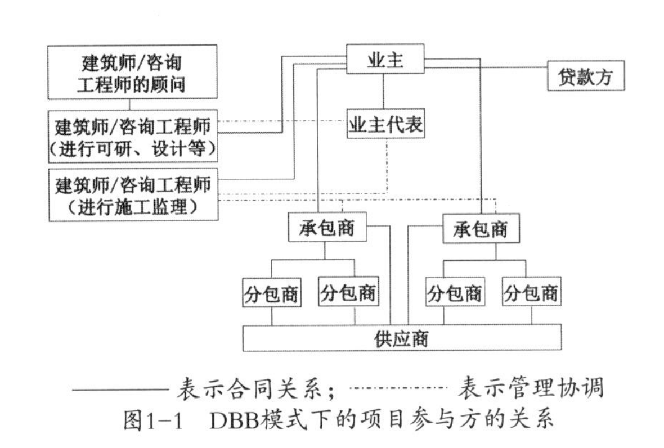

图1-1 DBB模式下的项目参与方的关系

在DBB模式下，业主分别同设计单位、施工单位签订设计合同和施工合同，这种模式在欧美等国家已采用近百年，广泛运用于工程建设领域。无论是业主承包商、咨询公司还是工程项目其他参建方，都比较熟悉该模式的操作，故将其称为传统承发包模式。该模式的优缺点如表1-1所示。

工程承发包的传统模式（DBB）的优缺点　　表1-1

序号	优点	缺点
1	该模式的应用时间悠久，为设计单位和施工单位所熟悉，其管理程序亦为工程项目参与各方所掌握，合同范本及其管理方法已被各方所熟悉	该模式下的工程流程呈"线性"特征，使工程项目建造周期相对较长
2	业主对其设计要求和控制较为容易，可以做到直接监控、一步到位	项目合同相对比较多，增加了业主方的管理负担

续表

序号	优点	缺点
3	招标工作流程简明易行，设计全部完成后进行施工招标，比较干净利落	实施过程中，一旦出现质量事故，设计方和施工方会寻找借口推诿责任
4	业主分别与设计单位和施工单位签订设计合同和施工合同，减少许多漏洞，利多弊少	项目实施过程中，协调管理会出现比较麻烦的情况
5	对工程项目的组织实施较为清楚	出现责任问题时，互相推诿、扯皮的情形有时使各方头疼

二、工程承发包模式的发展

工程项目的承发包模式经历了由“合”到“分”、由“分”到“合”的演变历程，即从最初的业主自管一体方式发展到专业发包的实施方式，再发展为逐步集成化的承发包模式，演化至今形成了多种承发包模式。因此，业主在对工程项目进行发包时，需要结合项目特点与自身需求，选择更为合适的承发包模式。工程项目承发包模式的发展主线如图1-2所示。

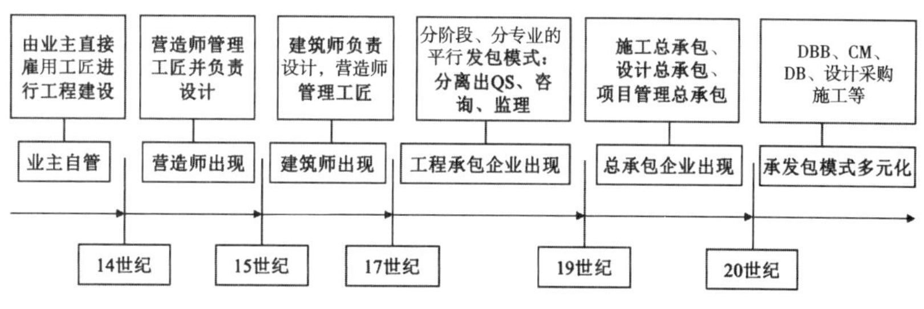

图1-2　工程项目承发包模式的发展主线

（一）业主自行管理阶段

当社会经济和技术还处于较低水平时，社会上没有设计、建造等专业分工。项目的设计、建造和项目管理基本上都由业主自己来运作，或者雇用工匠来完成。因此，项目管理作为一门科学或一门专业尚未被人们所认识，而工程项目的承发包模式尚未成型。

随着社会化生产的发展、劳动分工和协作越来越细、越来越复杂，建筑业的分工也开始逐步细化。最先是业主从项目建设具体任务中脱离出来，开始由工匠负责设计和施工。但业主仍主要依靠自己对工程项目进行管理，其仅将项目的部分设计、施工等工作发包给有设计和施工能力的工匠，工程项目的承发包模式开始逐步发展。

（二）设计与施工分离阶段的工程项目承发包

伴随着业主从工程建设具体工作任务独立出来的同时，一批从事设计又懂施工的工匠逐渐分化，成为专门进行工程设计并负责管理施工的营造师。因此，业主将工程项目的设计工作和施工管理工作分包给营造师来完成，即业主对工程项目的施工管理的职责被营造师有效分担，这种项目承发包模式和管理模式在较长时期内得以应用。

随着经济与技术的进步，建筑师从营造师队伍分离出来，专门进行工程设计，而营造师则主要负责施工工匠的管理，其项目管理职能逐渐独立出来。与此同时，施工也完成了专业化与社会化进程，专门从事施工活动的组织（工程承包商）开始出现。同时，这一时期的工程项目承发包模式进一步发展，即业主将工程项目的设计工作发包给建筑师，将工程项目的施工工作和施工管理工作分别发包给工程承包商和营造师，业主对项目的集中管理职能开始分散。

（三）平行发包模式阶段

在设计与施工分离以后，工程建设过程中出现了三个参与主体的格局，即建筑设计师（工程师）与施工承包商都变成了单独接受业主发包、各自独立向业主提供项目建设服务的参与主体。随着工程项目交易中招标投标制的逐渐采用，分阶段、分专业的平行发包模式成为通行的工程项目采购模式。该模式下，业主分别将设计、施工工作发包给设计单位和施工单位，并同设计单位、施工单位签订设计合同和施工合同，这种模式在欧美等国家已采用近百年。

由于交易界面与合同界面的增加，业主自行管理项目的能力逐渐不足；且随着社会经济的进一步发展，工程项目规模变大，技术越来越复杂，对项目管理专业能力的需求越来越强烈，业主从而开始寻找代表来进行项目管理，而自身只负责一些重大问题的决策。因为设计人员最了解工程，因此业主首先将监督、检查承包商的工作发包给设计师。这种承发包模式中，“业主、承包商、工程师”的“三角关系”正式形成。

（四）工程总承包模式诞生

随着经济与技术的发展，项目大型化、技术复杂化与专业化以及工程项目本身的系统性特点越来越受到认同，使分阶段多主体管理的传统承发包模式缺点凸显。在项目承发包模式演变过程中，一些新的注重阶段间整合的总承包模式逐渐出现并受到青睐，如设计—施工（Design-Building，DB）模式、设计—采购—施工（Engineering-Procurement-Construction，EPC）模式等，并催生了一批国际性的工程公司。

（五）项目管理承包和EPC总包

随着项目管理成为一门学科与专业被认同，项目管理工作尤其是项目承发包模式日益受到业主方和受益者重视。发达国家出现了专门从事项目管理业务的公司。作为社会化的专业公司，项目管理公司的规模虽不大，但其拥有经验丰富的项目管理专家，能根据业主需要提供各种项目管理服务。这类公司可以受业主委托担当雇主代表“工程师”的角色，也可以进行项目管理承包（Project Management Contractor，PMC）模式。在此模式下，业主在考虑工程承包方式时仍可据项目特点，或选择EPC总包模式，或E+P+C分包模式等方式。

可见，项目的承发包模式经历了由“合”到“分”、由“分”到“合”的演变历程。在这一演变过程中，业主的决策权不断被削弱，外部机构由工作责任不独立（为业主提供服务与支持，但不需要承担决策责任）发展为不完全独立（业主职能的必要补充），进而发展为责任基本独立（代表业主实施专业业务），如图1-3所示。

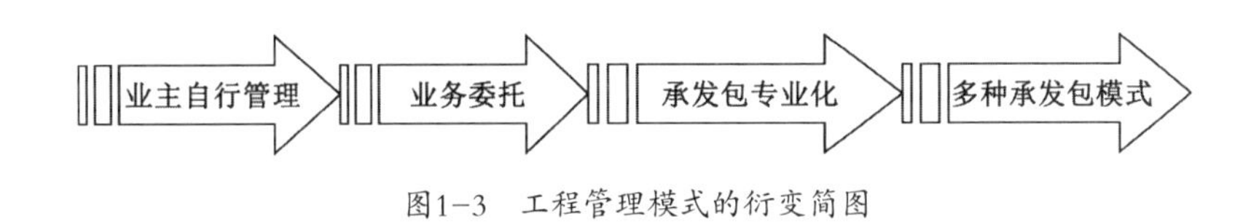

图1-3　工程管理模式的衍变简图

三、工程承发包模式的比较

（一）DBB模式

如前所述，DBB模式即设计—招标—建造模式，是传统国际上通用的项目承发包模式。该模式下，业主委托建筑师/咨询工程师（工程师）进行前期可研等工作，待项目立项后再进行设计、编制施工招标文件，在设计完成后协助业主招标选择承包商。业主和承包商签订施工合同，承包商可进一步分包。业主一般指派业主代表与咨询方和承包商联系，负责项目管理工作。

（二）施工总承包模式

在施工总承包模式下，项目业主单位将施工任务整体发包给具有相应资质条件的施工总承包单位。该模式下，施工总承包单位一般会将项目分包给不同的专业分包商。在施工过程中，业主在设计单位协助下或者另请监理单位对工程进行监督，以确保施工总承包单位按图纸和技术条款施工。设计单位设计上要满足业主的预算和功能要求，也希望施工总承包单位要严格按图纸和技术条款施工。施工总承包单位负责对整个项目工程的施工管理，但是并不参与项目设计，故其不必对有疏漏和错误的图纸负责。

（三）DB模式

DB模式是指承包商负责工程项目的设计、施工安装全过程的总承包。该模式下，业主首先聘请一家咨询公司为其研究项目的基本要求、明确工作范围。在项目原则确定之后，业主选定一家公司负责项目的设计和施工工作。这种方式在投标和订立合同时是以总价合同为基础的（可调价）。工程总承包商对整个项目的成本负责，其可以采用竞争性招标方式选择分包商，当然也可以利用本公司的设计和施工力量完成一部分工程。DB模式下的项目参与方的关系如图1-4所示。

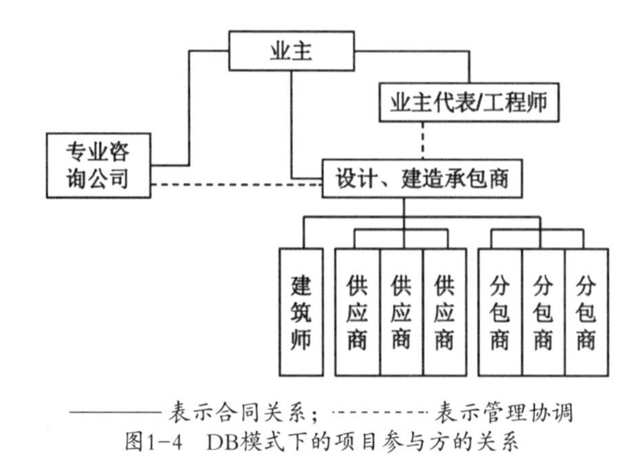

图1-4　DB模式下的项目参与方的关系

此外，该模式下的业主聘用工程师（FIDIC黄皮书）或业主代表（美国AIA）进行项目管理，管理内容涉及设计管理等。该模式下，承包商对工程承担了大部分责任风险，适用于房屋建筑、大中型土木、机械、电力等项目。

（四）CM模式

CM（Construction Management，施工管理或建设管理）模式最早由Charles.B.Thomsen等人于1968年提出，是一种国外较流行的模式。CM模式的特点是在采用快速路径法[Fast-Track Method，又称为阶段施工法（Phased Construction Method）],“边设计、边发包、边施工”，从建设工程的开始阶段就雇用具有施工经验的CM单位（或CM经理）参与到建设工程实施过程中来，负责组织和管理工程的规划、设计和施工。

在开展项目总体规划布局和设计时，应考虑到控制项目的总投资。据此，CM经理与业主为合同关系，负责工程的监督协调及管理等工作，在施工阶段的主要任务是定期与承包商会晤，对投资、质量和进度进行监督，并预测和监控成本与进度的变化。CM模式可分为代理型CM模式和风险型CM模式。这两种模式下的项目参与方的关系如图1-5所示。

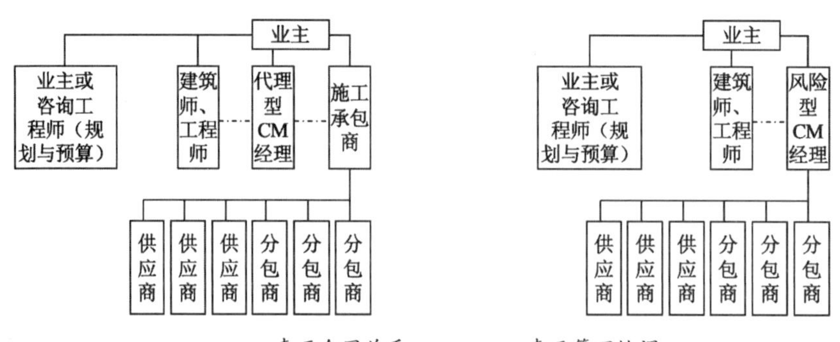

图1-5　代理型CM和风险型CM模式下的项目参与方的关系

此外，代理型CM模式和风险型CM模式的主要区别如表1-2所示。

代理型CM模式与风险型CM模式的主要区别　　表1-2

比较项	代理型CM模式（Agency CM）	风险型CM模式（At-Risk CM）
与业主的关系	CM单位是咨询单位，签订的是咨询服务合同，负责项目咨询和代理、合同管理及组织协调的工作量也较小	CM单位担任施工总承包人的角色，与各分包商或供货商之间有直接合同关系
承担风险	业主直接与各分包商和供货商签订合同，对各承包商的协调管理和合同管理工作转由业主自己承担，CM单位风险性较小	CM需承担各施工单位和供应商的协调管理和合同管理工作，对分包商的控制强度也较强，增加了CM单位的风险
工作职责	在设计阶段就介入项目，并可以向设计单位提供合理化建议，协助业主主持招标工作，在项目施工阶段管理和协调各分包商	与各分包商之间有合同关系，可向其发指令，它们之间是管理协调关系，风险型CM管理模式下的CM单位的工作量要远远大于代理型CM模式下的CM单位
对保证最大工程费用（Guaranteed Maximum Price，GMP）的风险承担	CM单位只提供实质性管理的咨询服务，它不是项目的实施方，不参与项目的施工，也不承担GMP的风险。因此CM单位与业主之间签订的是委托合同，以固定酬金加管理费为基础（总收益约为总投资的1%~3%）	发包人要求CM经理提出保证GMP，以保证发包人的投资控制。如果最后结算超过GMP，则由CM公司赔偿；如果低于GMP，则归发包人所有，但CM获得约定比例的奖励（总收益约为总投资的4%~7%）
合同签订	在设计阶段介入项目，由业主与承包商签订总承包合同	介入时间更早，CM单位与分包商每签一份合同才确定该分包合同价，而非一次把总造价包死

（五）PMC模式

我国称PMC模式为“项目管理承包商”，诞生于20世纪80年代初。在该模式中，业主首先委托一家有相当实力的工程项目管理公司对项目进行全面的管理承包，直接参与项目的设计、采购、施工和试运行等阶段的具体工作。

在PMC模式下，发包人通常通过招标的方式聘请一家有实力的项目管理承包人（公司或公司联营体）作为发包人代表或发包人的延伸，帮助发包人在项目前期策划、项目定义、项目计划、项目融资，以及设计、采购、施工、试运行等整个过程中实施有效的工程质量、进度和费用控制，进行集成化管理，达到项目生命周期技术和经济指标的最优化。PMC模式下的项目参与方的关系如图1-6所示。

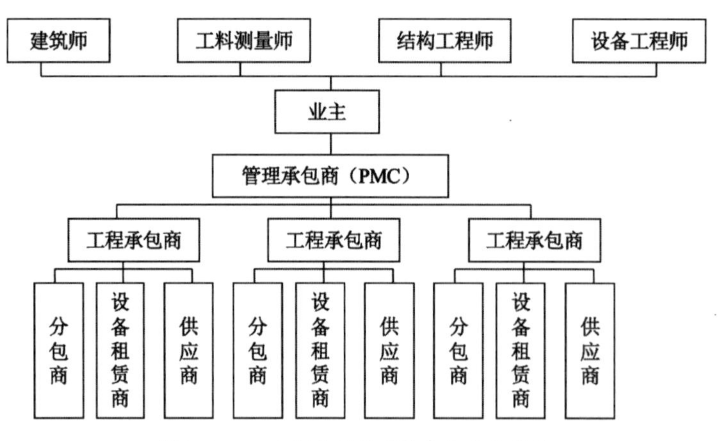

图1-6　PMC模式下的项目参与方的关系

（六）EPC模式

EPC模式，即设计—采购—施工模式，在我国又被称为“工程总承包”模式。该模式首次于20世纪80年代在美国出现，得到了那些希望尽早确定投资总额和建设周期（尽管合同价格可能较高）的业主的青睐，在国际工程承包市场中的应用逐渐扩大。

在EPC模式中，设计不仅包括具体的设计工作，而且可能包括整个建设工程内容的总体策划以及整个建设工程实施组织管理的策划和具体工作。在EPC模式下，业主只要大致说明一下投资意图和要求，其余工作均由EPC承包单位来完成。业主不聘请监理工程师来管理工程，而是自己或委派业主代表来管理工程。该模式下，承包商承担设计风险、自然力风险、不可预见的困难等大部分风险，且一般采用总价合同。EPC模式下的项目参与方的关系如图1-7所示。

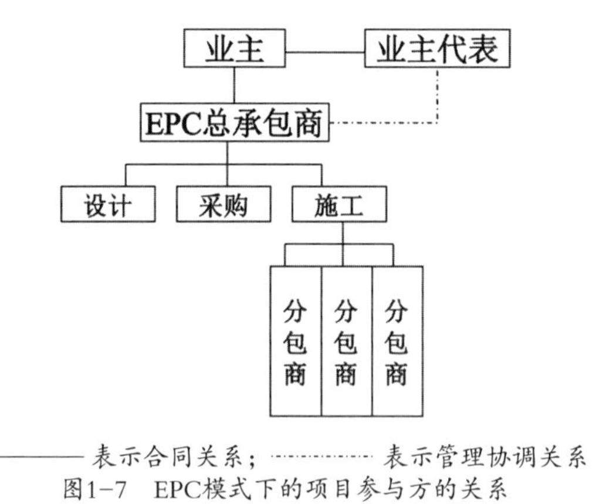

图1-7　EPC模式下的项目参与方的关系

该模式对于业主和承包商的优缺点如表1-3所示。

EPC模式对于业主和承包商的优缺点 表1-3

对象	优势	劣势
业主	1.能较好地将工艺设计与设备采购及安装紧密结合，有利于项目综合效益的提升； 2.业主的投资成本在早期即可得到保证； 3.工期固定且工期短； 4.承包商是向业主负责的唯一责任方，责任明确，减少了争端和索赔； 5.管理简便，缩短了沟通渠道； 6.业主风险较小	1.合同价格高； 2.对承包商的依赖度高； 3.对设计控制强度减弱； 4.评标难度大； 5.EPC承包商较少，竞争减弱； 6.工程设计可能会受到分包商的利益影响，减弱了工程师和承包商之间的制衡
承包商	1.利润高； 2.压缩成本，缩短工期空间大； 3.能充分发挥设计在建设工程中的主导作用，有利于整体方案的优化； 4.有利于提高承包商的设计、采购、施工的综合能力	1.承包商承担了绝大部分风险； 2.对承包商的技术、管理、经验的要求很高； 3.索赔难度大； 4.投标成本高； 5.承包商需要直接控制和协调的对象增多，对项目管理水平要求高

在实践中，EPC模式具体又可进一步细分为以下三种具体实施方式。

1. EPCs模式

在EPCs模式下，总承包商与业主签订合同负责项目设计、采购与施工监理。业主另外需要与施工承包商签订施工合同，由其按设计图纸进行施工，施工承包商与EPCs承包商无合同关系。监理费用不计入总价，按实际工时计取。EPCs承包商对工程的进度、质量全面负责。EPCs模式下的项目参与方的关系如图1-8所示。

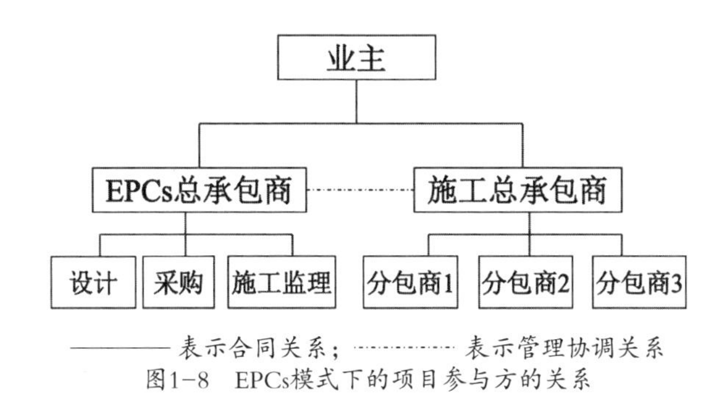

图1-8 EPCs模式下的项目参与方的关系

2. EPCm模式

在EPCm模式下，总承包商与业主签订合同负责项目设计、采购与施工管理。业主另外需要与施工承包商签订施工合同，由其按设计图纸进行施工，施工承包商与EPCm承包商无合同关系，但需接受其施工管理。EPCm承包商对工程的进度、质量全面负责。EPCm模式下的项目参与方的关系如图1-9所示。

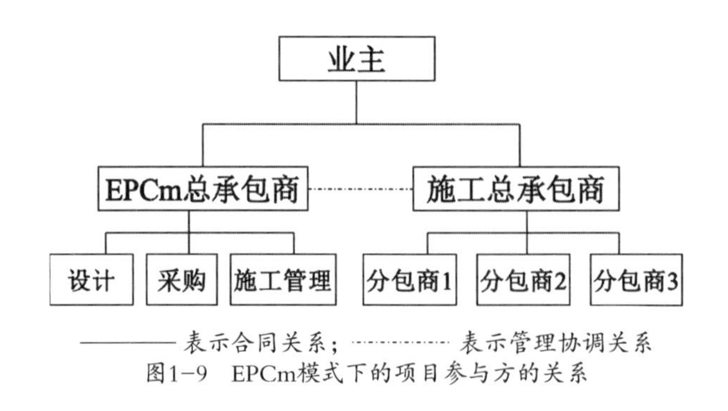

图1-9　EPCm模式下的项目参与方的关系

3. EPCa模式

在EPCa模式下，总承包商与业主签订合同负责项目的设计、采购，并在施工阶段向业主和施工承包商提供咨询服务。咨询费不含在承包价中，按实际工时计取。业主与施工承包商另签施工合同，负责项目按图施工并对施工质量负责。EPCa模式下的项目参与方的关系如图1-10所示。

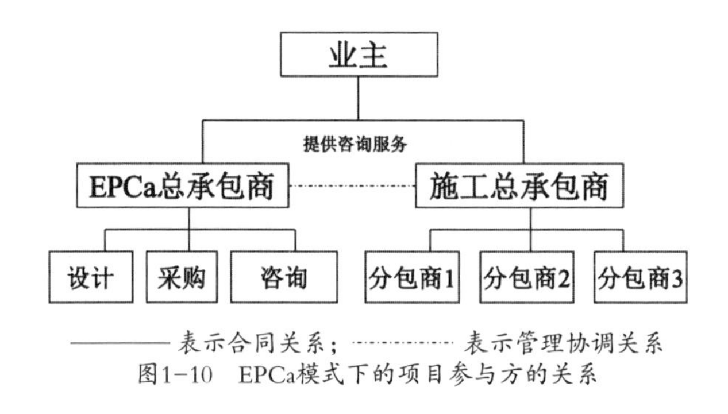

图1-10　EPCa模式下的项目参与方的关系

综合以上分析，对工程项目承发包的各种模式的特征、优缺点进行比较，结果如表1-4所示。

工程项目承发包模式的比较简表　　表1-4

模式类型	适用程度	适用项目	优点	缺点
DBB承发包模式（传统模式）	在国际上比较通用且应用最早的工程项目发包模式之一	适用于大型装置或工艺过程为核心技术的公共建设领域的开发性建设过程项目；对于地下大型工程则不适用	1.该模式的应用时间悠久，为设计单位和施工单位所熟悉，其管理程序、合同范本等为项目参与各方所熟悉； 2.设计图纸完备，具备整体可施工性，可从整体上把握项目	1.设计、招标、施工等周期较长； 2.风险分担不对称，易产生争端； 3.业主的协调工作量大； 4.“可使共性”差，管理协调性工作较为复杂，工程师不易控制

续表

模式类型	适用程度	适用项目	优点	缺点
施工总承包模式	其为国内应用最广的承发包模式之一	适用于建筑工程、公路工程、铁路工程、水利水电工程、电力工程、矿山工程、冶金工程、石油化工工程、市政公用工程、机电工程等各类工程项目	1.在通过招标选择施工总承包单位时，一般以施工图设计为投标报价的基础，投标人的投标报价较有依据； 2.在开工前就有较明确的合同价，有利于业主对总造价的早期控制	1.工期较长，不适用于大型项目； 2.设计与施工脱节，相关单位易扯皮； 3.会引起较多的设计变更，增加建设成本； 4.合同总价难以确定； 5.业主工作量大
DB承发包模式	国外比较流行的一种新型的项目承发包模式	适用于一般工程	1.在项目初期选定项目组成员，连续性好，项目责任单一，早期成本可以保证； 2.可采用CM模式，减少管理费用、减少由利息和价格上涨的影响； 3.在项目初期考虑施工因素可以减少由于设计错误、疏忽引起的变更	1.业主无法参与建筑师、工程师的选择； 2.业主对最终设计和细节的控制能力降低，工程设计可能受施工者的利益影响
CM承发包模式	广泛应用于欧美地区的新型承发包方式，极具发展优势	适用于：1.设计变更可能性较大的项目； 2.工期要求紧的项目，以及总范围和规模不确定的项目	1.有利于合理协调设计与施工的关系； 2.有利于企业合理组织生产与管理； 3.合理利用投资以提高投资效益	1.由于在设计的同时开始施工，承包商报价的风险较大； 2.要求管理环节高度紧密
PMC承发包模式	新兴承发包模式	适用于：1.项目投资额大而且工艺复杂； 2.政府投资额公共项目或业主是由多个大公司组成的联合体参与，并有政府参与； 3.一些缺乏管理经验的国家和地区项目； 4.业主自身资产无法为项目提供融资担保的项目	1.有助于提高项目管理水平； 2.有利于帮助业主节约项目融资； 3.有利于精简业主建设期管理机构； 4.有利于业主取得融资	1.业主的控制被大大削弱； 2.PMC承发包模式现场管理难以协调
EPC承发包模式	适用广泛，将长期存在	适用于一般规模较大、工期较长，具有相当的技术复杂性的工程，如工厂、发电厂、石油开发等基础设施	1.从项目业主角度来看，EPC承发包模式有利于其进行管理； 2.EPC承发包模式可有效地将建造费用控制在项目预算以内； 3.设计出来的产品可操作性强； 4.项目周期大幅度缩短； 5.EPC承发包可以有效地减少业主的风险源； 6.EPC承发包模式中，项目只进行一次招标； 7.在我国目前情况下，EPC承发包模式有利于培育发展专业化的总承包和工程项目管理企业	1.业主参与具体的施工过程少，不利于细部管理； 2.业主的支出可能会很大

第二节 EPC工程总承包模式解读

一、EPC工程总承包模式的概念

如前所述，EPC模式是指设计—采购—施工模式，在我国又称之为“工程总承包”模式。长久以来，随着建设项目日益大型化、复杂化、集成化，业主倾向于由一家承包商担任规划设计、设备材料采购和项目施工等全部责任。EPC、PMC、BOT和PPP等承发包模式成为国内外大型工程项目广为采用的模式。自2003年以来，欧美和日本已经有一半以上的工程项目采用EPC方式承包运作。

根据住房和城乡建设部和国家市场监督管理总局联合发布的《建设项目工程总承包合同（示范文本）》GF-2020-0216，承包人需按合同约定的工作内容和进度要求，编制设计、施工的组织和实施计划，保证项目进度计划的实现，并对所有设计、施工作业和施工方法，以及全部工程的完备性和安全可靠性负责。承包人可依法进行分包，其具体方式、工作内容和责任等由承包人与业主在合同中约定。而根据《住房和城乡建设部 国家发展改革委关于印发房屋建筑和市政基础设施项目工程总承包管理办法的通知》（建市规〔2019〕12号），工程总承包是指承包单位按照与建设单位签订的合同，对工程设计、采购、施工或者设计、施工等阶段实行总承包，并对工程的质量、安全、工期和造价等全面负责的工程建设组织实施方式。

由以上文件对工程总承包模式的定义可知，工程总承包是指承包单位按照与建设单位签订的合同，对工程设计、采购、施工或者设计、施工等阶段实行总承包，并对工程的质量、安全、工期和造价等全面负责的工程建设组织实施方式。工程总承包有下列形式。

1．设计—采购—施工（EPC）交钥匙工程总承包

设计—采购—施工总承包模式下，工程总承包企业按照合同约定，承担工程项目的设计、采购、施工、试运行服务等工作，并对承包工程的质量、安全、工期、造价全面负责。交钥匙总承包是设计采购施工总承包业务和责任的延伸，最终是向业主提交一个满足使用功能、具备使用条件的工程项目。

2．设计—施工总承包（D-B）

设计—施工总承包模式下，工程总承包企业按照合同约定，承担工程项目设计和施工，并对承包工程的质量、安全、工期、造价全面负责。

根据工程项目的不同规模、类型和业主要求，工程总承包还可采用设计—采购总承包（E-P）、采购—施工总承包（P-C）等方式。

可见，EPC模式是工程总承包模式的一种类型。在该模式下，承包商将承担建设项目的设计、采购、施工、试运行服务等工作。尽管在工程总承包模式的细分上，其又可包含DB、EPC和PC等其他模式，但EPC模式仍是最为常见的工程总承包模式。在多数情况下，其作为工程总承包模式的唯一指代物，如《建设项目工程总承包管理规范》GB/T 50358—2017在将“工程总承包”术语翻译为Engineering Procurement Construction

（EPC）Contractin/Design-Build Contracting。因此，本书将以EPC项目为研究对象，用以研究工程总承包模式下的投资管控问题。下述内容将围绕EPC工程总承包模式展开。

二、EPC工程总承包模式的特征

EPC工程总承包模式具有以下特征。

（一）总承包商面临的项目风险高

EPC项目要比设计或施工等单项承包复杂得多，风险也大得多，它承担几乎所有的经济风险、技术风险、管理风险和大部分的政治风险、社会风险、自然风险，并且EPC项目一般采用的是固定总价合同，其付款方式按“里程碑”总额进行。由此，所有材料、设备市场价格变化将被视为EPC总承包商在投标报价时已经充分考虑的情况，所有地质等不利条件也被认为总承包商已充分考虑，这意味着总承包商面临的风险更高。

（二）EPC总承包商在项目实施过程中处于核心地位

在 EPC总承包项目实际推进中，EPC总承包商按照合同约定对项目设计、施工和采购全权负责，根据项目特点对招标而来的分包商进行协调与组织，责权利的扩大确定了总承包商的核心地位。同时，该模式也要求总承包商需具有很高的总承包能力和风险管理水平，如此才能有效控制项目的投资、进度和质量等方面的风险，保障项目的顺利推进。

（三）业主权利受到更多限制

EPC模式的承发包关系与传统模式的承发包关系不同，如在签订合同后的实施阶段，角色发生了变换，承包商处于主动地位。在工程实施过程中，业主对于合同管理相对简单，由业主或业主代表管理工程项目，极大地减少了业主方的工作量。

此外，EPC项目的内容范围广，包括工程的设计、采购、施工以及试运行服务，业主单位除了负责整体的、原则的、目标的管理和控制，其他都全部委托给工程总承包单位（可以是一家企业或者是联合体）负责组织实施。业主对EPC项目的具体实施过程不会给予过多的干涉，但还是会进行合适的监督管理，一般不会严密监督或控制承包商的工作。可见，EPC模式中，业主的权利受到了更多的限制。

（四）业主减少了协调与交易成本

业主只与工程总承包商签订EPC总承包合同，如果是联合体承包项目，业主除了与联合体签订EPC总承包合同，还需要承包商提交联合体协议，在联合体协议中明确联合体的牵头方，并将设计、采购、施工等工作内容界定明确。工程总承包商可遵循工程总承包项目分包的相关规定选择把部分设计、采购、施工工程委托给分包商完成；分包商与总承包商直接签订分包合同，而不是与业主签订合同；分包商的全部工作由总承包商对业主负责。由此可见，总承包商负责全部设计、采购与施工工作，如此使业主在招标准备、合同谈判、管理协调等方面的工作量大大减少，减少了其交易成本。

同时，EPC项目的设计、采购、施工全部由总承包商承担，故EPC项目各阶段是相互搭接的，无清晰的时间界限。其中，采购阶段工作可在设计进行到一定阶段就可以开始，而施工过程也可以从设计阶段中期就开始，可减少工期与成本。

综上所述，EPC模式在缩短建设周期、降低项目造价、减少纠纷、建设业主交易成本等方面具有明显的优势，在国际承包市场上普遍被业主采用，在国内工程建设领域则呈快速增长趋势。

三、中国式EPC工程总承包模式解析

实施EPC的前提是承发包双方互相信任，不利用合作方的漏洞。在《住房和城乡建设部 国家发展改革委关于印发房屋建筑和市政基础设施项目工程总承包管理办法的通知》（建市规〔2019〕12号）发布之前，住房和城乡建设部颁布的所有EPC试点办法和合同示范文本都是以信任为前提制定的，有大量明显不适应我国信任环境的规定。比如《关于进一步推进工程总承包发展的若干意见》（建市〔2016〕93号）、《关于征求房屋建筑和市政基础设施工程总承包管理办法（征求意见稿）意见的函》（建市设函〔2017〕65号）等文件规定可在可行性研究完成后进行EPC招标、合同采用总价方式（不变则不审）、支付采用形象进度支付等。随着EPC的推广，住房和城乡建设部考虑到目前国内信任环境并不充分的情况，也意识到我国并未推行过伙伴式项目管理模式，故《住房和城乡建设部 国家发展改革委关于印发房屋建筑和市政基础设施项目工程总承包管理办法的通知》（建市规〔2019〕12号）的颁布，明显采用了中国低信任环境的假设前提，对之前的不适规定进行了修改，形成了中国式EPC工程总承包模式。

中国式EPC工程总承包模式与国际上通行的EPC工程总承包模式有着明显的不同。如，国际上通行的EPC从可行性研究结束后开展招标工作，列明业主要求的功能参数和样品，总价计价且最低价中标，按里程碑方式支付，交钥匙后以总价结算，全程可不聘监理工程师等。但我国的政府投资项目若采用EPC总承包模式，则要求从初步设计完成后开展招标工作。《住房和城乡建设部 国家发展改革委关于印发房屋建筑和市政基础设施项目工程总承包管理办法的通知》（建市规〔2019〕12号）要求以适宜方式计价，福建省和广西壮族自治区则明确以模拟工程量清单方式招标并且采用单价方式计价，并聘请项目管理单位，按约定付款周期计量支付，且结算须经严格审计。发生这种转变的原因在于，政府投资项目在现行招标制度框架无法招到可信任的总承包商，而非政府投资项目业主则可以通过合作或伙伴式项目管理关系寻找到可信任的总承包商。

此外，《住房和城乡建设部 国家发展改革委关于印发房屋建筑和市政基础设施项目工程总承包管理办法的通知》（建市规〔2019〕12号）区分了政府投资项目和非政府投资项目两类。非政府投资项目采用EPC模式可以在投资决策后招标，可以采用总价合同；而政府投资项目采用EPC模式则应该在初步设计后招标，并采用适宜的合同计价形式。为什么非政府投资即企业投资项目可以“激进”一些呢？因为企业投资项目既可以采用伙伴式项

目管理，也可以自主选择可信赖的总承包商。

最后，由于政策文件规定我国政府投资的EPC项目应在初步设计完成后进行招标，因此中国式EPC工程总承包模式采用“两阶段设计”：第一个阶段是业主委托设计院进行方案设计和初步设计；第二个阶段是总承包商中标后进行施工图设计。两个阶段的投资管控方法是不同的：第一个阶段主要是采用下达设计限额、优化设计和管控设计（进度与深度）的方法进行投资管控；第二阶段则采用审批（查）制管控投资，即采用施工图审查和批准施工图预算，用批准的施工图预算和中标工程量清单总价按一致性原则进行调整，调整后的总价作为竣工结算的依据。上述两阶段设计之所以采用不同的管控方法，是因为第一阶段业主与设计院利益没有根本冲突，而第二阶段业主和承包商之间存在利益冲突，龙亮等称之为“设计利益悖论”。

可见，中国式EPC工程总承包模式在项目总承包商的介入时点、业主—总承包商的责权利划分、设计管理等方面有独有的特征，其区别于国际上通行的做法。因此，必须对中国式EPC工程总承包项目的投资管控痛点进行识别，据此寻找可借鉴的理论范式，进而有效并有针对性地指导中国式EPC工程总承包项目投资管控工作的有序开展。

第三节　工程总承包模式下的业主痛点及管控措施

一、如何选择合适的总承包商

（一）痛点描述

工程总承包项目一般投资额大、建设期长、施工过程复杂，从项目设计、采购、施工、竣工验收到交付使用的每个阶段都有可能出现变量；而我国的总承包商水平参差不齐，且在工程总承包模式下面临的风险远高于传统模式，对总承包商的选择不当势必影响项目的推进。因此，在工程总承包项目市场庞大、总承包商选择范围较小的背景下，选择一个优秀的总承包商显得尤为重要。

（二）管控措施

1．识别影响总承包商选择的因素

EPC工程承发包模式下，总承包商不仅成为服务的提供者，更是资本的运营者。工程总承包模式下，业主对项目的控制能力将减弱，且缺乏总承包商选择的策略和方法，故项目成功的关键取决于总承包商的综合能力，即能在约定的工期内，以价格合理、质量保证为前提，实现项目效益最大化。因此，EPC项目业主在选择总承包商时，应从总承包商对项目工期、价格、质量的把控能力、总承包商过往业绩、总承包商资质条件等方面加以综合考虑，缺一不可。

2．采用综合评估法进行评标

在确定影响招标成功的因素之后，需选择合适的评标方法来衡量潜在投标人的综合能力。由于工程总承包项目的招标内容将设计、采购、施工、竣工和试运行等阶段综合在一起，故应采用综合评估法进行评标。为此，应组建高水平的专家评审委员会从投标人对业主要求的理解、以往类似工程的业绩和经验、财务状况、现有的工程负荷、设计采购能力、项目管理能力和相关经验等方面来综合考量投标人的既有条件是否达到最优。

3．招标文件中要准确定义项目要求

为避免各方理解偏差而造成工程纠纷，招标文件应对业主的项目要求做出清晰、准确的定义，并以此作为项目开展后业主或总承包方调整合同价款的依据。项目要求应包括功能定位、建设标准、工期要求、投资限额、建设条件、设计任务书（用户需要、技术规格书）、材料（设备）的技术参数、档次及参考品牌等。此外，应对上述因素发生变化时的处理方案及计价加以约定，尽量避免索赔和争议的发生。

二、总承包商设计优化动力不足

（一）痛点描述

工程总承包项目按照业主需求实施，故无论是从业主功能需求和建设投资管控视角，还是从总承包商项目管理“三角关系”把控的视角，设计优化一方面是业主给予总承包商产生利润空间的机会；另一方面也是业主节约投资、实现项目价值增值的机会。激发共赢需要共享，但目前项目实际执行中，尤其是对EPC项目进行优化设计时，业主一般会认为，总承包商没有承担优化掉部分工作的实施而选择收回优化设计部分的收益。而总承包商则认为，其付出和收获不对等，业主收回全部优化后的设计收益而忽略自身的付出。因此，总承包商所受激励严重不足，丧失对优化设计工作的积极性。实践中，参建各方很难形成有效的利益共同体，也很难达成一致的设计优化后的利润分配方案，导致了总承包商对设计优化工作缺乏动力与积极性。

（二）管控措施

采用合理化建议奖励机制，激励总承包商优化设计方案。实行设计奖罚制度，激励设计人员认真设计，在保证安全与功能的基础上，鼓励设计者采取新型工艺、新型材料、新型施工技术以有效减少项目投资。业主将节省下来的工程造价用于设计人员奖励；反之，如造成投资增加或浪费，则予以一定的处罚。

此外，由于EPC项目涉及的资金额度一般比较大，且业主缺乏专业建设能力，难以使得项目资金发挥其最大价值；相反，总承包商作为工程的具体执行者以及专业能力的拥有者，对整个项目工艺了解程度较深，具有丰富的工程经验，可通过向业主提出合理化建议来帮助业主降低其项目投资，给项目带来较大价值。因此，在EPC项目合同中，可添加合理化建议奖励机制的相关条款，以此来激励EPC承包商尽可能多地向业主提出合理化建议，帮助业主提高项目价值，使合同双方都获益。

此外，可将价值工程（Value Engineering）理论应用于设计优化之中，用以更为有效地激励总承包商进行设计优化。提高价值工程的五种途径与总承包商合理化建议的关系如图1-11所示。

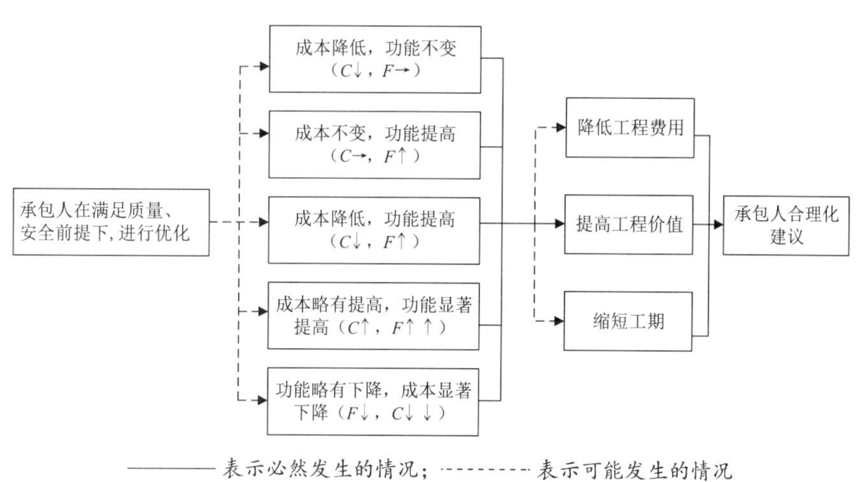

图1-11　价值工程在设计管理中的应用

图1-11中，如承包商提出的建议符合价值工程五种实现途径中的其中一种，那么必然可以推出该项建议可提高工程价值，符合价值工程原理。FIDIC银皮书条款13.2规定：承包商可随时向雇主提交书面建议，采纳后将：①加快竣工；②降低雇主的工程施工、维护，或运行的费用；③提高雇主竣工工程的效率或价值，或给雇主带来其他利益的建议。由条款内容可知，总承包商合理化建议的效果之一即为提高竣工工程的价值，符合价值工程情况的建议变更有助于提升项目价值。

三、承包商为追求利润过度设计

（一）痛点描述

工程总承包尤其是EPC总承包模式下，总承包商一方面会出于业主方的激励不足而丧失优化设计的积极性；另一方面则会基于自身信息优势开展过度设计以追求自身利润最大化，从而造成项目投资管控目标的不达。具体而言，EPC项目总承包商承担了项目绝大部分的风险。相应地，总承包商也对项目享有较大的管理权限和自由度。为争取最大利润，承包商可能会在后期施工利润空间高的地方加大设计投入，在满足业主需求的前提下尽可能使得项目经济技术指标偏高，从而造成投资的增加和资源的浪费。

（二）管控措施

1．进行设计方案比选

根据住房和城乡建设部印发的《建筑工程设计文件编制深度规定（2016年版）》（建质函〔2016〕247号），我国建筑工程的设计一般应分为方案设计、初步设计和施工图设计三个阶段。对于技术要求简单的建筑工程，经有关部门同意，并且合同中有不做初步设计的约定，则可以在方案设计审批后直接进入施工图设计。前一个阶段的设计文件应能够满足编制后一阶段设计文件的需要。

（1）设计方案评价指标。

设计方案比选通常在方案设计和初步设计阶段进行，在设计方案比选过程中，应从方案设计和初步设计阶段的设计方案拟订过程中所考虑的指标入手，严格执行相关设计标准或设计规范等依据。工程建设项目方案设计通用评价指标主要有结构形式、空间设计、平面布置等，对建设项目方案设计的评价可以从下述方面展开。

①建筑物内部各种使用空间的大小、形状、设施等结构形式。设计方案的结构形式应满足建筑物的立项意义、主题和功能要求设计，以及可能由此产生的社会效益与经济效益。

②建筑平面、空间布局和总平面布置。需要明确功能分区、空间组合、景观分析、交通分析等情况，这些内容关系着项目的使用功能、交通流线组织的合理性，应重点考察整个系统的"接口"联系及总体设计的合理性。在平面设计时，要充分利用地形、地貌、地质等条件，做到少占农田、尽量避开大型建筑物；进行纵断面设计时，应避免大填大挖，减少土石方工程量；对特殊路基、软基进行设计时，尽量采用经济实用的处理方法；在开展桥梁、涵洞的设计时，应尽量采用经济的结构形式。

③建筑方案与环境。建筑物自身最好能够尽量规避外来的污染，这在平面布置中应考虑到。同时，建筑物会因自身的形体和一些特殊工艺对周围环境产生影响，能否将这些影响消除到最小，也是设计方案优化的一个主要目标，这不仅体现设计者的水平，也在一定程度上影响着项目的社会效益和经济效益。

（2）设计方案比选的控制要点。

①应根据待比选设计方案实际情况选择恰当的比选依据和标准。

设计方案比选的依据主要包括两类，即工程建设国家及行业标准和业主提供的项目设计方案及相关资料。由于工程建设标准种类繁多，适用范围也各不相同，在进行设计方案比选过程中，应严格根据设计方案及相关资料选择合适的工程建设标准，以确保设计方案比选结果的正确、合理性。

②确保待比选方案的可行性及具备满足用户需求的必要功能。

确保待比选方案的可行性及具备满足用户需求的必要功能，不能盲目追求降低项目投资而删减必要功能或使方案不具备可行性。

③在利用价值工程来优化设计时，选择合适的设计方案。

在通过价值系数选择设计方案的过程中，应尽量选择价值系数靠近1的方案，即不能一味追求价值系数越大越好。究其原因，价值系数过高有可能带来功能过剩、成本不能满足必要功能实现等问题。

2．开展限额设计工作

EPC总承包项目的合同签订尚处于初步设计阶段。对于一些技术性要求比较高的项目还处于概念阶段，很多报价和工程量还都是根据经验估算。做好限额设计，对于总承包项目成本控制至关重要。在满足国家规范、规程和地方标准的前提下，从优化设计角度进行方案论证，审查设计文件，检查设计进度，同时在项目实施过程中严格控制设计变更。业主可聘请有资质的相关单位进行设计管理，从投资控制的角度进行限额设计与设计优化，以节约成本。

四、承包商提供的设计成果易与业主目标相偏离

（一）痛点描述

EPC工程总承包模式下，业主在将项目风险转移给总承包商的同时，也将部分项目控制权配置给了总承包商。由此，业主对项目的控制权也相应减弱。此时，占据信息优势的总承包商开展机会主义行为的可能性增大，可能导致最终的设计成果与业主的目标相偏离，使项目风险最终回流至业主方。

（二）管控措施

1．完善设计成果

设计成果是项目建设的灵魂，其不仅要符合国家及地方法规，更要注重业主的偏好，满足业主对拟建项目的需求。因此，为完善设计成果，业主需就设计意见和项目进展情况与总承包商主动沟通，在提高项目参与度的同时，增强业主对总承包商的控制。此外，在设计阶段，引入BIM技术可将设计成果三维可视化，有利于总承包商进一步找出影响施工目标的因素，从而优化设计成果、减少项目变更，达到控制项目整体成本的目的。

2．加强设计审查

开展设计审查是保证工程总承包项目符合管控目标、满足业主要求和推进工程实施的重要路径。只有加强设计审查，才能进一步优化设计方案、优化投资方案。其中，施工图作为设计阶段的最终成果及项目建设的重要依据，是业主审核工程质量、进行阶段性工程验收的主要参照标准。加强施工图审查不仅是业主重新掌握审图权和预算审批权的措施，更是减少和避免总承包商机会主义或恶意变更行为，进而实现项目价值功能最大化。

3．引入价值共创理论，开辟投资管控新思路

工程总承包模式下，因业主与总承包商立场不同，天然形成了双方利益对抗的局面。

因此，为保证投资管控工作的顺利开展，必须以双方共享项目价值为前提。而价值共创理论强调业主与总承包商在项目全生命周期视角下，通过信息共享实现深度互动。因此，既有助于承包商以最少的时间成本还原业主的需求，也可增加业主的参与度，进而保证投资管控按目标的顺利实现，为价值共享的实现提供有效抓手。因此，引入价值共创来实现投资方案构想者与投资方案执行者的双赢，可为投资管控工作提供新思路。

五、投资管控周期与项目全生命周期不匹配

（一）痛点描述

投资管控是降低建设项目造价，进而实现项目经济效益最大化的重要前提。但工程总承包模式下，客观环境的不稳定性及主观上的总承包商“重设计，轻经济”的思想会导致项目成本的超支，进而给业主的投资管控工作带来较大难度。究其原因，总承包商在项目全生命周期发挥主导作用，而业主的投资管控工作主要集中在设计、施工阶段，使得项目的投资管控周期与项目的全生命周期不匹配，总承包商可借此开展机会主义行为。因此，业主必须在工程项目建设的全过程进行投资管控，以提高投资管控绩效和项目价值。

（二）管控措施

1．运用动态控制原理识别项目全生命周期的投资管控要点

工程总承包项目的投资管控内容不仅包括前期工程造价控制，还需重视工程结算过程中新增加的工程费用。因此，对工程总承包项目开展投资管控要顺应其业务的推进流程，依次对项目的前期决策、设计、采购、施工、竣工验收等各阶段的投资管控要点进行分析。此外，由于业主处于动态变化的建设环境中，其必须实时关注项目进展情况是否偏离目标控制计划，做到主动把握偏差点，以此有效提高投资管控措施的靶向度与有效性。

2．构建完善的项目投资管控体系

工程总承包模式下，项目各阶段之间的联系较为密切，对其开展投资管控也应被视为一个系统连续的过程。合理的项目投资管控体系有助于把控项目的整体投资情况，并在出现阶段性投资超支时及时做出应对措施，避免引起更大的损失。尤其当各阶段建设工作交叉进行时，业主通过构建完善的投资管控体系，可指挥管控人员调整管理职能，使项目资源的分配达到最优状态。

六、业主与总承包商掌握的项目信息不对称

（一）痛点描述

总承包商是项目计划执行者，业主是项目资金保障者。由于二者的社会分工和专业化

程度有所不同，总承包商由于深度参与项目的各环节而能集成项目信息，进而构筑起信息位势差，导致双方在项目推进过程中掌握的信息不对称。此外，工程总承包模式下的总承包商作为项目的主要执行者及风险承担者，常借助其掌握更多的项目信息来满足自身的利益追求，使业主遭受损失。

（二）管控措施

1. 建立信息共享平台

为实现项目设计、采购、施工的深度交互，可在业主与总承包商之间建立畅通的信息获取渠道。如此，不仅能推动项目各阶段的信息流沿着设定好的流动程序进行无损流动，更有利于双方在信息共享的基础上把控全局，提高建设项目投资管控绩效和项目管理绩效。因此，借助“互联网+项目管理”的优势，引入BIM技术为项目各相关人员信息共享提供平台，可在保证工程信息有效性、及时性、可视化的同时，为业主监管项目建设、控制工程变更奠定基础。此外，信息共享将有效提高双方信任关系，并推进双方以更柔性的方式处理不确定性事件，保障建设项目的正常运转。

2. 加强业主自身建设，引入外部监督力量

在业主对项目控制权较弱的情况下，充分发挥总承包商的建设积极性是项目成功和投资管控绩效提升的关键。而业主作为信息不对称的劣势方，不仅要做好外部环境协调管理，更需全面加强自身队伍建设，积极培养技术水平过硬、管理能力超强的综合性人才，弥补信息不对称带来的利益损失。此外，为全面解决信息不对称导致的“信息孤岛”问题，应充分利用社会外界监督机制，引入国内外优秀的项目管理团队，为工程项目全生命周期管理提供增值服务。

3. 完善履约评价制度，加大考核奖惩力度

尽管在工程总承包模式下，业主在项目中的参与度较低，进而导致其对总承包商有较大的实体依赖性，但作为工程项目的牵头人，业主仍全面地掌握着工程项目的价款支付权利。而离开业主的经济支持，总承包商将步履维艰。因此，业主可依据总承包商的进度节点完成情况进行支付，如此可确保总承包商履行合同义务、降低总承包商在信息不对称条件下的“道德风险”和“败德行为”。此外，完善业主主导下的总承包商合同履约评价制度，并通过合同规定相关的奖惩制度，也可促使总承包商更好地达成项目目标。

七、预防总承包商恶意变更、调价及索赔

（一）痛点描述

为实现对项目总投资的有效控制，业主往往通过固定总价合同将部分项目控制权与大多数项目风险一并转移给项目的总承包商。然而实际工程价款的结算通常在固定总价基础上结合项目变更内容而定。因此，基于双方的信息位势差寻求边界条件与合同争议，开展

项目的变更、调价便成为总承包商控制投入成本进而更多创收的重要手段。此外，“中标靠低价，赚钱靠索赔”的恶意索赔现象也屡见不鲜，大大降低了合同履约效率，使项目最终投资难以确定。

（二）管控措施

1．加强合同条款中双方责权利的内容

合同是约束业主与总承包商双方的有效文件，合同的不完备性将使项目处于难以控制的状态，从而引发变更或索赔。因此，业主应结合项目特点识别潜在风险，并在合同文件中明确双方主体的权利和义务，使之责权利对等，且对无法预测的变更及索赔风险按约定原则处理。如此，可在促进承包商加强项目策划与组织管理的同时，促进业主有效控制项目投资和减少后期争议与索赔。

2．融合内外治理手段以控制项目变更

工程变更在项目实施过程中不可避免。对于业主而言，其应加强施工图审查、构建基于BIM技术信息共享平台和变更评价体系，用以防止总承包商利用工程变更“钻空子”等内部治理行为。此外，也可通过工程变更控制权条款的合理配置和工程变更风险合理分担等外部治理行为来有效控制变更。因此，内外治理相结合的治理机制将有效控制总承包项目的变更。

3．参考合同范本制定调价原则

工程总承包项目投资额大、建设周期长，通常都会采用调价方式弥补承包商因通货膨胀导致的成本上涨。因此，参考合同范本制定调价原则至关重要。确定调价范围并对风险进行归责分析是保证价款调整准确性的前提，而调价方式及其触发机制是施工合同的核心条款，直接关乎双方主体的经济利益，对合同的订立到履行产生关键影响。

4．加强过程沟通，避免进入索赔环节

在施工过程中，业主应该以合同约定为原则，及时与总承包商进行沟通并提前采取措施控制项目处理过程中的争议，以避免项目进入索赔环节。

5．进行反索赔管理

索赔与反索赔是一种相互博弈的行为。在项目实施过程中，总承包商提出索赔时，业主可按照相关的法律法规以及合同条款来反驳对方的索赔要求。因此，业主需要保存完整、全面的工程记录，并进行资料的汇总与分析，为反索赔提供证据支撑。此外，每一个反索赔都是对业主自身管理的一次检验，做好并重视反索赔工作，可以有效推进业主的管理能力。

6．索赔风险的转移

索赔是一项复杂、细致而艰巨的工作，即使是有经验的业主也难以在项目开展的前期便识别出并规避项目的所有索赔风险。因此，通过购买工程保险的方式转移风险以减少业主损失，亦不失为一种行之有效的方案。

综合上述分析，可知工程总承包项目的业主方在开展投资管控时，面临着“总承包商设计优化动力不足”“承包商为追求利润过度设计”“承包商提供的设计成果易与业主目标相偏离”“投资管控周期与项目全生命周期不匹配”“业主与总承包商掌握的项目信息不对称”等痛点。这些痛点严重阻滞着业主投资管控工作的顺利推进，影响着投资管控绩效和项目管理绩效的提升。因此，必须对上述投资管控痛点进行深入研究，并引入行之有效的理论范式以破解，从而有效提升工程总承包项目的投资管控绩效，促进工程总承包模式的发展。

第四节　工程总承包项目投资管控理论

一、基于信任的合理风险分担理论

工程总承包项目持续时间长，从项目的启动阶段开始，其经历项目的立项、可行性研究、勘察设计、采购、施工、试运行等阶段，一般至少持续两年以上。在此期间内，工程所在国的政治、经济、法规、汇率、气候、材料价格等都可能发生变化，使得EPC项目具有较高的不确定性。此外，由于人的有限理性和预见能力的局限性，其不可能预测到所有的紧急事件。而预期之外的问题发生后，其解决方法和解决费用也难以确定，故对于很多事项无法进行一一规定。即使做出了规定，由于表述错误，双方会对规定产生不同的理解，从而引发各种问题。并且，EPC项目合同文件复杂、繁多，合同工作人员在对其进行处理时出现合同错误、矛盾难以完全避免，故EPC项目合同不可避免地存在着缺陷。

可见，EPC项目合同的天然不完备性，使EPC总承包项目无可避免地存在着项目风险。EPC模式与传统模式相比，承包商承担的风险份额最大，如表1-5所示。究其原因，EPC总承包模式下的承包人作为主要参与方之一，总承包人除了承担施工风险外，还承担工程设计及采购等更多的风险。EPC总承包模式对承包人的综合管理能力要求较高，相应地，承包人承担的风险也增加。

不同合同类型的发承包人的风险分担　　表1-5

合同类型	发包人承担的项目风险	承包人承担的项目风险
EPC合同		
DB合同		
施工承包合同		

可见，相较于其他项目承发包模式，EPC模式下的项目总承包商承担了项目的绝大多数风险，这无疑加大了总承包商实施项目的难度。因此，寻找有效的方式以激励总承包商积极履约，成为提升投资管控绩效和项目管理绩效的关键；而关系治理范式下基于信任的风险分担被视为一种有效的方式。究其原因，信任能够降低业主方风险免责条款的数量，进而对风险分担方案的制定产生影响；而基于信任的风险分担框架可有效减少项目双方的谈判时间，并降低双方的谈判成本。由此，风险事件发生后，项目合作的双方可将注意力放在风险事件的补救而不是风险责任的推诿上，故可有效节约谈判成本和项目工期。

此外，风险合理分担可以激励风险承担者的积极性并有效控制项目风险，降低风险的发生概率，减少项目的总投资。此观点得到了学者的支持，如Cruz and Marques、Chiara and Kokkaew的研究都强调了作为风险分担组成步骤的风险的事前约定与事后补偿对项目成功都有积极性影响，并且事后调整效率很大程度上受制于缔约阶段的柔性化事前约定。在此基础上，赵华指出，工程项目合同具有天然不完备性，故工程项目的风险分担格局及其分担方案均应基于这种不完全合同予以实现。由此，其构建了不完全契约理论视角下的工程项目交易实现框架，进而将初始契约、再谈判以及交易效率分别映射为初始风险分担、风险再分担与项目管理绩效，得出风险分担与项目管理绩效的关联理论模型，如图1-12所示。经其实证验证，工程项目初始风险分担对项目管理绩效存在直接与间接的显著作用。

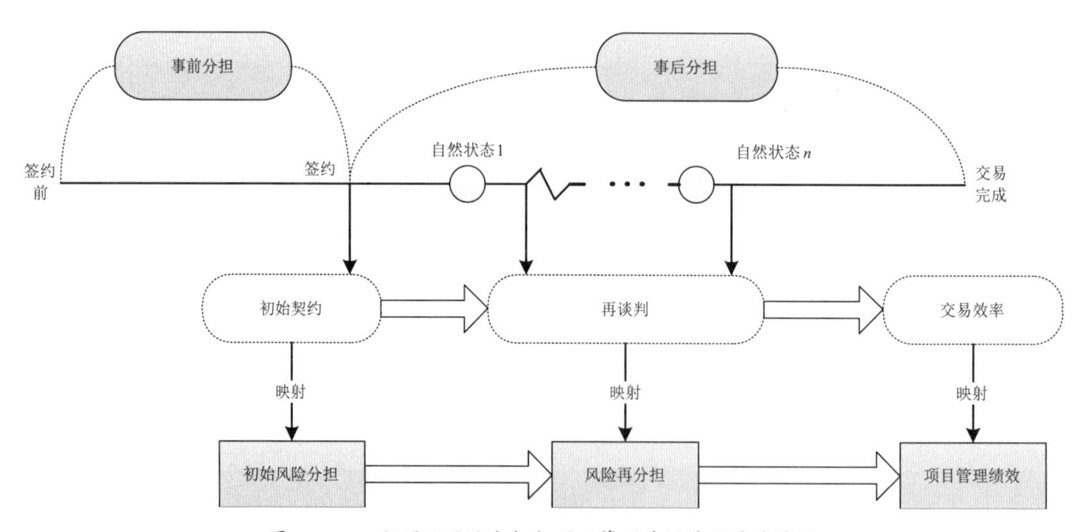

图1-12　工程项目风险分担与项目管理绩效关联关系简图

可见，目前成熟的基于信任的合理风险分担理论可为工程总承包项目投资管控提供理论支撑，助力EPC工程总承包项目投资管控目标的实现。

二、基于客户参与的价值共创理论

价值共创思想最早来自于共同生产领域，其强调消费者在生产的每个阶段都会与生产者进行互动，核心是交流互动。但共同生产仍以生产者为主导，消费者仅作为生产要素而受生产者的限制，并不等于价值共创。21世纪初，核心竞争力理论的创始人之一Prahalad and Ramaswamy首次提出了价值共创的概念，其认为在企业战略模式中应将客户置于主动参与者角色，而非传统的被动参与者角色。Prahalad进而指出，企业未来的竞争将依赖于一种新的价值创造方法——以个体为中心，由消费者与企业共同创造价值。基于此，其提倡企业应与客户进行积极的对话，将客户信息看作企业竞争优势的源泉。据此，基于客户参与的价值共创理论的核心在于共创消费者体验和实现价值共创的互动的基本方式。该理论强调价值必须由公司与客户联合起来共同创造，过去以企业或产品为中心的价值创造观，正在转变为以客户为中心的共同创造价值观。价值共创的基本逻辑如图1-13所示。

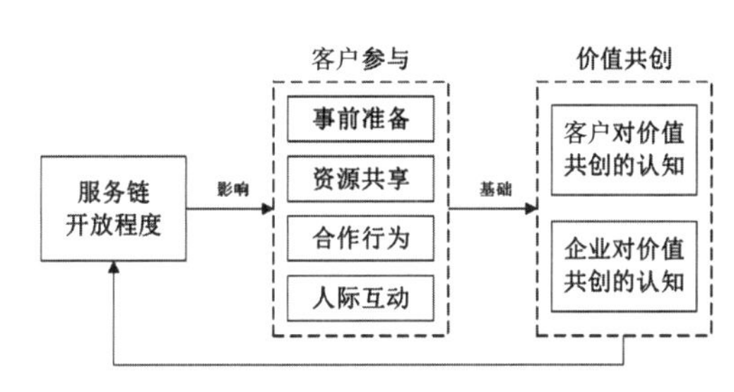

图1-13　价值共创的基本逻辑图

图1-13所示中，价值共创活动主要包含两方面主体，即客户和服务提供方，二者对客户参与价值共创、产生影响的具体表现就是客户本身的参与行为和服务链的开放程度。可见，价值共创理论鼓励每一名客户与公司合作、分享经验、价值共同创造，实现高质量的交互融合，提高企业核心竞争力。

与传统的DBB模式相比，EPC模式下业主承担的风险及任务量有较大的下降。具体而言，业主的工作范围主要包括：在项目建设实施前期提出相关设计规范、预期达到目标、所需功能等要求，按照需求寻找适合的承包商进行后续的设计、施工等。可见，业主在EPC项目实施全过程中应仅进行监督管理和全局控制。然而我国情境下既满足招标、投标需求又能在项目实施过程中做到严格自我管理的EPC总承包商较少。通常情况下，EPC总承包商会在项目实施过程中开展机会主义行为，导致项目无法按照设计方案顺利推进。而一旦发生较大冲突，将会产生不可逆的恶劣后果。因此，EPC项目参与方的合作方式有待改进，而前述价值共创理论便为这种改进提供了良好的思路。价值共创模式下，EPC项目业主的角色将发生转变，其不再是建设项目这一产品的消极购买者，而是其生产过程的积极参与者。基于此，业主与承包商将共同参与项目建设实施的全过程。业主在积极参与承包商设计、采购、施工等过程中提供自己的需求信息，使最终的成果呈现更加完善的功能和更高的项目价值。而实现的价值增值可基于双方事前约定进行合理分配，业主可据此对总承包商进行奖励等，而承包商则基于奖励措施等也将有较高的积极性。

可见，目前初见端倪的基于客户参与的价值共创理论为业主与总承包商共同参与项目价值提供了良好的思路，并可助力EPC等项目投资管控绩效的提升。

三、基于项目性价比的价值工程理论

价值工程（Value Engineering，VE）理论起源于1947年美国通用电器的工程师麦尔斯提出的“价值分析”。麦尔斯通过对产品的功能、费用与价值进行深入的系统研究，提出了功能分析、功能定义、功能评价以及如何区分必要和不必要功能并消除后者的方法，最后形成了“以最小成本提供必要功能”的核心观点。概括言之，价值工程是指以产品或作业的功能分析为核心，以提高产品或作业的价值为目的，力求以最低寿命周期成本实现产品或作业使用所要求的必要功能的一项有组织的创造性活动。其中，价值是以产品的功能为导向，通过研究如何以最低寿命周期成本，来实现对象（产品、作业或服务等）的必要功能，并致力于功能分析的一种有组织的技术手段。

价值工程分析具有以下特点：

（1）价值工程侧重于功能分析，其出发点是满足使用者的功能需要；

（2）价值工程的主要内容是研究功能与成本的关系，而这两方面的关系是相当复杂的，因此，应当用系统的观念和方法来进行价值工程分析；

（3）价值工程主要着眼于寿命周期成本；

（4）价值工程强调多方协作，有组织、按程序地进行。

价值工程的理论公式为：

$$V = F/C$$

式中，V为价值系数；F为功能（一种产品所具有特定职能和用途）系数；C为成本（从为满足用户提出的功能要求进行研制、生产到用户所花费的全部成本）系数。根据价值工程的定义公式，可以从以下五个途径来提高工程价值，如表1–6所示。

价值工程类型分析 表1–6

分类	表现	示例
成本缩减型	成本降低，功能不变	$C\downarrow$，$F\rightarrow$
机能提高型	成本不变，功能提高	$C\rightarrow$，$F\uparrow$
复合型	成本降低，功能提高	$C\downarrow$，$F\uparrow$

续表

分类	表现	示例
扩大成长型	成本略有提高，功能显著提高	$C\uparrow$，$F\uparrow\uparrow$
衰退型	成本显著下降，功能略有下降	$C\downarrow\downarrow$，$F\downarrow$

由于EPC工程项目涉及的资金额度比较大，且业主缺乏专业建设能力，难以使项目资金发挥其最大运作价值。相反，承包商作为工程的具体执行者以及专业能力的拥有者，对整个项目工艺了解程度较深，具有丰富的工程经验，可以通过向业主提出合理化建议来帮助业主降低其建设成本，给项目带来较大收益。因此，在EPC项目合同中，可专门设置“合理化建议奖励”的相关条款，以此来激励EPC承包商基于价格工程理论尽可能多地向业主提出合理化建议，帮助业主提高项目价值，并使合同双方都获益。将这一内容引入工程合同，标志着现在管理思想已融入工程建设管理之中，也体现了EPC合同编制在管理理念上的前瞻性。价值工程中提高价值工程的五种途径与承包人合理化建议的联系如图1–14所示。

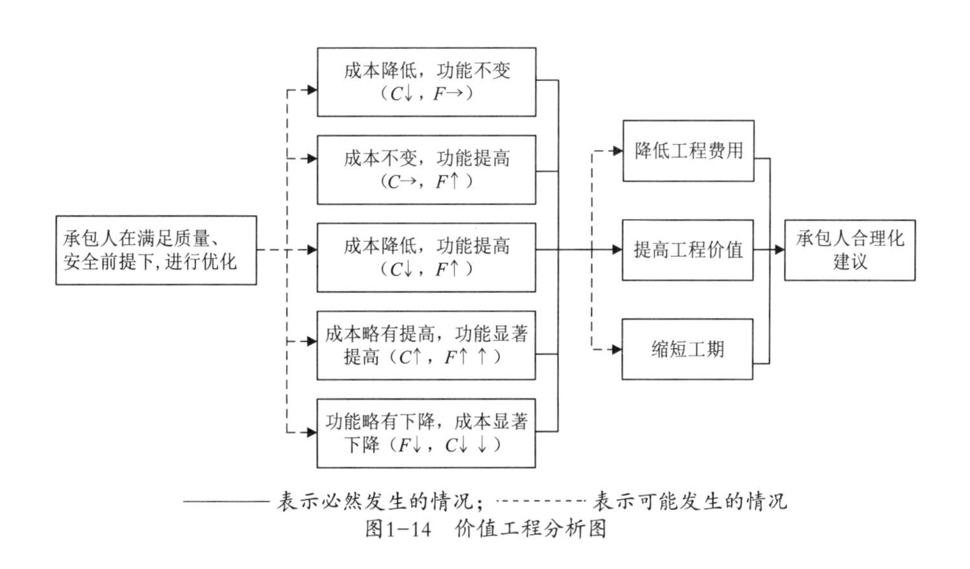

图1–14　价值工程分析图

由图1–14所示可知，如EPC项目总承包商提出的建议符合价值工程五种实现途径中的其中一种，那么必然可以推出该项建议可提高工程价值，符合价值工程原理。FIDIC银皮书条款13.2规定：“承包商可随时向雇主提交书面建议，提出（其认为）采纳后将：①加快竣工，②降低雇主的工程施工、维护，或运行的费用，③提高雇主竣工工程的效率或价值，④给雇主带来其他利益的建议。”从条款内容可知，承包商合理化建议的效果之一即为提高竣工工程的价值。综上而言，符合价值工程情况的建议变更有助于提升项目价值，故必然为合理化建议。

可见，基于项目性价比的价值工程理论可为工程总承包项目的设计优化提供理论基础，业主可以此为基础在合约中设置激励性条款，有效激励总承包商提供合理化建议，以提升项目价值、有效控制项目总投资。

四、基于项目实施状态的动态控制理论

动态控制是指建设工程项目在实施过程中对产生在时间和空间上的主客观变化而进行的项目管理，尤其要在施工组织与安排中根据环境变化进行必要的动态调整，以确保工程建设目标实现。该理论强调，项目实施过程中主客观条件的变化是绝对的，不变是相对的；在项目进展中平衡是暂时的，不平衡则是永恒的。在工程建设过程中，进度管理、质量管理和投资管理贯穿工程建设全过程，三者相互关联和作用，形成一个统一的整体，如图1–15所示。

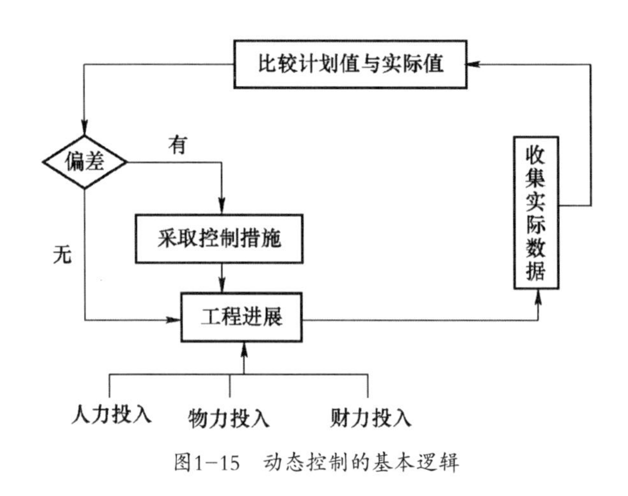

图1–15　动态控制的基本逻辑

由图1–15可知，在项目实施过程中的相关利益主体必须随着项目状态的变化而进行实时纠偏，以有效对项目目标进行动态控制。在项目实践中，以最短的工期和最低的投资实现最高的工程质量是项目管理的理想状态。因此，可运用动态控制理论根据项目实际进行情况与预期目标作对比并作出合理、高效的控制决策，这对实现项目实施全过程的最优化管理具有重要意义。

随着EPC总承包项目在我国的大力推广，EPC总承包项目的需求量以及要求也随之增加。然而，EPC项目一般具有规模庞大、工程量巨大、时间周期长、成本投入大等特点，使得EPC项目的实施过程十分复杂。可见，为促进EPC总承包项目的顺利实施，必须对EPC项目实施全过程进行系统的、精细的控制与管理。但EPC项目实施过程中存在大量的时间和空间上的主客观变化。客观上，由于外部不确定等原因，EPC项目的质量、进度、投资管理等难以实现原计划目标；主观上，由于部分管理人员常忽略非关键工作的进度控

制，导致项目关键工作不能如期进行，这会造成资源浪费、经济损失、工期延迟等问题，严重的还会对工程的质量和安全造成不利影响。因此，必须在项目的实施过程中依项目状态的变化来开展项目的投资管控。此外，我国现行EPC模式的法律法规尚不健全，大量的风险转嫁到总承包身上，由此加大了 EPC项目投资失控风险。因此，EPC项目的管理者必须对项目建设全过程中的投资进行动态的控制，使建设项目能够控制在一定的投资范围内，以实现预期的经济效益。

可见，必须对EPC项目开展动态控制，依据项目实施情况和项目状态的改变来及时开展纠偏行动、实时控制项目投资，以有效提升项目投资管控绩效和项目管理绩效。

基于上述分析，确定了开展工程总承包项目投资管控的四大理论，即基于信任的合理风险分担理论、基于客户参与的价值共创理论、基于项目性价比的价值工程理论和基于项目实施状态的动态控制理论。后续章节将依托上述理论，开展工程总承包项目的投资管控的理论研究和案例分析，以有效指导工程总承包项目的投资管控工作，促进以EPC项目为代表的工程总承包模式在中国的应用与发展。

| 第二章 |

基于风险分担理论的EPC项目风险分担研究

第一节　问题描述

一、研究背景

自住房和城乡建设部颁布《关于培育发展工程总承包和工程项目管理企业的指导意见》（建市〔2003〕30号）以来，总承包模式作为一种合法的、独立的建设管理模式在工程建设行业不断推广应用。而EPC模式是总承包模式的一种类型，即工程总承包企业按照合同约定，根据业主的要求，承担工程项目的设计、采购、施工、试运行等全部工作，并对所承包工程的质量、安全、工期负责。随着“一带一路”倡议和我国承包商“走出去”战略的推进，国际工程承包市场掀起了EPC总承包的浪潮。EPC项目对总承包商的要求较高，总承包商不仅需要较高的技术水平和丰富的管理经验，还要具有成熟的风险应对机制。为了培育具有国际竞争力的总承包商，推动建设市场的高质量发展，住房和城乡建设部提出要进一步发展和支持EPC总承包模式，在市场竞争压力下带动承包商发展，增强经济活力。因此，EPC模式是深化我国建设项目组织实施，提高工程建设管理水平，保证工程质量和投资效益的重要措施。

目前，我国EPC项目在建设行业比例逐年增加，投资规模也在日益壮大。在石油、化工等行业应用广泛且相关研究也比较成熟。而水利类项目建设环境复杂，投资回收期长，对承包商的技术要求高，因此采用DBB模式承建。而在DBB模式下的设计、采购、施工相分离，承包商协调性差导致建设效率低、项目整体的建设优化困难等弊端日益显著。如果水利类项目中实行EPC总承包模式，不仅可以克服DBB模式的缺点，从整体上平衡好工程质量、工程进度以及工程成本三者之间的关系，保证水利类项目的整体效益，还有利于提高我国水利类EPC项目的发展水平和国际竞争力。但是，EPC模式在水利行业应用较少，所以水利类EPC项目的风险研究也不全面。

随着建设市场以及法律法规的变化，2011版示范文本与现阶段工程总承包发展实际已经不相适应。2020年12月，住房和城乡建设部、国家市场监督管理总局联合发布了《建设项目工程总承包合同（示范文本）》GF-2020-0216（以下简称“2020版合同范本”）。2020版合同范本作为2011版示范文本的更新版本，反映了我国最新的法规政策和市场实践，对项目合同文件提出了标准化、规范化的要求，不仅能够有效减少合同中所涉及的不合理要求，也有利于建设项目中合同管理人员的培养。但是，由于2020版合同范本发布时间短，存在合同双方对2020版合同范本条款认识不同步从而引起风险分担机制不合理。除此以外，在非房屋建筑和市政基础设施领域的其他行业，如水利行业，往往具有大业主特征，在EPC项目中实行企业内合同范本，出现合同纠纷时需要参照2020版合同进行澄清和明确。因此，对2020版合同范本有清晰的认识对于EPC项目很重要。本书对2020版合同范本进行风险识别，结合风险分担原则，对合同上涉及的风险分担问题给出评价和建议。

二、研究目的与研究意义

（一）研究目的

1．构建基于2020版合同范本EPC项目风险分担的理论模型

对合同风险分担研究通常也是对于FIDIC银皮书以及2011版合同范本的研究，并且目前对此研究已经比较成熟。而本书通过对2020版合同范本中的风险进行识别，基于风险分担原则进行探讨，构建风险分担理论模型，为降低EPC项目建设成本，提高经济效益的理论研究作出贡献。并在此基础上与FIDIC银皮书进行对比，揭示2020版合同范本在国内市场形势下的进步性与科学性。

2．识别水利类EPC项目的特殊风险

随着EPC模式的推广应用，EPC模式在一般建筑项目取得了显著成效，被建设市场认可。但是，作为国家基础建设的水利类项目，由于其特殊性，即规模大、涉及参与方多等，在EPC模式的发展应用上落后于一般建筑项目。为了突破水利类EPC项目的局限性，促进EPC模式在水利类项目的发展，本书识别出水利行业与一般建筑行业的特殊风险，根据水利行业特点给出特殊风险的管理意见。

（二）研究意义

1．理论层面

本书通过对EPC风险的分类研究，将EPC项目风险分为一般风险与特殊风险，结合合同双方的风险态度与风险分担原则，整理出基于2020版合同范本的风险分担理论模型。FIDIC银皮书的风险分担理论模型相对成熟，比较两个合同范本风险分担的理论模型，可以明确2020版合同范本的优势，有利于加强国内承发包商对2020版合同的认同感，帮助实现2020版合同范本的推广。

2．实践层面

本书通过发掘EPC模式在水利类项目的优点，增强业主的EPC应用意识，对水利类EPC项目的特殊风险进行了识别分析，可以加强承包商对特殊风险的控制能力，可为此类项目的风险管控工作提供指导。因此，本书从不同层面有效促进了水利类EPC 项目的应用。

三、研究对象的界定

（一）EPC模式

1．EPC模式的定义

EPC模式强调总承包商受业主的委托，按照合同约定，对工程项目的勘察、设计、采购、施工、竣工验收、试运行等实行全过程或不少于其中的两个阶段的承包工作。工程总承包主要有设计—采购—施工（EPC）、设计—施工总承包（DB）以及根据工程项目的不同规模、类型和业主要求，工程总承包还可采用施工总承包等模式。

其中，EPC模式是业主放宽权利，将设计、施工、采购都交由总承包商负责；相对于传统承包模式，总承包商具有一定的自由性，对项目的整体把控能力更强，而业主对具体实施工作介入较少。在这种模式下，业主通过合同约定实现了风险转移，总承包商承担了大部分风险（表2-1）。

EPC与其他总承包模式的工作范围　　表2-1

工程总承包模式类型	工程项目建设程序					
	决策阶段	初设阶段	施工图设计阶段	采购阶段	施工阶段	竣工验收及试运行阶段
施工总承包模式	√	√	√	√	√	√
EPC模式		√	√	√	√	√
DB模式		√	√		√	√

2．EPC模式的适用条件

（1）工程规模大。

EPC项目工程规模大，设备和材料占总投资比高，业主不想承担较高的风险。EPC模式在设计的同时进行采购，设计和施工也可以实现深度交叉。

（2）管理要求高。

项目规模大，总承包商项目组成员要负责各个关键环节的质量、进度、成本、监控以及对其他部门的协调沟通。因此，若管理人员的协调能力、人际沟通能力、应变能力、大局把控能力均较高，则可以考虑EPC模式。

（3）设计居于领导地位。

设计居于工程项目的龙头地位，设计好坏不仅关系到建设质量，而且影响项目日后的运营。同时，设计也是降低造价、提高运行效率的关键环节。如果设计单位与施工单位信息不对称，协商沟通无效，将会导致严重后果。因此，如果项目设计具有领导地位，并采用EPC模式，那么总承包商会要求设计方从项目整体效益考虑。这不仅可以避免设计与施工的沟通协调困难，保障项目顺利开展，还可以优化EPC项目设计方案。

（4）技术要求高。

对技术含量较高的技术密集型项目，建设质量的控制比较困难，不仅需要把握工程设计的内涵，同时还应严格控制设备材料采购、设备安装和建筑施工的全过程的质量控制。因此，对技术密集型项目，可采用EPC模式。

3．EPC模式的特点

（1）EPC模式具有以下优点：

①工程质量责任主体明确，若有事故发生，则可以快速、有效地追究事故责任。

②强调和发挥设计在整个工程中的主导作用，有利于工程项目建设方案整体化。

③价格固定、工期固定，承包人更有自主权，在保证项目质量的基础上，可降低造价，不会造成资源和时间的浪费，并提高工程效率。

④设计、采购、施工一体化，由于EPC总承包模式的特点，项目的各个环节负责人为了提高项目效益，获得高额利润，各个环节会协调配合，确保工程进度。

（2）EPC模式具有以下缺点：

①EPC项目中，业主通过固定总价合同将权利与风险一同转移给总承包商，但是，这对总承包商的管理经验和技术水平有着较高的要求。其中，管理优势、技术能力以及机械设备体现在建设过程中，而业主几乎不参与建设过程，只能通过以往的建设结果来判断，这些因素对项目来讲属于隐藏风险。

②EPC模式的总价合同价格高，容易造成资源浪费，并且规模开展过大对周围环境也会产生不好的影响。

③项目设计、采购、施工虽然都站在总承包商的角度考虑，但是内部之间会出现矛盾协调的问题，处理内部矛盾比较复杂。

（二）EPC模式风险

风险是指某件事在一定条件下不发生的概率以及事件发生后会出现的各种可能后果，通常由失败的概率和失败造成的后果来决定风险等级。项目具有一次性的特征，即项目不可重复，若项目合同中缺乏约束和激励条款，会促使道德风险问题。此外，项目资源会相互制约。项目资源（包括费用、环境、技术），合同条款要寻求资源平衡配置，否则会产生进度质量风险问题。由于风险的不可避免性，不同类型的合同都会产生不同程度的风险（表2-2）。通过应用概率统计对大量风险事故资料的分析，找寻不同承包模式下双方的风险比例，分析不同模式的利弊。

不同类型的合同风险分担比例　　表2-2

合同类型	业主承担的项目风险	承包商承担的项目风险
EPC总承包合同		
DB合同		
施工总承包合同		

EPC总承包合同中规定，设计、采购、施工均由承包商负责，在项目建设工程中，总承包商有很大的自主权和自由度，但是总承包商也承担着来自各个阶段的相应风险；相较

之下，业主将放宽管控权，也将相应风险转移给了承包商。DB合同中规定，承包商负责设计、施工，业主负责采购，依据过错承担原则，相应材料设备采购的风险自然由业主负责。因此，相较于EPC模式，承包商的风险会有所降低，但是DB模式因为设计、采购、施工相分离，其工程进度会受到影响。施工总承包中，承包商只负责施工，在这三种模式中，其承担的风险最小，但是其工程施工会受到来自设计、采购方面的限制，影响工程质量。

项目建设是一个多阶段并且复杂的过程，包括设计、采购、施工、竣工验收到交付使用，同时也是一个动态变化的过程，项目实施的每个阶段都有可能出现变量，变量往往是风险的主要来源。

1. EPC风险产生的原因

（1）承发包商信任机制失衡，信息不对等。EPC项目需要业主承包商建立良好的信用机制，信用机制不健全往往导致项目信息不对称，进而产生“委托—代理问题”，进而对项目质量与项目进度产生影响。

（2）项目开展过程中的不确定性。由于EPC项目工程规模大、耗费时间长。EPC 项目不确定性表现在地质条件变化、不可抗力、政治变化、经济环境变化、法规变化以及材料设备价格变化。

（3）合同缺陷。工程合同缺陷会导致工程合同风险。全面准确的合同条款有利于工程开展实施，而合同缺陷往往会导致后续工程开展出现一系列问题。EPC项目合同缺陷主要表现在业主要求、专用条款以及投标书等文件对相关事项表述错误、容易引起误解、故意隐瞒或合同文件错误等情况。

2. EPC项目风险特征

（1）多样性。

不同类型的项目的风险存在多样性，如化工行业的EPC项目对工艺的要求很高，相应地，这类项目的设计风险就很高；核电项目对安全的要求较高，相应地，这类项目的施工风险和采购质量安全风险就比较突出。

（2）复杂性。

EPC项目由于可以实现设计与施工的交叉进行，也面临着因交叉而出现的各种问题，例如，各个环节分包商的利益分配与事故处理后的责任划分等问题，这些构成了EPC项目风险的复杂性。

（3）全局性。

EPC项目的风险贯穿于项目的设计、采购、施工、试运行的全过程中，各个阶段的风险具有很大的关联性，而不是各阶段或各个过程分割而来的项目风险的简单组合。

（三）EPC常用合同文本

合同范本的构成包括协议书、通用条款、专用条款和附件四部分。工程项目的多样化与复杂化往往会导致合同签订考虑要素繁多、工程管理复杂。因此，合同条款复杂性增加，承包商需根据项目变化对合同进行不断调整。范本为合同的制定、实施提供了标准化；合同范本不具有法律效益，但是对工程项目起着重要作用。

作用一：合同范本即合同参考标准，有效地排除了一些不合理条款，提高了合同双方的协商效率，降低项目前期的时间成本，保证合同的合理性，提高了项目建设效率。

作用二：合同范本由相关政府部门或行业认可的协会等发布，在行业内具有一定的权威性。从项目整体情况考虑问题，不偏袒承发包人任意一方，具有公平性和科学性，有助于处理后续纠纷问题，有力地维护了建设行业的秩序环境。

作用三：合同范本的推行可以实现技术标准化和管理标准化，使合同主体双方对合同标准条款形成共同认知。总承包商在符合合同范本规定的权利与义务的基础上，加强自身能力的提升，有利于管理能力与技术水平的提高。同时合同范本也保障了业主使其风险最小化、项目最优化的要求。

1．FIDIC银皮书

FIDIC出版了一系列新的标准合同条件，红皮书《施工合同条件》、新黄皮书《生产设备和设计—施工合同条件》、银皮书《设计采购施工（EPC）/交钥匙工程合同条件》、新绿皮书《简明合同格式》。其中，红皮书适用于土木工程；新黄皮书适用于土木、机械、电气以及房屋建筑等工程；银皮书是以设计建造和交钥匙工程合同为基础，适用于世界范围内的私人融资项目和大型项目的采购。银皮书的适用条件主要是由承包人承担全部设计、采购和施工，直到投产运行的项目；合同价格总额包干，除不可抗力条件外，其他风险都由承包人承担的项目；业主只看重最终成果，对工程实施过程介入很少的项目。

FIDIC银皮书中，业主对总承包商代表的要求少。而FIDIC银皮书中的总承包商代表可以向任何胜任的人员托付任何职权和权利，不需要经过业主同意；FIDIC银皮书规定竣工验收结果由双方负责整理和评价，体现了银皮书对业主与总承包商关系的信任；应用FIDIC银皮书时，总承包商要承担很多由业主行为所引起的风险，但也是由于主要权利义务分配的不同，所以总承包商拥有更大的自主权。

2.《建设项目工程总承包合同（示范文本）》GF-2020-0216

2020年12月，住房和城乡建设部发布了《建设项目工程总承包合同（示范文本）》GF-2020-0216，自2021年1月1日起施行。2020版合同范本是在2011版合同范本的基础上，结合了建设行业发展现行状况以及法律条款的变化，指明我国EPC项目的发展方向。

2020版合同同样由合同协议书、通用条款和专用条款三部分组成。其中，合同协议书依法约定了合同的要约与承诺；通用条款依法约定了实施阶段的要约与承诺；专用条款是根据不同建设工程的情况，对相关通用条款中的要约与承诺依法作出了细化、补充、修改、完善和另行约定。

2020版合同作为工程总承包项目的指导性文件，体现了我国总承包行业的发展进步，不再局限于国际范本，而是结合自身实际总结出体现国内环境特点的合同文件。不仅为国内建筑市场的公平有序提供有力支撑，还推动了建设行业的快速发展。

四、EPC项目风险分担的研究内容与技术路线

（一）EPC项目风险的研究内容

1．EPC项目风险理论研究

对国内外相关风险分担研究进行分析，梳理总结现阶段的研究热点，在此基础上确定问题靶向为基于2020版合同的一般风险与特殊风险分担问题。

2．EPC项目一般风险识别与风险分担的研究

在研究内容1的基础上对EPC项目进行风险识别，把项目生命周期内的风险研究归类为一般风险问题。鉴于FIDIC银皮书是2020版合同范本的基础，本书采用对比分析法，对FIDIC银皮书和2020版合同范本进行了风险分担对比。

3．水利类EPC项目特殊风险识别与风险分担的研究

水利行业在EPC模式上的应用发展相对落后，以水利项目的特殊性为突破口，深入研究水利类EPC项目的特殊风险，通过文献搜集，梳理总结水利类EPC项目的风险管理方法，结合EPC模式的特点，对特殊风险的管理展开研究和分析。

（二）EPC项目风险的技术路线

EPC模式下责任主体单一，减少了由于各承包商之间推卸责任问题，但责、权、利的高度集中也导致项目建设缺乏发承包人之间的相互制衡，业主对项目的控制能力变弱，总承包人的技术能力以及管控能力差将会导致项目的失败。因此，研究EPC模式的风险分担是很有意义的。而目前学术界对FIDIC银皮书下发承包人风险分担研究较多；但是对2020版合同范本的发承包人风险分担研究的较少。因此，本书将对2020版合同范本的风险分担问题展开分析，并安排下述研究框架。

首先，介绍本书的研究背景、研究目的以及研究意义，阐述说明EPC模式和EPC模式风险的定义及特点，受FIDIC银皮书风险分担研究的启发，引出2020版合同范本的风险分担问题。

其次，开展理论研究。结合国内外学者对于EPC风险分担的研究进行分析，界定本书承发包商的风险态度，总结本书应用的风险分担原则。接着对合同范本进行风险识别，将风险分为一般风险与特殊风险，整理一般风险与特殊风险所涉及的风险子因素。

再次，对EPC项目总承包合同下一般风险开展研究。按照项目生命周期进行一般风险的识别，结合前述风险分担态度与风险分担原则，建立2020版合同范本的一般风险分担框架。再和FIDIC银皮书进行对比，分析 2020版合同范本的进步性及合理性。

接着，对EPC项目总承包合同下特殊风险开展研究。不同行业面临的风险会有所差异，本书将风险差异规定为行业特殊风险，具体识别和分析水利项目区别于建设项目的特殊风险，研究特殊风险产生的原因，并且针对特殊风险的特有性质提出管理建议。

此外，对基于《建设工程施工合同（示范文本）》GF-2017-0201下的合同风险分担应用开展研究。简要介绍项目概况，对项目特点、合同特点等进行初步分析；然后，识别合同风险，归纳整理出该项目的一般风险与特殊风险。结合2020版合同范本的风险分担，考虑项目风险分担原则，得出风险分担方案。

最后，给出结论和展望。总结研究成果，找出不足，对今后的研究进行展望。

整合前序所有研究工作，得到本书的整体技术路线图，如图2-1所示。

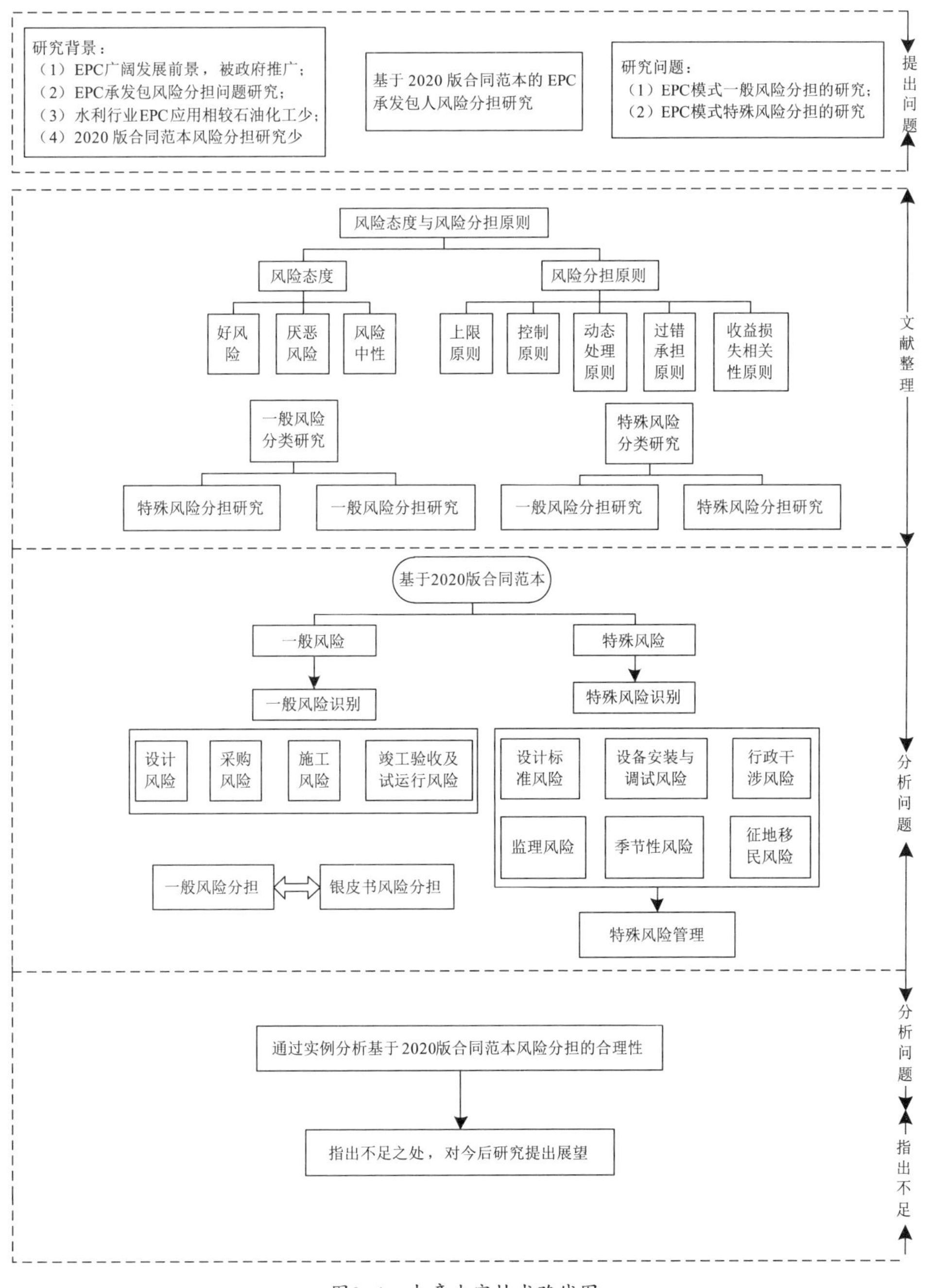

图2-1　本章内容技术路线图

第二节　理论研究

一、相关理论回顾

（一）风险态度与风险分担原则

1．风险态度

风险态度指的是合同双方对待风险的感性思维，通过分析这种感性思维来判断企业面对风险分担作出的理性决策。面对风险，无论是面对已发生的风险还是对未来风险预期判断，企业的风险态度对风险决策的影响都起着关键作用。而在EPC项目中，由于参与方的技术能力、资金能力、社会地位等的不同，风险应对积极性也会存在差异，因此在风险分担问题上，业主与总承包商对于风险的主观态度存在较大不同，如张嘉鼎指出，风险态度是合同主体对风险的倾向程度，依据风险态度与风险收益的相关关系，分为“好冒险”“风险厌恶”“风险中性”三类。其中，“好冒险”对于风险收益持有积极主动的态度；“风险厌恶”侧重考虑风险本身的危害，面对收益与风险持有消极的态度；“风险中性”较为理性，其通过建立收益与风险的概率模型进行取舍。此外，朱冰认为，无论是FIDIC银皮书还是2020版合同范本，都有指出不可抗力所带来的风险损失由业主或总承包商承担，基于此分担的前提条件判断企业是风险厌恶还是风险中性。

但是，参与方的风险态度并不是一成不变的，会随着时代进步而发展。一般而言，风险态度受到相关知识背景、财务能力、技术能力、管理能力、整体经济环境以及政策环境等方面的影响。因此，风险态度不仅可以反映企业的风险承担能力，还是风险分担的重要依据。本书将风险态度分为“好风险”“厌恶风险”和“风险中性”三大类型，并根据风险态度将业主与总承包商分为冒险型、保守型和中性型。本书认为，冒险型决策者往往注重风险收益，愿意承担较大风险来换取高额利润；保守性决策者更加关注项目的进程是否顺利，常常通过放弃高额收益来回避风险；中性决策者则较为理性，往往合理地看待收益与风险，通过建立收益与风险的相关关系来确定承担风险的比例。

（1）EPC项目业主的风险态度。

传统分包模式下的业主往往管理经验丰富、有着较强的风险承担能力，愿意承担项目设计、采购、管理等风险。这种情况下，业主风险分担比例较大，而各承包商们风险分担比例较小，这类业主往往是冒险型。

EPC项目业主往往由于项目管理经验不足以及没有相对健全的风险管理机制而选择EPC模式。他们倾向于通过合同约定将风险转移给总承包商，并愿意为此而承担过高的费用，因此，在多数情况下，他们是属于风险保守型或中性型的决策者。但是，并不是所有EPC项目业主都是风险保守型或者中性型。风险态度受很多因素的影响，同一个项目，不同EPC项目业主看待客观条件的角度会有所不同，即使是同一个业主，当受到资金条件限制、环境条件改变以及政策改变等情况时，他的风险态度都会受到影响甚至可能发生变化。所以风险态度属于不确定性因素，也存在 EPC项目业主是冒险型决策者的可能。

EPC项目业主的风险态度是选用EPC合同范本的先决条件。基于2020版合同范本为参考签订的合同，EPC项目业主是倾向于自身承担低风险的。因此，将本书中的业主界定为保守型或者中性型决策者，保证业主风险分担比例低于总承包商。

（2）EPC项目总承包商的风险态度。

承包商往往是合同的被动接受者，受业主支配。在传统分包模式下，承包商分为设计承包商和施工承包商，责任划分明确。出于对项目方案的可行性与安全性考虑，项目优化往往需要承担较高的风险，所以设计承包商是典型的保守型决策者。而施工承包商的风险态度就比较复杂，施工可协调性强，工序简易、技术高低以及管理水平都受施工承包商支配，因此传统分包模式下的冒险型、保守型、中性型决策者均存在，但由于建设市场中竞争压力的影响，施工承包商往往是冒险型决策者。

EPC项目中，总承包商负责设计、采购、施工，因此总承包商的风险态度需要依据EPC项目特点以及总承包商的经验水平进行考察。如果EPC项目业主要求的设计较为复杂，根据总承包商以往的工作情况是注重设计还是注重施工进行判断，应该采用保守型或者中性型的总承包商。如果施工规模较大，施工管理水平要求较高，一般选用的总承包商往往是冒险型决策者。本书考虑到总承包商承揽EPC项目的目的是通过对整个项目的综合协调和管理，降低建设成本，赚取更多的利润。因此在合同风险分担的讨论中，将总承包商界定为冒险型或者中性型。

风险态度与风险分担是相互影响的，风险态度是风险分担的重要依据，而合理的风险分担方式也会改变合同双方的风险态度。在制订风险分担方案的过程中，需要在认清风险属性的基础上考虑合同双方的风险态度。

2．风险分担原则

风险分担是风险管理的手段之一，主要包括合同条款中存在的潜在风险和建设过程中的合同管理风险，而本书的研究对象为2020版合同范本，因此本书中的合同风险主要指2020版合同范本条款中的潜在风险。合同风险分担就是明确合同双方通过合同约定划分项目风险，这不仅可以明确合同双方的权、责、利，还是合同履行过程中的索赔依据，保护合同双方的利益。

（1）国外风险分担研究开展较早，研究相对成熟。Ndekugri 和 Mcdonnell采用对比分析的研究方法，将FIDIC银皮书和NEC（New Engineering Contract，新工程合同）范本在风险分担倾向上的异同进行对比，并结合风险分担原则对二者进行了分析。Li 等针对PPP项目合同双方的风险分担倾向，运用问卷调查方法对英国PPP项目的合同双方进行调查研究，得出法律变动和不可抗力风险应由政府和私人投资方共担。Khazaeni将讨价还价的博弈模型引入到风险分担方案的研究过程中来，认为合同双方的风险分担过程是动态的讨价还价，最终得出使博弈模型得到最优解，即双方满意的风险分担方案。

（2）近年来，EPC模式在国内发展成效显著，国内研究学者也对EPC项目风险分担原则进行了深入探讨。杜亚灵和尹贻林从不完全契约的视角指出风险分担是动态的、全过程的，提出了风险动态分担原则。张水波和何伯森提出了风险控制原则、过错承担原则、直接损失原则、风险收益与补偿原则。楼海军基于激励兼容原则，即风险分担过程中双方利益最大化致使项目效益最大化，派生细化出过错承担原则、保险原则、管理原则以及成本原则。

基于上述研究可知，风险分担原则作为风险分担的判别标准，并不是绝对的，而是根据具体情况来进行设定的。因此，本书通过查阅相关文献，归纳出所需的基本原则，分别是过错承担原则、控制原则、收益损失相关性原则、动态处理原则以及上限原则。

（1）过错承担原则。

过错承担原则是合同双方进行风险分担的基本准则。合同对主体双方具有规范性、约束性。如果一方违背合同规范而引起的风险损失，此方就为风险责任方，风险责任方应该对风险损失进行赔偿。利用过错承担原则不仅可以提高合同双方的责任意识，更有利于减免主体双方因不规范而造成的风险损失。

（2）控制原则。

控制是指能够基于自身经验对可能发生的风险作出预警判断，即使风险发生也能根据自身能力采取合理措施进行补救，使其风险最小化，将风险划分给具有有效控制能力的风险主体，保证项目的效益。

（3）收益损失相关性原则。

在损失与主体直接相关的情况下，将此类风险直接划分给风险发生后受到直接损失的一方，以保证主体从自身利益角度出发降低风险。风险和利益呈相关关系，利益伴随着风险。依据工程项目本身和双方的风险态度判断其合同风险与收益的比例关系，遵循收益与风险正相关的关系，以保证合同双方在风险分担时持有积极的态度。

（4）动态处理原则。

工程项目所处的环境不确定因素多并且复杂，风险识别也不是一次就能实现的，往往需要全过程动态监控。

（5）上限原则。

上限是指合同双方的经验能力差异将会导致双方的风险承载能力不同，合同风险基于上述原则划分后，风险应控制在双方承受范围以内，若风险超出其承受能力，EPC项目可能会因“风险超额”，其安全质量得不到保证，风险承担方会遭受极大的经济损失以及行业信誉受损等代价。

此外，风险分担原则在运用过程中还应考虑分担原则间的优先顺序，并结合项目条件状况进行原则的选用，因为如不遵循一定的规则，将带来非必要的时间成本问题，进而导致风险处理不能实现高效化，最终不利于EPC项目的开展。基于此，本书归纳总结出适用于EPC项目的风险分担应用流程，如图2–2所示。

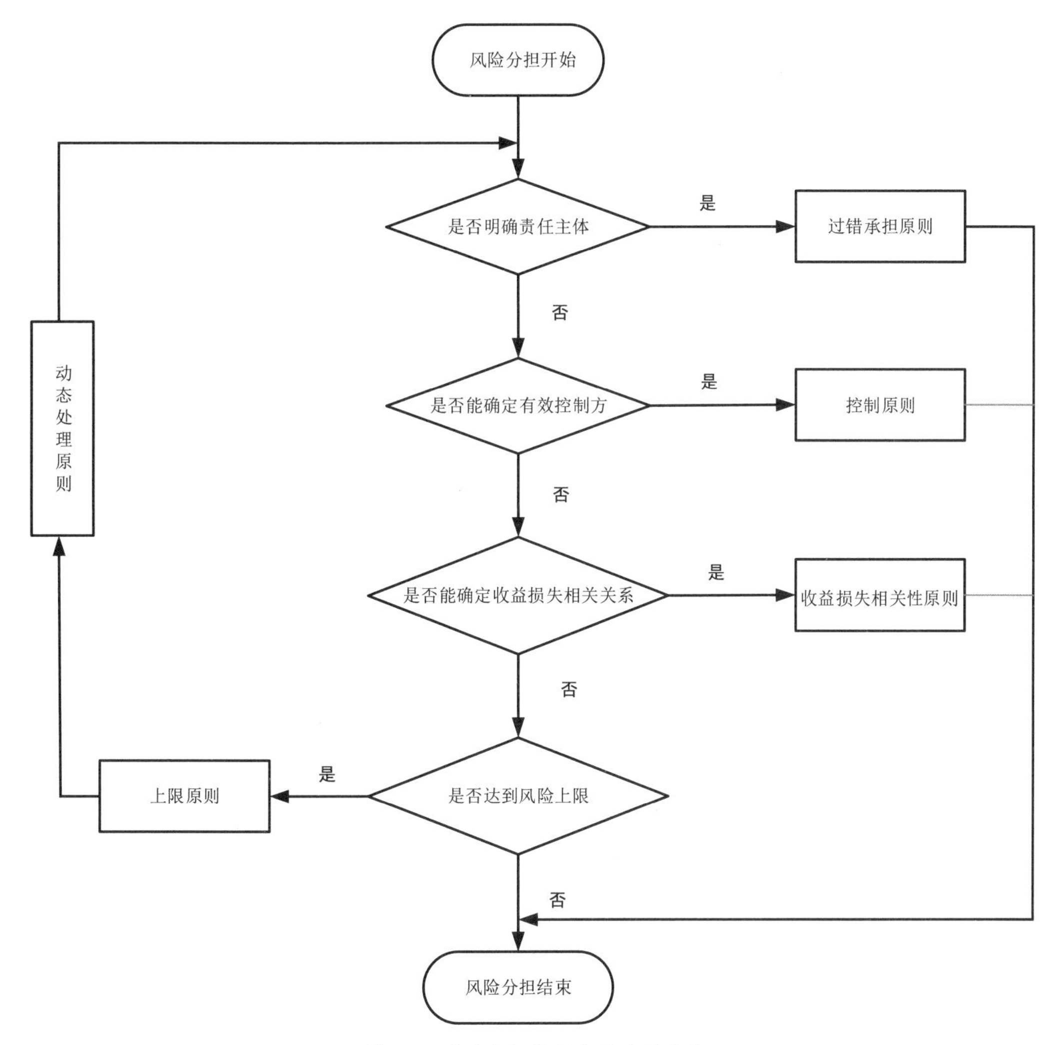

图2-2　风险分担原则应用流程示意

在合同双方风险分担处理的过程中，鉴于过错承担原则和控制原则可以清晰确定风险主体的责任方并且能够有效地降低风险，原则运用时应首先考虑。首先判断是否可以根据明确的事故缘由确定责任主体，若确定，则过错承担原则处于优先地位；若不符合，则考虑控制原则，将风险划分给有能力预见风险或者有能力降低风险的一方，从项目角度出发以保证项目安全顺利开展的前提下使其风险最小化。其次，在上述情况不能明确责任主体以及控制方的前提下，根据双方风险损失、风险收益与风险的相关关系，借助相关关系协商考察风险变化，直至风险达到双方收益考察的最优风险。最后，判断分担的风险是否达到风险承担上限，如果未能达到，风险分担结束；否则，依据风险动态原则继续调整直至风险分担结束，调整程序依旧遵循下述要求。

（二）一般风险分类和分担研究

1．一般风险分类的研究

EPC项目建设环境复杂，面对的风险状况也比较复杂，即风险动态化发展，一次的风险识别不能达到全面性以及准确性的要求。而在风险识别的基础上进行风险分类研究可以考虑到项目不同阶段不同层次的风险，利用风险分类的可预见性不仅保证风险识别的高效性以及全面性，也保证了后续风险分担的合理性以及准确性。由此可知，风险分类对于风险分担研究也十分重要。EPC项目风险有多种分类标准，根据相关资料总结归纳出国内外学者对于风险分类的标准主要包括以下六种：

（1）不确定性因素，即风险来源。

党建军等依据风险因素分解法将风险分为三级风险，按照风险来源将风险分为外生风险和内生风险。外生风险包括政治、经济、法律以及环境；内生风险包括设计、施工、采购、竣工验收和试运行等。

（2）项目利益相关者。

利益相关者在EPC项目中是指总承包商和业主，此分类标准考虑了行为关系中的激励兼容原则，用双方利益激励合同双方努力降低风险，此分类标准考虑了项目成本，可以依据合同双方利益制订系统的风险分担方案。例如，孟宪海和赵启将EPC风险分为业主风险以及承包商风险，如图2-3所示。

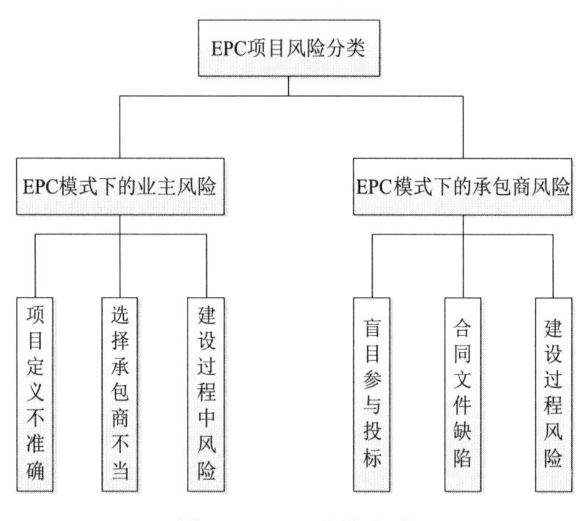

图2-3　EPC风险分类

（3）项目涉及的相关系统。

朱冰和李启明按照项目系统将风险分为项目特性风险、环境系统风险、行为系统风险以及结构系统风险。从不同系统、不同维度较为全面地识别出项目风险。

（4）项目全生命周期各个阶段。

项目全生命周期是指从概念到完成经历的所有阶段，风险在全生命周期不同阶段危害程度也有所不同，根据项目全生命周期的不同阶段风险实行针对性管理能高效控制风险。王东按照 EPC 风险发生的阶段将风险分为投标与议标阶段的风险、合同谈判及签约阶段的风险、执行阶段的风险。

（5）风险性质。

张水波和何伯森按照性质将风险划分为政治环境风险、社会环境风险、自然环境风险和合同文本风险等。

（6）项目管理目标。

项目管理的目标是在资源约束性、时间、费用、环境和技术平衡状态下的最优状态，从项目管理目标出发对风险进行风险分类可有效提高项目整体效能。

基于上述分析，风险分类具有不同的分类标准。但是，由于EPC项目风险的复杂性，即使运用同一标准，风险分类时可能造成同一风险重复分类的情况，造成风险分担工作的负担。因此，基于EPC风险因素繁多，本书从项目关键要素出发进行风险分类，结合2020版合同范本条款的设置，将一般风险按照建设项目阶段分为设计风险、采购风险、施工风险、竣工验收和试运行风险。

2．一般风险分担的研究

（1）信任对风险分担影响机理。

尹贻林、王垚、徐志超基于扎根理论的半结构性访谈分析对信任和项目绩效影响机理展开讨论，揭示了业主与承包商信任与合理风险分担关联关系研究，指导业主编制合理的风险分担方案，为关系治理视角下风险分担提供理论依据。

在建设项目中，业主与承包商作为委托—代理双方，正是以风险分担为依托形成了一种信任与被信任关系。但是，由于业主与承包商目标不同，委托—代理关系下的不信任存在着激励不相容与机会主义风险，即业主与承包商通过各种方法推卸责任，降低自身风险，那么约定的风险分担方案依旧是不合理的。例如，业主利用市场地位要求签署免责条款，承包商“低报价，高索赔”以此获取利润的情况。而信任能够降低业主与承包商对风险分担完备性的追求，降低了缔约阶段的复杂性。因此，良好的信任关系是克服委托—代理隐藏风险的关键要素。

而在EPC项目中，总承包商在行业内一般具有很高的市场认知度，并且总承包商承担更高的风险，为此，业主与总承包商建立良好的信任关系是保证风险分担稳定性的前提。因此，信任对风险分担影响机理的研究对于EPC项目尤为重要。但是，国内EPC模式下的信任环境不尽如人意，相关学者对此展开了研究。

（2）不完全契约视角下的动态风险分担。

非动态风险分担的研究视角过于局限，定格在契约约定阶段，忽略了合同双方的主观性因素以及项目的不确定性因素，因此，非动态风险分担研究正在转向动态分担研究。不完全契约视角下，动态风险分担范畴为合同协商阶段对可预见风险的初步分担和履约阶段由于市场价格波动、相关政策调整等不可抗力因素引起的风险分担再谈判的情况。

相关学者对动态风险分担研究的讨论已经较为深入。Cruz 和 Marques的研究强调了风险的事前约定与事后补偿对项目成功的影响具有积极性，并且事后调整效率在很大程度上受制于缔约阶段的柔性化事前约定。杜亚灵和尹贻林从不完全契约的视角指出风险分担是动态的、全过程的，即风险动态分担原则。与之类似，侯思婷研究设计院牵头、材料设备供应商和施工单位组成的EPC总承包联合体内部各成员之间的风险动态分担。

基于上述研究，得出一般风险分担的影响机理，信任对风险分担具有激励作用，风险分担的动态性保证风险分担的科学、合理。因此，本书从EPC模式下承发包商的信任状态出发，探讨EPC项目各阶段风险以及动态风险分担方式。

（三）特殊风险管理研究

不同的项目因为其本身的特点会产生不同于其他项目的特殊风险，本书主要把水利项目不同于建筑项目的风险称之为特殊风险。我国EPC项目在石油、化工等领域发展较为成熟，取得了良好的经济效益，但目前EPC在水利类项目应用较少。据此，本书从水利类EPC项目区别于建筑项目的特殊风险出发进行分析。

水利类EPC项目一般由政府投资，用以抵御洪涝灾害、保障水资源供给和改善水环境的基础建设工程。根据工程中公益属性的占比对政府投资的水利类EPC项目进行划分，对政府投资、政府主导且后期运营由政府承担的水利类EPC项目称作纯公益性水利类项目；对后期采用商业运营模式的水利类EPC项目称作经营性水利类EPC项目；介于二者之间的称作准公益性水利类EPC项目。本书的水利类EPC项目主要是经营性水利类EPC项目，采用文献调查法对EPC模式在不同行业应用进行分析，对比分析水利行业与建筑行业的风险差异。最后结合水利类项目的自身特点，分析EPC水利类项目的特殊风险。

1. 特殊风险分类的研究

通过对郭威、宋洪兰和曹力等的研究进行总结，发现水利类EPC项目风险一般分为以下四类：总价合同下的物价上涨风险、施工技术风险、气候地质风险和业主资信财力风险。

（1）总价合同下的物价上涨风险。

在EPC模式下的合同形式为总价合同，即总承包报价一定，在建设过程中总承包商符合合同规定的前提下可自由支配资金。这种合同模式总承包商可以获得高额利润，但是也面临着合同周期内的成本控制风险。水利类EPC项目由于施工规模大、施工环境恶劣，建设时间比较长，所以市场因素不容忽略。材料价格、人工费、水电费等均会随市场波动而改变，EPC水利类项目由于施工规模大导致材料和人工等费用占比较大，总价合同下物价上涨将会给总承包商带来成本风险。

（2）施工技术风险。

水利类EPC项目施工环境恶劣，建设技术要求较高。技术风险即为施工技术没有达到水利类EPC项目要求，从而引起项目交叉衔接不合理、工程进度延误、施工作业安全没有保障等问题。

（3）气候地质风险。

水利类EPC项目建设周期长，需要考虑气候、地质因素。气候条件决定着水利施工时间进度规划。例如，连续强降雨不仅会导致项目窝工、增加成本，还会诱发山洪、泥石流等灾害，而如果总承包商在施工设计时忽略这些因素，将会造成严重危害。地质条件变化具有很强的不确定性，无论在施工过程中还是在项目运行过程中，一旦出现地质条件变化，施工技术标准是否符合要求，安全是否会有威胁，必要时还要开展加筑项目。

（4）业主资信财力风险。

当业主财力不能按时支付工程款，总承包商为了项目的整体形象考虑往往会选择垫付工程款。在这种情况下，总承包商与业主之间会出现信任风险，不利于项目的后续开展。除此以外，若业主资信出现问题，项目后续施工需要的文件办理也会出现困难，将会延误工程进度。因此，业主资信财力风险需要总承包商在招标、投标阶段进行考察，否则将对项目进度、名誉以及盈利状况产生影响。

通过上述文献研究对水利类EPC项目特殊风险进行了初步识别，根据初步识别结果，结合2020版合同范本，采用比对表法对水利类EPC项目的特殊风险进行全面识别（表2–3）。

水利行业与建筑行业典型风险因素　　表2–3

风险＼行业		水利	建筑
设计风险	设计进度风险	√	√
	设计缺陷风险	√	√
	设计标准风险	√	
采购风险	材料涨价风险	√	√
	材料质量不合格风险	√	√
	材料延期风险	√	√
	技术指标风险	√	√
	供应商选择风险	√	√
施工风险	施工质量风险	√	√
	施工安全风险	√	√
	施工进度风险	√	√
	成本费用风险	√	√
	施工工序风险	√	√

续表

风险 \ 行业		水利	建筑
管理风险	组织协调风险	√	√
	人力资源风险	√	√
	合同管理风险	√	√
	行政干预风险	√	
	监理风险	√	
其他风险	设备安装与调试风险	√	
	季节性风险	√	
	工程变更风险	√	√
	征地移民风险	√	

由表2-3可知，与建筑行业相比，水利行业的特殊风险有设计标准风险、行政干预风险、监理风险、设备安装与调试风险、季节性风险和征地移民风险。

（1）设计标准风险。

不同行业设计标准不同，不同国家的设计标准也不同。随着经济全球化的发展，我国承包商的承包领域拓展至不同行业，服务对象也不局限于国内业主，而是放眼至国际。一般建筑项目的设计标准虽然在不同国别会有所差异，通常是地质条件不同、法律政策等引起的设计标准差异，这些差异具有确定性以及可控性。国内总承包商设计可参照当地地质资料、政策法规确定设计参数。但是，水利类EPC项目的设计标准往往是由重现期、水文资料来确定的，这些因素具有一定的不确定性，国内总承包商依据当地水利设计标准以及国内经验的主观判断来设计将会承担很高的风险。例如，根据EPC项目的特点，我国总承包商负责设计，而国内设计单位参考的当地设计标准只是不可变动的数据，而重现期、水文资料是具有变动幅度的。因此，国内设计单位要结合当地近几年的资料综合考察判断，进而得出初步设计。除此以外，还要考虑当地的人口密度、城市发达程度以及风俗习惯等因素；而国内对这些因素的了解程度低于当地总承包商的，可能发生设计资料调查不充分而导致设计造价偏低，总承包商面临的成本风险高。因此，在水利类EPC项目中，由于不熟悉标准差异而导致的设计失误、设计方案不合理、设计审批缓慢等问题层出不穷。

（2）行政干预风险。

水利项目的业主往往是当地政府，如果在施工过程中，政府仅考虑项目的正面形象，而忽略了建设过程的复杂性，借助权力给承包商施压，即行政干涉，导致总承包商违背施工的程序或硬性压缩工期，会造成工程质量问题。再者，如果政府由于资信和财力的限制不能按时支付工程款，而此时总承包商只能自己垫付已产生的工程成本。在这段时间内，总承包商的损失是该部分垫付工程款的利息收益。从水利项目自身来看，政府与总承包商协调过程中产生了时间成本，会诱发道德风险和信任危机，对项目质量产生影响。

（3）监理风险。

传统承包模式中业主与设计方签订合同关系，设计管理不属于监理的工作范畴。业主与承包商签订的合同中一般会指明监理单位，监理方为业主服务，与业主利益一体化，服务对象明确，有利于维护项目质量，体现了监理本身的职责。而水利类EPC项目由于施工规模大，总承包商一般会将项目分包给各个分包商。水利类EPC项目的监理无论是在总承包合同还是在分包合同中均是同一监理单位，意味着它不仅服务于业主，还服务于总承包商。在业主与总承包商的合同关系中，监理监管的是总承包商；而在总承包商与分包商的合同关系中，监理监管的是各分包商。这样一来，监管对象不明确，监理合同中存在潜在的风险。同时，由于水利类EPC项目施工周期长以及施工规模大的特点，项目中存在较多的监理部门，在实际施工中，众多监理部门的监理任务可能会有交叉，各监理部门的工作范畴不明确不仅会造成监理工作的负担，也会影响监理质量。监理部门之间的关系协调也存在风险，各监理部门之间出现矛盾造成关系僵化也会影响监理质量。

（4）设备安装与调试风险。

水利类EPC项目机电设备成本代价较高，机电设备一体化安装调试时要重视其安全工作。水利机电设备在出厂前无法进行总装和负荷试验，另外对于使用过的机电设备，也可能因为搬运或者拆卸后再次安装而使初始安装状态发生改变。一旦施工安装调试出现安全隐患或安全事故，不仅会影响工程后续运行，还会造成重大财产损失。所以，必须注意设备安装调试中存在的风险问题。

（5）季节性风险。

水利类EPC项目对自然环境状况具有依赖性。一旦遇到暴雨水位上涨，会给施工带来一定的风险，包括施工安全以及费用增加。最近几年，由于环境污染导致气候变化无常，尤其是我国南方某些多雨地区，容易形成洪涝灾害，给水利施工带来一定的影响。而这些风险因素多与季节有关，季节性会影响施工工期，是承包商要考虑的重要因素。

（6）征地移民风险。

水利类EPC项目往往涉及征地移民问题，而征地移民工作的推进和征地移民投资的控制非常困难。可以说是业主项目管理中最不可控的部分。征地移民工作开展顺利将会大大加快工程进度、降低投资成本。但由于涉及的风险因素有政策标准差异化和人文风俗习惯，这些风险因素与人文和区域化有关，征地移民工作开展会十分困难。通常情况下，水利类EPC项目涵盖多个区域省份，而不同地域所指定的标准、政策、制度存在明显不同，为征地移民的实施造成较大限制。部分水利类EPC项目还会涉及多个地区的同步开展，但不同地区落实的补偿标准、移民政策存在差异，造成移民工作时间差进而影响工程进度。

2．特殊风险管理的研究

黄从钢从风险分担角度对水利类EPC项目进行风险管理，依据风险分担原则划分出业主、总承包商各自承担的风险以及双方共同分担的风险，李超娟、李伟和孙晨等对水利类EPC项目以时间节点进行风险管理。

（1）标前阶段。

业主搜集相关资料核实项目的可行性，提供水利类EPC项目基础资料以及障碍资料，并确保资料的准确性与全面性。此阶段的正确评判和决策可避免投资费用过大等后果，若处理不当，在项目执行阶段则可能会出现事实偏差从而造成潜在的风险。

（2）投标阶段。

水利类EPC项目总承包商为核查自己受到风险威胁的程度，通过风险分析来明确承包中的所有风险可能，进而敲定风险的可能额度，最终明确风险可能产生的损失，用于投标决策项目实施阶段。

（3）实施阶段。

水利类EPC项目总承包商在项目缔约和履约过程中定期进行风险分析，切实地进行风险管理，进行风险的监督与控制，提高项目按照进度和预算完成可能性。

基于上述水利类EPC项目风险管理的分析，本书得出水利类EPC项目中的业主为保证投资管控成本在标前阶段进行风险管理，投标阶段以及实施阶段主要是总承包商进行风险管理。本书的研究对象为合同条款风险，而合同条款风险主要在投标阶段以及实施阶段，可知2020版合同范本下的水利类EPC项目的特殊风险均由总承包商分担，故对水利类EPC项目特殊风险开展分担研究的可操作性不强。因此，本书从理论层面对特殊风险因素展开风险管理研究，提出风险管理办法。

二、EPC项目总承包合同的一般风险识别与分担研究

（一）EPC项目一般风险的识别与分担

本书基于2020版合同范本条款以及EPC项目实施过程中的风险因素，把一般风险分为设计风险、采购风险、施工风险、竣工验收风险以及试运行风险。结合风险态度以及风险分担原则探讨合同条款中发承包人风险具体分担的合理性①。

1．EPC项目设计阶段风险的识别与分担

设计阶段决定施工难度、运行效益以及工程造价，设计风险产生的原因主要包括设计人员能力不足、选用规范不合理以及设计进度不合理等。本书从设计要素出发，识别设计风险因素，主要包括项目的基础资料和障碍资料的准确性、设计缺陷、设计变更、规范更改以及设计审查等（表2–4、表2–5）。

---

① 下文条款中的发包人为业主，承包人为总承包商。

设计风险因素　　表2-4

	序号	风险因素
设计风险	1	基础资料、障碍资料的准确性
	2	承包人设计缺陷
	3	发包人导致设计变更
	4	相关设计规范更改
	5	设计审查延误

设计风险分担　　表2-5

序号	风险因素	风险原则	承担方	条款
1	基础资料、障碍资料的准确性	过错承担原则 控制原则	发包人	2.3
2	承包人设计缺陷	过错承担原则	承包人	5.1.1
3	发包人导致设计变更	上限原则 动态处理原则	发包人	13.2.1
4	相关设计规范更改	损失收益相关性原则	发包人＋承包人	5.1.3
5	设计审查延误	动态处理原则	发包人＋承包人	5.2.1

现场数据是承包人报价、设计和施工的重要依据。我国2020版合同示范文本第2.3款指出，发包人应按专用合同条件和《发包人要求》中的约定向承包人提供施工现场及工程实施所必需的基础资料以及障碍资料，并根据第1.12款《发包人要求》和基础资料中的错误承担基础资料错误造成的责任。根据过错承担原则，只要承包人按照发包人提供的相关资料并遵守有关设计要求进行项目的设计，承包人不需承担由此产生的风险。EPC项目中，对于获批项目会进行全面考察，尽管承包人施工与管理经验丰富，但由于在招标投标阶段，承包人的时间有限，项目考察没有发包人深入全面，基础资料以及障碍资料由发包人提供。因此，发包人对于基础资料以及障碍资料的准确性能够有效预见，根据有效控制原则，基础资料以及障碍资料不准确引起的风险应由发包人提供。

2020版合同示范文本第5.1.1条指出，承包人应当按照法律规定，国家、行业和地方的规范和标准，以及《发包人要求》和合同约定完成设计工作和设计相关的其他服务，并对工程的设计负责。因此，根据过错承担原则，由于承包商设计缺陷造成的风险应有承包商负责。承包商与发包人协调沟通后，发包人仍要坚持设计变更，根据上限原则，发包人坚持设计变更意味着发包人能够承担以此带来的风险。

相关设计规范更改，承包商应及时与发包人协商，根据过错承担原则，由此引起的风险不由任何一方引起，又依据收益与损失相关性原则，由此引起的工程延误以及损失，应由双方共同承担。设计审查延误不由双方任意一方过错引起，而是由第三方引起，此风险应由发包人和承包人共同承担。

2．EPC项目采购阶段风险的识别与分担

EPC模式下，采购费用占总投资费用很大的比例，为避免采购费用支出浪费，有效控制EPC项目成本，采购阶段风险识别与分担十分重要。通过对2020版合同范本的分析，识别出采购阶段的主要风险因素如表2–6所示，考虑风险态度以及风险分担方式对采购风险进行风险分担如表2–7所示。

采购风险因素　　表2–6

	序号	风险因素
采购风险	1	工程物资商检延误
	2	采购延误
	3	工程物资不符合质量标准

采购风险分担　　表2–7

序号	风险因素	风险原则	承担方	条款
1	工程物资商检延误	控制原则	承包人	6.3.1
2	采购延误	过错承担原则	承包人	6.2.3
3	工程物资不符合质量标准	过错承担原则 损失收益相关性原则	承包人	6.2.2

根据我国2020版合同范本的相关规定，虽然商检延误可能有多方面原因，但是材料报送由承包商负责，承包商对此产生的风险更有控制能力，根据有效控制原则，工程物资的商检延误由承包人负责。材料采购由承包商负责，根据过错承担原则，采购延误导致的时间成本由承包人负责。提供的材料和工程设备不符合国家强制性标准、规范的规定或合同约定的标准，所造成的质量缺陷，由承包人负责。

3．EPC项目施工阶段风险的识别与分担

施工阶段是项目成功与否以及后续运营状况的关键阶段。EPC项目施工阶段的环境、施工技术以及管理水平均面临风险问题。除此以外，在施工阶段除发包人和承包人外，还有大量的分包商及材料供应商参与。根据2020版合同范本，识别出施工阶段风险因素，根据风险态度及风险分担原则进行风险分担，如表2–8和表2–9所示。

施工风险因素 表2-8

	序号	风险因素
施工风险	1	出入现场条件不充分、进场延误
	2	场外交通设施以及场内交通无法满足工程施工需要
	3	现场资料的准确性、及时性
	4	放线的准确性
	5	施工设备和临时设备的维护保修工作不充分
	6	工程延误、暂停
	7	临时用水用电以及节点铺设
	8	进度款支付延误
	9	施工作业安全管理工作不到位
	10	因施工导致文物以及基础公共设施损害

施工风险分担 表2-9

序号	风险因素	风险原则	承担方	条款
1	出入现场条件不充分、进场延误	过错承担原则	发包人	7.1.1
2	场外交通设施以及场内交通无法满足工程施工需要	过错承担原则 控制原则 收益损失相关性原则	发包人/承包人	7.1.2 7.1.3
3	现场资料准确性、及时性	过错承担原则 控制原则	发包人	2.3
4	施工临时设备的维护保修工作不充分	过错承担原则 控制原则	承包人	7.11
5	工程延误、暂停	过错承担原则	发包人/承包人	8.7 8.9
6	进度款支付延误	过错承担原则 控制原则 损失收益相关性原则	发包人	14.3
7	施工作业安全管理工作不到位	过错承担原则 动态处理原则	承包人	7.6
8	因施工导致文物以及基础公共设施损害	过错承担原则 控制原则	承包人	7.8 7.9
9	放线的准确性	过错承担原则 控制原则	承包人	7.4
10	临时用水用电以及节点铺设	过错承担原则 控制原则	发包人	7.9

2020版合同范本中的施工条款中规定，发包人应根据工程实施需要，负责取得出入施工现场所需的批准手续和全部权利，以及取得因工程实施所需修建道路、桥梁以及其他基础设施的权利，并承担相关手续费用和建设费用。因此，发包人应对出入场条件不充分所引起的工程延误负责。2020版合同范本的第7.1.2条中规定，场外交通的技术参数由发包人提供，承包人应该配合场外交通运行以及维护等相关工作，如果没有按照规定导致场外交通损坏，场外交通的维护费等应该由承包人承担，场内交通由承包人造成瘫痪，根据过错承担原则以及有效控制原则，导致场外交通不符合规定应按原因由双方各自承担其风险。EPC项目的审批需要经过很长时间，尽管承包人的施工经验、管理经验很丰富，但是发包人对现场资料的掌握程度也是远高于承包商的，根据控制原则以及过错承担原则，由于现场资料不充分、不准确造成的风险应由发包人负责。承包人负责工程现场的材料、设备及承包人文件的照管和维护工作，由临时设备造成的风险由承包人负责。工程延误可以由多方造成，根据过错承担原则，追究过错方的责任。同样，由于施工导致的安全问题、公共设施和历史文物损毁都应由承包商负责。放线是在设计阶段确定，EPC项目设计由承包人提供，该风险由承包人负责。发包人应在承包人进场前将施工临时用水、用电等接至约定的节点位置，并保证其需要，发包人实现对其产生风险的有效控制，如若产生风险，也应由发包人承担，根据控制以及过错承担原则，该风险应由发包人承担。

4．EPC项目竣工验收和试运行阶段风险的识别与分担

竣工验收及试运行在2020版合同范本上均有相关约定，其中对发包人要求相对较多。根据规定识别出竣工验收以及试运行风险因素，根据风险态度以及风险分担原则进行风险分担，如表2-10和表2-11所示。

竣工验收和试运行风险因素　　表2-10

	序号	风险点
竣工验收以及交付风险	1	未经发包人检验，工程物资被覆盖、包装
	2	承包人未按约定恢复和清理场地
	4	未能通过竣工验收
	5	未交付前已完成工程的保护工作
	6	竣工验收报告提交与回复不及时
	7	竣工验收试验、验收后试验延迟
	8	发包人延迟签署质量保修责任书
	9	发包人强行接受未符合条件的工程或者单项工程
	10	发包人提前使用已接受工程

竣工验收和试运行风险分担 表2-11

序号	风险因素	风险分担原则	承担方	条款
1	未经发包人检验，工程物资被覆盖、包装	过错承担原则 控制原则	承包人	9.1.3
2	承包商未按约定恢复和清理场地	过错承担原则 控制原则	承包人	9.1.3
5	竣工验收报告提交与回复不及时	过错承担原则 控制原则 损失收益相关性原则	发包人/承包人	9.1.4
6	竣工验收试验延误	过错承担原则 控制原则 损失收益相关性原则	发包人/承包人	9.2.1 9.2.2
4	未交付前已完成工程的保护工作	过错承担原则 控制原则	承包人	9.2.1
8	发包人提前使用已接受工程	过错承担原则 收益损失相关性原则	发包人	10.2.2
9	发包人强行接受未符合条件的工程或者单项工程	过错承担原则 收益损失相关性原则	发包人	10.4.4
10	竣工后试验延误	过错承担原则 收益损失相关性原则	发包人	12.2
11	未通过竣工验收后试验	过错承担原则	发包人/承包人	12.4

根据竣工验收试验的相关条款规定，承包人具有创造竣工验收试验条件的义务，工程物资、场地问题以及竣工验收前的保护工作均属于承包人的管辖范围，根据过错承担原则与控制原则，由此引起的风险问题应由承包人负责。2020版合同范本中对延误以及未通过竣工验收提出了特别要求。第9.2款延误试验中明确指出，因发包人原因引起的费用增加以及试验延误，发包人应支付承包人利润。同样，承包人无正当理由延误试验并未在规定期限内试验，发包人可自行组织竣工验收试验，承包人应对其产生的费用负责。延误试验条款均符合过错承担原则，试验延误的损失由过错方补偿，由此约束了承发包人的行为，根据损失收益相关性原则降低了风险。第9.4款未通过竣工验收试验是基于第9.3款的重新试验为前提的。第9.4.1条指出，发包人原因导致竣工试验未能通过的，承包人进行竣工试验的费用由发包人承担，竣工日期相应顺延。而第9.4.2条中，工程以及区段工程影响程度大小，所产生的费用均有承包人负责。除受发包人影响，未能通过竣工验收的主要责任方为承包人，符合控制原则以及过错承担原则。第10.2.2条中明确规定了发包人提前使用已接受工程区段而造成的费用增加以及工程延误均由发包人负责，因为工程最终接收人为发包人，项目经营运行受益者也为发包人，条款符合过错承担原则和损失收益相关性原则。

同样，第10.4.4条对于发包人强行接受未符合条件的工程或者单项工程，应在7天内向承包人提供工程接收证书，接收证书意味着责任人变更，由此产生的风险由发包人负责。

对于EPC合同中包含竣工后试验的合同，涉及的风险在2020版合同范本中的责任划分也有所体现。由试验程序可以看出，竣工后试验主要是对发包人的行为提出要求。竣工后试验与发包人利益密切联系，因此，延误风险应由发包人负责。第12.4款中对于未通过竣工验收后试验条款均是依据过错责任方进行划分的，符合过错承担原则。

（二）2020版合同范本与FIDIC银皮书一般风险分担对比

FIDIC银皮书是目前国际上EPC模式下工程项目使用最为广泛的合同示范文本，对EPC项目合同的发展至关重要。国家“十四五”规划中，推行工程总承包模式已成为了建筑业转型升级的重点之一，因此，住房和城乡建设部在2020发布推广2020版合同范本。两者的合同范本框架类似，但是风险分担倾向不同，故本书对两者风险分担展开研究，研究结果如表2-12所示。

2020版合同范本与FIDIC银皮书风险分担对比表　　表2-12

风险分类	序号	风险事项	2020版合同范本	FIDIC银皮书
			承担方	承担方
设计风险	1	基础以及障碍资料的准确性	发包人	承包人
施工风险	2	临时用水、用电、节点铺设	发包人	承包人
	3	现场资料的准确性、及时性	发包人	承包人
	4	施工作业安全	发包人/承包人	承包人
竣工验收和试运行阶段风险	5	执行竣工后试验而发生事故	发包人	承包人

根据对比分析结果，可以得出以下三点结论：

1．FIDIC银皮书下承包人权利更大

由于FIDIC银皮书规定承包人承担的工作范围更广，承包人除承担项目的设计和实施的全部任务外，往往还要提供项目前期工作和运营准备工作的综合服务。

2．FIDIC银皮书下承包人承担的风险更多

FIDIC银皮书在风险分配上将大部分风险都转移给了承包人，相比于我国合同示范文本，FIDIC银皮书更加有“亲发包人”性。根据上表项目基础资料和现场障碍资料、发包人提供施工障碍资料有误这两个风险事项。2020版合同范本和FIDIC银皮书对承发包人风险分担划分不同，FIDIC银皮书中将放线错误的所有风险都转嫁给了承包人，发包人不对现场数据承担责任。2020版合同规定发包人提供的项目基础资料现场障碍资料有误，由发包人负责；FIDIC银皮书还有其他的条款也是将风险分配给了承包人。由此可以看出，承包人承担了工程实施中的绝大多数的风险，甚至是一个有经验的承包人也无法合理预测或评估的风险。

3．2020版合同范本相比于FIDIC银皮书更适应我国的国情

我国承包人对于风险把控能力弱，而FIDIC银皮书将绝大部分风险都转移给了承包人，FIDIC银皮书合同条件中存在着诸多不符合我国法律规定的约定，而2020版合同范本与国家已颁布的其他合同文本的规定相一致。由此可见，2020版合同范本更适合我国的国情。

三、EPC项目总承包合同的特殊风险管理研究

（一）EPC项目特殊风险的识别

我国EPC项目模式大体经历了试点阶段、推广阶段、规范阶段和全面发展阶段四个阶段。石油、化工等工业领域实行EPC总承包模式已经日趋成熟，但在水利领域，EPC模式发展相对滞后。

水利项目与一般建筑工程不同，它具有单一性，其技术专业复杂、施工周期长、施工难度大，而承包商的资源整合和统筹规划能力明显高于业主。因此，EPC模式具有明显优势。2018年和2019年，水利部把推广工程总承包写入年度重点计划，EPC在水利行业的应用进入快速发展期。但水利工程施工技术发展缓慢，由于规模的影响合同所涉及的条款又繁杂，因此本书针对EPC在大型水利枢纽中的应用风险进行探讨，分析研究区别于建筑行业的特殊风险。

1．设计标准风险

我国现行水利设计标准是依据重现期以及水文资料来确定标准的高低，由于这些因素具有不确定性，而且人口密度以及城市发达情况均是设计需要考虑的重要因素，仅仅依据设计标准来制定设计文件是不科学的，往往存在一定的风险问题。

此外，国际招标文件中，业主会提供设计数据参数表，但这些数据是基础性和概念性的，往往会存在与规范标准不一致的情况。设计标准的选择往往与安全管控要求、造价指标密切相关。而总承包商在投标报价前，一般不会详细设计计算，其报价的依据主要是招标文件中提供的设计数据参数、概念图和类似工程经验，这构成了总承包商潜在的设计风险。

与之类似，在国际水利类EPC项目中，总承包商往往面临着设计标准的差异。然而，由于国内总承包商对当地的水文地质、风俗习惯等的了解不够充分，往往会出现其参照是国内水利设计标准而忽略当地设计标准的情况。因此，其设计文件常会因出现设计标准的

偏差而被业主拒绝。此外，不当引用设计标准，还可能导致以下两种严重的后果。

（1）设计标准低于技术标准要求。

水利类EPC项目作为国家基础设施工程，对其设计安全性要求较高，一旦出现设计规范低于技术标准的情况，总承包商将面临重新设计、重新采购和施工的风险，由于水利类EPC项目规模大，总承包商面临巨大的经济损失。如果设计标准已经对环境和生命财产安全产生了严重影响，总承包商还需承担相应法律责任。

（2）设计标准高于技术标准要求。

设计满足要求但是采用的设计标准高于技术标准要求，可知水利类EPC项目对设备、材料的需求大，那么由高设计标准必然导致费用增加，没有实现质量、进度与成本三者之间的均衡关系，总承包商面临着亏损的风险。

2．设备安装与调试风险

设备采购、安装与调试至关重要，设备能否安全运行决定项目的成败。水利类EPC项目施工条件复杂，其设备成本代价较高。水利类EPC项目设备包括施工机械设备和机电设备，施工机械设备与建筑工程设备风险类似，本书主要探讨水利机电设备风险。水利机电设备包括水泵及动力设备、水轮发电机组及接力器等。这些机电设备在进行安装调试时也会存在风险并且影响较大。因此，设备的风险值得研究。

设备安装与调试风险：水利类EPC项目设备安装复杂、安装工程量较大且责任落实比较困难。例如，抽水泵站机电设备安装工程是一个集合了机械安装专业、水利机械安装、电气工程等机电一体化的综合性专业，不同机电设备之间的工作相互关联，考验着安装人员对综合布局的研究水平，一旦安装不当，就会影响机电设备运行效率，而且机电安装风险通常在设备调试阶段显露，在安装阶段通常无法察觉，所以一旦出现故障，安全环境状况将产生严重影响。

此外，机电设备安装调试与土建工程的时间安排冲突也会影响施工质量以及施工工期，在拟定各自施工方案的同时，要考虑对方的施工内容及程序，相互协调配合。安装环境也有相关要求，对于一些特殊的机电设备的安装，如机组校核同心，主机组安装时还需要安静无风、无尘、无雨等条件，若不能满足相关要求，则将会影响机组安全。

3．行政干预风险

水利类EPC项目的业主往往是当地政府。政府在工程建设中占据着重要的话语权，政府的干预行为对项目具有最直接的影响。

政府由于权力和财力的限制不能按时支付工程款，所以总承包商只能自己垫付已产生的工程成本，直到政府支付该部分工程款。在这段时间内，总承包商的损失是该部分垫付工程款的利息收益。此外，如果在施工过程中，政府借助权力给总承包商施压缩短工期，导致总承包商违背施工的程序，就会造成工程质量问题。

国际水电工程总承包项目主要集中于非洲、东南亚等落后地区，多处于水利资源蕴藏丰富、开发利用率很低的深山河流处。但因经济条件制约，水利承包项目多为贷款形势，几乎全部是由我国带资金过去投资建设，容易受到流动资金管制的影响。结合国际经济形势变化、经济危机、国家经济政策变化的形势来看，会导致工期拖延，汇率、利率发生变化引起工程成本的增加。

4．监理风险

监理合同风险控制处罚金占工程变更全寿命费用不到1%，在决策正确的条件下，它对水利水电工程项目监理合同风险控制的影响程度可达75.5%以上。由此可见，对水利类EPC项目的监理风险进行控制极其重要。

（1）监理协调风险。

水利类EPC项目规模较大，存在较多的监理部门，各监理部门间协调沟通容易出现问题，会影响监理工作质量。

（2）监理服务关系存在风险。

DBB模式中监理的服务对象是业主，监管对象是各承包商，服务关系清晰。而水利类EPC项目由于具有规模大、技术复杂等的特点，总承包商会将项目分包给各分包商，EPC模式要求总承包合同与分包合同中的监理为同一单位，这就造成了监理既服务于业主也服务于总承包商的情况，不利于监理工作的进行。

（3）职责重叠风险。

水利类EPC项目中的监理负责监管施工，而总承包商也起到监管作用，职责有所重叠，容易造成双方推卸责任的现象，影响项目质量和项目进度。

5．季节性风险

一般建设型项目也会受到自然天气状况影响，与水利项目相比，建设环境相对较好、建设周期相对较短，所以受季节影响程度较小。但是大型水库一般建设在山区，起到蓄洪减排的作用。因为施工环境复杂、施工工期长，水利施工过程中会优先考虑暴雨、洪涝等自然灾害对工程的影响，而这些因素多与季节有关。季节性会影响施工工期，是总承包商在施工进度安排时首要考虑的因素。总承包商应该重点考察项目所在地夏季降水量问题，往往会采取旱季施工、涝季防护，否则会造成工程进度成本增加。

6．征地移民风险

（1）移民问题。

水利类EPC项目具有公益性，往往是由政府开展的利民建设项目，但由于水利类EPC项目也具有强制性，即在符合法律规定的前提下，政府可以要求群众搬迁。在建设过程中，可能会损害部分移民群众的利益，因此，处理好水利类EPC项目与移民工作的关系至关重要。移民工作要切实考虑群众意见、满足人民群众的合理要求，这关系着移民区群众幸福与治安稳定。水利类EPC项目移民处理得当不仅有利于保障项目的施工进度，还有利于提高群众生活质量、加快库区经济建设。本书从以下三个角度考察移民存在的风险问题。

①地区政策差异性。水利类EPC项目会涉及多个省份，不同省份之间的经济发展情况、移民政策均会有所差异。在资金补偿方面，考虑到经济贡献，发达地区的补偿比落后

地区补偿的多，这种补偿是合理的。但是，在如今信息透明化的时代，部分群众会因此产生抵触情绪，甚至成为钉子户，处理不好就会影响工程进度。地区相关法律法规不完善，相关手续办理缓慢，影响项目施工进度，有些需要同步进行的工作也得搁置，造成项目资源的浪费。

②协调问题。兴建水利类EPC项目的业主往往是政府，兴建项目的出发点往往是为了地区发展和安全建设，有利于维护政府在群众心中的良好形象。然而如果政府与群众在移民沟通上出现问题，采取强制性措施解决问题，部分地区会出现“先建设，再移民”或者是“边建设，边移民”的现象，造成移民工作混乱无序。不但会影响项目的正面形象和安全质量，还会造成政府与群众间产生隔阂，不利于地区长治久安。

政府与政府间的协调矛盾也是水利类EPC项目的风险因素。不同地区政府分别代表不同地区群众利益，出现利益矛盾需要双方政府各自妥协退让。如果出现不可调和的状况，总承包商的时间成本代价高，还会造成资源浪费，根据过错承担原则，需要双方政府补偿总承包商在此期间内的损失。那么，资金支配给移民的比例变小，移民投资小不利于项目实施。

（2）征地问题。

我国水利建设多在经济落后、建设环境恶劣的农村地区进行，由于农民以耕地为生计，征用耕地工作开展较为困难。征地问题会影响农民群众移民情绪，处理好农民与土地的关系是与移民区群众沟通的关键。

征用土地的自然条件伴随着一定的风险。交通方便，环境地势符合水利类EPC项目建设要求的土地能给项目建设带来极大的便利。但是，如果前期对征用土地的考察不全面，不仅会影响施工进度，也会影响后续项目建设成本。

（二）特殊风险管理

由于识别出的特殊风险较少，根据控制原则与过错承担原则，业主单位为政府的水利类EPC项目其行政干涉风险由政府负责，与之类似，征地移民风险也需要业主负责。而根据2020版合同范本来看，其他风险均由总承包商负责。因此，基于2020版合同范本对特殊风险进行风险分担分析的可操作性不强，故本书从理论角度提出水利特殊风险管理办法。

1．设计标准风险管理

为了避免设计标准风险，总承包商应仔细审查相关水利设计标准，一旦有异议，应立即向业主澄清。建筑材料选用要考虑材料的技术参数和力学性能指标等的换算。制图时，还应考虑项目当地相应的规定、构造要求等。为了更好地应对设计标准风险，还需要做到以下三点。

（1）采用发达国家的设计标准。

部分海外水利类EPC项目的当地设计指标和规范难以获得，在此种状况下，为了有效控制风险，可采取风险规避，即和客户沟通，争取以发达国家的水利设计标准来代替项目建设所在国的标准规范，从而规避因标准或认证不清晰而可能引起的风险。在总承包商对设计标准不熟悉而项目所建国对设计要求又比较严苛时，总承包商可以选择聘用当地经验丰富的设计师或设计咨询单位把关。

（2）项目投保。

国际水利类EPC项目总承包中，为了给水利类EPC项目的国际承包提供更好保障，可考虑在大型国际保险公司投保，以弥补风险损失。

（3）建立标准库。

总承包商应该多了解不同的国际标准，建立主要设计标准库。设计标准库要基于总承包商的建设水准建立，不仅能帮助总承包商快速锁定水利建设目标，通过对比不同设计标准的差异，还能快速识别设计标准风险，保证所选设计标准的准确性与科学性。

2．设备安装与调试风险管理

设备安装与调试至关重要，设备能否安全运行决定项目的成败。水利项目施工条件复杂，其设备成本代价较高。因此，合理的设备风险管理十分重要。

（1）建立安装与调试相关人员与设备厂家之间的稳定沟通桥梁。

定期召开联络会，设备厂商能得到技术信息的准确反馈，安装与调试人员也通过设备厂商了解设备详情信息，包括安装与调试相关注意事项。尤其是水利类EPC项目技术要求高，设备往往需要定制，一个稳定的沟通桥梁能帮助双方理解各自的需求信息，有助于降低机电设备成本。

（2）完善设备安装调试系统，提高设备管理人员能力。

设备安装需要在专业人员的监督下进行，安装前考察安装人员的技术能力，减少因安装操作不当引起的风险。水利设备调试具有安全风险，调试前应尽量安排调试试验，保证调试试验安全进行。

（3）建立完善的设备技术档案管理。

技术人员以及管理部门对所有机电设备编号并进行详细的档案记录，提高档案管理水平，有助于追踪设备的安全使用状态，如果设备在安装与调试前出现了问题，有助于工作人员快速发现问题原因，提出相应解决办法。

3．行政干预风险管理

政府在水利项目建设中具有重要话语权，政府的干预行为对项目具有最直接的影响，为减少政府干预影响，可从以下两个方面进行行政干预风险管理。

（1）实施管理体制改革，研究谋划水利工程建设、管理与市场化改革，使政府和有效市场协同发力。

（2）项目风险管理采用调控方式，避免出现行政干涉现象，对各项水利法律法规全面完善，形成第三方介入监管机制，出现行政干预问题时，借鉴国外发达国家的经验创建行之有效的项目风险管理机制。

4．监理风险管理

水利类EPC项目监理应对工程建设的每一个环节依据相关法律规范反复核对，实行严格的监督管理。本书从以下两方面对监理风险进行管理。

（1）合同中明确监理范围，必要时附加条款说明。

在水利类EPC项目中明确规定总承包商职责，罗列出不应干涉监理的必要情况，防止总承包商对监理单位施压，监理监管也更加公平公正，有利于项目建设。

（2）监理单位由总承包商聘请。

总承包商聘请监理单位监管水利项目施工，可以有效避免双方职责重叠引起的责任划分问题，此外，监理单位服务于总承包商，有利于保证监理质量。

5．季节性风险管理

水利类EPC项目季节性风险主要是指在建设过程中受季节降水量影响引起洪涝灾害等问题，从而影响项目进度。结合季节性规律和水文地质条件，对其风险管理能有效推进项目进程。

（1）提高水雨情预报的准确性。

水雨情预报的准确性直接关系到水利项目的安全运行，总承包商加强与气象部门的信息沟通，及时获取最新的水雨信息，保证运行调度的合理性。水利项目一般都具有水情检测系统，加强系统的信息化建设，保证水情信息的准确性和可靠性。

（2）落实环境保护。

生态环境与项目效益是相互成就的。不良生态环境会对降水量产生影响，生态环境遭到破坏会导致气候失调、风险增大、季节性规律遭到破坏、水情信息不准确等情况。保护好水利类EPC项目的生态环境不仅能充分发挥项目的综合效益，还能确保水情信息的准确性和及时性，合理安排好施工进度以降低风险。

6．征地移民风险管理

本书通过对现有征地移民资料研究分析，得出以下两个风险管理办法。

（1）明确移民人口范围与移民程序。

建立健全移民人口管理系统，明确移民人口界定范围，统一搬迁与安置程序，减少移民不合理投资与移民进度迟缓等情况。

（2）推进并强化征地移民信息系统建设。

将项目征地移民清单、移民设计技术服务、移民监理评估反馈统一归集至总承包项目移民及征地信息管理系统，通过计算机终端或手机客户端绑定相关信息，不再用纸张记录等方式，将征地移民协调管理服务、移民设计服务、国土林业审批等技术支撑和相关信息细化至具体的项目启动实施具体部位和环节。

第三节　案例分析

一、工程概况

2014年8月，通过公开招标方式确定晋阳某污水厂一期工程EPC及运营中标单位为某科技股份有限公司牵头的联合体，中标金额10.96亿元。其中，运营单位中标人并与市城乡管理委员会签订了《晋阳某污水处理厂一期工程运营框架协议》。政府授权市城乡管理委员会和市排水管理处作为本项目实施机构。市排水管理处所属某水务有限公司与社会投资人共同出资成立项目公司。项目公司注册资本金暂定为项目投资额的30%。其中，社会投资人暂定持有项目公司69.7%股权（表2–13）。

晋阳某污水处理厂一期工程EPC项目　　表2–13

项目名称	某晋阳污水处理厂一期工程EPC项目
合同模式	EPC
业主	某市城乡管理委员会
总承包商	某水务有限公司
工期合同总金额	109600万元
执行标准	国家相关规范
招标方式	公开招标
计划工期	30年
合同签订时间	2016年8月11日

二、风险因素识别与分担

该项目不属于本书限定的水利类EPC项目，故仅考虑一般风险问题，暂不考虑水利特殊风险问题。根据该项目合同条款，运用本书的风险态度以及风险分担原则对该项目进行风险识别，为该项目风险分担提供理论依据，案例风险分担方式如表2–14所示。

风险分担表　　表2–14

风险类型	风险因素	承担方
设计风险	基础资料、障碍资料的准确性	发包人
	承包人设计缺陷	承包人
	发包人导致设计变更	发包人

续表

风险类型	风险因素	承担方
采购风险	工程物资商检延误	承包人
	采购延误	承包人
	工程物资不符合质量标准	承包人
施工风险	出入现场条件不充分、进场延误	发包人
	场外交通设施以及场内交通无法满足工程施工需要	发包人/承包人
	现场资料的准确性、及时性	发包人
	放线的准确性	承包人
	施工设备临时设备的维护保修工作不充分	承包人
	工程延误、暂停	发包人/承包人
	临时用水用电及节点布置	发包人
	进度款支付延误	发包人
	施工作业安全管理工作不到位	承包人
	因施工导致文物及公共设施损害	承包人
竣工验收和试运行风险	未经发包人检验，工程物资被覆盖包装	承包人
	承包人未按约定恢复和清理场地	承包人
	未能通过竣工验收	发包人/承包人
	未交付前已完成工程的保护工作	承包人
	竣工验收报告提交与回复不及时	发包人/承包人
	竣工验收后试验延迟	发包人
	发包人强行接受未符合条件的工程或者单项工程	发包人
	发包人提前使用已接受工程	发包人

（一）设计风险

2020版合同范本规定发包人需要及时向承包商提供设计基础资料，并承担该资料的准确性和齐全性风险。由于该项目是EPC项目，基础资料与障碍资料是由业主提供，按照控制原则与过错承担原则，基础资料与障碍资料的风险应该由某市城乡管理委员会成立的公司承担。出现风险但在可弥补的前提下，某水务有限公司可要求补充基础资料以及障碍资料，可避免后续在合同履行过程中出现更多潜在风险。如果已经造成风险，根据过错承担原则，某市城乡管理委员会应对造成的损失负责。除此以外，该项目可能存在设计缺陷，根据控制原则以及过错承担原则，该风险应由某水务有限公司负责。在项目实施过程中，根据上限原则，某市城乡管理委员会可以承担设计变更的风险，并且根据损失利益相关性原则，后续因设计变更导致的问题与某市城乡管理委员会的利益直接相关，所以综合风险分担原则考虑，应该由某市城乡管理委员会负责。

（二）采购风险

该项目物资采购由某水务有限公司负责，责任主体能够有效控制风险，即在采购阶段某水务有限公司负责通过风险管理降低风险。例如，在项目物资采购中，为更好地控制项目质量，应首先明确项目物资质量的具体标准；其次，根据施工进度协调好采购时间，保证施工进度。

（三）施工风险

施工风险中，因合同当事人自身造成的风险都由引发风险的责任方承担，具体条款散列在合同中，分担结果如表2-14所示。某水务有限公司负责的风险因素包括：由某水务有限公司引起的场外交通设施以及场内交通无法满足工程施工需要、放线的准确性、施工设备和临时设备的维护保修工作不充分、由于某水务公司原因导致的工程延误暂停、施工安全管理工作不到位和因施工导致文物及公共设施损害。

（四）竣工验收和试运行风险

某水务有限公司对某市城乡管理委员会未能按时参检的工程产品在其覆盖、包装前应自检。因为某市城乡管理委员会有再次验收的权利，若已覆盖或包装的工程质量达不到标准，某水务有限公司会面临着返工和承担复检费用的风险。同样，场地未按约定恢复以及未清理，根据控制原则以及过错承担原则可知，该风险依旧由某水务有限公司承担。工程试运行风险一般是由缺乏试运行的外部条件和环境、试运行程序不清晰、标准不明确、验收时间不确定等因素造成的，通常根据过错承担原则进行判断，风险由过错方承担，如果由于第三方因素引起试运行试验的风险，那么此风险由双方共同承担，承担比例依据双方承担上限比例来确定。

三、结论与展望

若EPC项目承发包人风险分担合理，则可以保证项目顺利实施，避免双方产生矛盾纠纷。2020版合同范本为承发包双方合同的合理性提供参考依据，识别2020版合同范本中的风险，并进行风险分担研究对EPC模式发展以及降低项目风险很有价值意义。又考虑到水利行业的特殊性，对其EPC合同进行特殊风险识别，但由于特殊风险较小，除与业主直接相关的风险外，2020版合同范本中涉及的风险多由总承包商承担，此时研究特殊风险分担问题可操作性不强，因此对特殊风险展开风险管理研究。本书的研究成果总结如下：

第一点，识别出了2020版合同范本的一般风险，并分析合同条款，得到2020版合同范本条款的设置和FIDIC银皮书基本相似，但2020版合同范本秉持着公平原则，从项目整体效益考虑问题，即合同条款风险分担并无明显倾向。与FIDIC银皮书不同，FIDIC银皮书更多考虑业主利益，将风险大多分给总承包商，会影响工程效益。因此，2020版合同范本具有进步性并且更加合理。

第二点，通过比对表法，识别出了水利类EPC项目的特殊风险，先对特殊风险进行分析，分析特殊风险产生的原因，对特殊风险提出了管理建议，有利于EPC模式在水利行业的发展。

| 第三章 |

基于价值共创理论的EPC项目设计管理研究

第一节　问题描述

一、研究背景

（一）EPC模式在我国的飞速发展

EPC工程总承包模式起源于20世纪60年代的美国。EPC模式与传统的DBB模式（Desigh-Bid-Build）有不同的地方，具有缩短施工周期、降低工程造价、简化业主管理等优点，其应用极大地提高了项目的效率和效果，对整个项目的全方面发展起到了促进作用。

EPC模式即设计-采购-建设模式，业主将项目实施、设计、施工等阶段全权委托给总承包商，总承包商根据业主提供的资料负责项目设计、采购、施工等各阶段的工作，并且承担了工程的总成本的风险。因为业主将设计、采购、施工等任务全权交给承包商，故各个阶段的进行没有明确的时间节点，根据工程各个阶段工作的实际完成情况，承包商持续地推动工程项目进行。通过研究分析可得，在EPC总承包模式中有两个方面的责任相关体，分别为业主和总承包商。两方的关系图如图3-1所示。

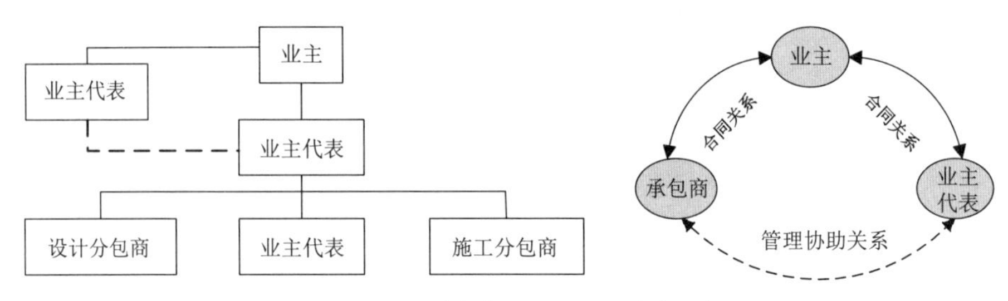

图3-1　EPC模式中两方的主体关系示意

EPC模式能够有效地提升工程管理的可实施性和水平，是工程建设中的一大进步。我国早在30多年前就已提出EPC模式，但我国的工程总承包在过去的十多年里才刚起步，到目前为止，我国EPC项目的发展水平与发达国家相比还有很大的差距。随着“一带一路”倡议的提出并不断深入，我国对外EPC项目不断发展，我国企业纷纷走出国门，为“一带一路”沿线各国人民改善民生、促进经济发展作出了巨大的贡献。自2014年，我国陆续出台一系列政策，《建设项目工程总承包（EPC）示范文本》于2017年颁布，目前已有很多公司开始全面、综合性地实施 EPC工程总承包。

（二）EPC模式与传统DBB模式的对比

随着我国建筑业发展和市场发展的日趋激烈，业主和承包商为了缓解生存压力，亟须改变传统的承发包模式，探索新的承包模式。在这种情况下，一些政策法规如《国务院办公厅关于促进建筑业持续健康发展的意见》（国办发〔2017〕19号）被提出来，促进了EPC模式在我国的发展速度。在EPC模式下，业主只需对接一个总承包商，而总承包商负责整个工程的进度计划和资源使用，可以避免因参与方过多而造成的信息交流的不顺畅、配合不紧密等问题。从而使总承包商的作用最大化，达到项目预期目标。对DBB模式与EPC总承包模式的对比分析总结如表3-1所示。

DBB模式与EPC总承包模式的对比分析　　表3-1

对比要素	DBB模式	EPC总承包模式
适用范围	多适用于施工简单的房屋建筑与土木项目	一般适用于施工规模较大的工程建设项目与工业项目
特点	项目各阶段工作分别发包给有对应资质的承包商	项目多阶段工作由总承包商一方承担，可自行安排交互进行
合同双方	甲方：业主	甲方：业主
	乙方：多个对应资质的承包商	乙方：EPC总承包商
工作顺序	先设计图，再招施工单位，在施工过程中开展对材料承包商的招标	EPC总承包商单方面完成设计、施工等多阶段的工作
设计的主导作用	难以充分发挥	能较好发挥
设计施工进度控制	协调难度大	可实现深层交互
招标形式	主要采取公开招标	一般采用议标或邀请招标
计价方式	工程量清单计价	模拟工程量清单计价
合同形式	单价合同	总价合同
承包商承担的风险	较小	较大
对承包商的综合能力要求	要求较低	要求较高
承包商利润空间	小	大
业主承担风险	较大	较小
投标竞争性	竞争性较强	竞争性不足
投资收益	相对较差	相对较好
业主参与程度	较深	较浅
业主项目管理代表	工程师	业主代表
业主项目管理费用	较高	较低
项目索赔事件	相对较多	相对较少

可见，在EPC模式下，业主将项目发包给EPC总承包商，EPC模式下的业主责任范围与传统的DBB模式有很大的区别，根据工程建设的不同阶段，业主承担的职责也不尽相同，通过对相关资料的整理分析，得出EPC模式下业主与总承包商的分工责任如表3-2所示。

EPC模式下业主与总承包商的任务分工　　表3-2

项目阶段	业主	总承包商
机会研究	项目设想转化为投资计划	—
可行性研究	借助经济工具分析投资计划	—
项目评估立项	是否立项及承发包模式选择	—
项目实施准备	项目融资、选址，承发包模式选择，起草招标资料	—
初步设计规划	业主提出方案设计，对投标人提交的投标文件进行评估，并与中标人协商合同	提出初步设计计划，提交投标书，通过谈判与业主签订合同
项目实施	检测工期、质量，评估变更，并按照合同约定付款	初步设计文件与施工图设计文件，设备供应商和分包商的采购、多方面、多维度的管理
移交和试运行	对工程进行竣工验收，与承包商对项目进行试运行，并在合格基础上进行工程接收	接收业主提出的竣工验收、试运行，并在合格基础上进行工程的移交
运营和维护	负责在项目后期的运行中对其进行日常保养和维修	在后期的运营中，对项目负有一定期限的保修责任

综上所述，相对于传统的DBB模式，在EPC模式下，对于业主来说，其承担的风险和担负责任的水平均降低。在项目建设前期，只需提出自己的设计方案和寻找有承担此项目能力的合适承包商，之后将设计、施工等任务委托给承包商，业主对此过程进行监督和整体管理。但在目前国内环境中，满足招标、投标要求有较强的自我管理能力的合适承包商非常少，而且由于在EPC模式下业主对项目的控制力下降，致使承包商的投机行为时有发生，从而影响到项目的投资管理和正常的进度安排。通过对比分析，发现 EPC模式虽能有效地促进设计施工一体化，但还存在不足之处：

（1）符合项目要求且有相应资质能力的承包商较少；

（2）业主负责提出设计构想，初步设计文件比较不完善，以致之后的设计过程较为漫长；

（3）在EPC模式中，由于业主前期工作过少而导致双方对于设计规范或者项目设计的范围有不清晰的地方，两方容易就此产生争端；

（4）EPC模式下合约种类很多，各组织、各部门的工作相互重叠，合同纠纷频繁。

在传统DBB模式中，业主是项目管理的中心，通常采用“设计-招标-建设”三个阶段。业主委托给各承包商工程进行设计与施工，并按顺序进行各项工作。设计与管理的整合理念尚未被充分地反映出来。而在EPC模式的系统中，业主只提出相关设计规范、预期达到目标、所需功能要求等，承包商则承担设计、采购、施工等各项工作，克服了以往按阶段分专业并行施工带来的各专业间不协调和在设计、采购、施工过程中脱节等弊端。因此，设计管理的整体理念也在这一进程中得以体现。

（三）在我国低信任度市场环境下业主参与EPC项目设计管理

与国外的EPC模式相比，国内尚无相互信任的基础，在我国的环境下形成了“以EPC为形，以严格控制为实”的“具有中国环境特色的EPC模式”。尹贻林指出，在EPC项目工程中，业主的设计管理可以分成两个阶段：第一个阶段，从方案到初步设计，都是由业主来控制的；然而在第二个阶段中，业主在设计上的控制力相对较弱，因此通常会加大对项目控制，进而介入到设计与管理之中。所以，在我国环境下，业主往往会加强对总承包商的管控。并且设计是工程施工全过程中的“龙头”，业主往往在设计管理中采用各种方法和措施来参与设计管理。进行管理的主要内容有：积极参与审阅承包人的设计文件及对工程进行中审；负责设计工作的质量管理；指导承包商在签约后做好对设计进行优化等工作。

因此，本书是我国情景下的EPC项目，业主通常会采取措施进行设计管理工作，加强对项目的管控。

二、研究目的及意义

（一）研究目的

1．为我国EPC项目的设计管理提供思路

以我国情境下的EPC项目为研究对象，旨在为国内EPC项目的设计管理提供思路。为此提出设计阶段业主与承包商之间的利益悖论，并提出针对性的解决方案，以期保证项目顺利完成的情况下实现业主与承包商之间的互利共赢。适应EPC项目在国内的深化发展，目的在于打通第二阶段设计过程中业主和总承包商之间的沟通障碍，建立一个公正、公开、透明的沟通机制，从而防止工程总承包商在设计中出现脱离设计初衷等问题发生。

2．为实现EPC项目业主与总承包商的双赢提供借鉴

本书的目的在于改进设计管理工作，以提高工程的经济性和可施工性，并在保证工程的整体效果和工程质量的同时也能保证工程的整体效益，实现业主和总承包商的共赢，推进项目的顺利完成，为我国 EPC工程的设计与管理工作提供理论依据与实际指导。

（二）研究意义

1．为EPC项目设计管理的理论完善作出具体贡献

EPC模式在我国得到了广泛的推广，并在工程建设中实现了较好的应用。然而在实施EPC工程的设计与管理中，很多项目仍采用传统的设计管理模式，且仍有业主占主导地位，具体表现为承包商的介入时点后移、业主提供方案设计、承包商在此基础上完成初步设计并进行后续设计深化等，造成在建设过程中出现许多影响项目进度的问题，比如项目设计变更不断、进度延误、成本超支、投资失控等现象。由此可见，EPC模式在设计管理阶段仍存在问题且无法得到有效解决。针对两阶段设计管理中的利益悖论问题提出了解决方案，并提出在设计阶段通过业主和总承包商的价值共创达到工程的成功，对分析研究EPC项目设计管理的理论完善做出了具体贡献。

2．为EPC项目实践人员开展设计管理工作优化提供具体方案

引入价值共创理论作为分析工具，通过具体运用DART模型深入探讨业主与承包商之

间对EPC项目中存在的问题以及在设计阶段予以解决的具体实现步骤，为EPC项目在已有文献研究以及相关合同约束下，对尚不能完全消除模式中存在难题的现状添加了新的思路。运用管理学的知识，充分结合当前的研究现状，以设计管理为中心来探究解决承包商与业主之间利益悖论的重要性以及价值共创理论的应用性，推动EPC项目的发展，为我国EPC项目设计管理提供了理论借鉴和操作指导。

三、国内外研究现状

（一）国内外设计管理研究现状

1．国外研究现状

Salmon对EPC项目设计管理中的风险管理进行研究，得出推动项目成功的是关系和基础治理，而不是风险后果的管理。Knotten等探讨了建筑设计管理成功的因素，最后得出案例研究的成果强调设计团队和沟通是最重要的成功因素，将沟通和决策视为最重要的因素。Farry指出，设计管理的职责是寻找合适的建筑师来解决预算内的项目问题。因此，可将设计管理工作归纳为三大内容：确定项目前期的设计任务；选择合适的设计单位；在既定的概算下完成设计。此外，Gorb研究的设计管理主要分为五大要点：设计师的专业设计能力、设计部门的管理能力、项目管理能力、组织管理能力和管理者的设计知识。同时强调设计管理应以设计活动和实现任务目标进行平衡和有效控制为核心，认为设计管理是一种计划的过程，通过组织、整合来达到计划的目的。Blaich则认为设计管理工作主要是通过企业内部协调合作，进行有效沟通和资源的分配，并对设计管理程序进行管理，达到项目目标。Sanjay 和 Paul提出流程管理是设计管理的重要组成部分，是影响全面质量管理成败的重要因素。Ahopelto将设计管理主要分为三方面：前期规划与设计之间的管理；设计标准化的建立；设计管理的创新化研究。

2．国内研究现状

沙励和官嫣嫣从总承包商的视角出发，总结了EPC项目建设周期的设计价值体现，指出设计贯穿于项目的始终，应该在项目建设过程中坚持发挥以设计为龙头的EPC模式，通过设计来统筹全局。王进友认为，将价值共创理论引入到 EPC项目的设计管理中，可以最大限度地利用资源，而可施工性理论可使施工人员提前介入，从而避免设计和施工分离所带来的问题。王腾飞等建立了以合作为基础的国际 EPC项目的设计管理模式，通过合作模式（Partnering），提出了一种高效的设计管理方法。刘晓光提出应用EPC项目的伙伴关系，构建实时交流机制强化信息传递速度与质量，此研究为工程项目的顺利实施作出了贡献。唐文哲等从建筑行业的传统管理模式出发，指出企业合作伙伴关系的发展趋势，并提出合作伙伴关系的管理模式可以帮助企业更好地将企业的资源整合起来。袁婷认为，设计工作能从根本上弥补项目的浪费，因此在设计的各个环节、步骤和流程中应进行设计，从而采取最佳的设计方案。吕文学等将合作经营视为一种以降低交易成本为核心的工程项目管理组织改革，指出通过建立合作伙伴关系，可以减少信息查询、监督、担保、救济等交易成本，使其功能最大化。杨先贺等基于业主视角对EPC项目前期投资管控设计管理进行研究，引入价值共创理论的DART模型，为业主完成投资管控目标、实现项目价值提供了理论支持与实践指导。

基于以上分析，在设计管理内容方面，既有研究总结了设计管理工作的内容，并对设计管理中的设计重要性、设计影响因素、设计方法以及方案设计等方面做了深入的研究。然而既有研究对EPC项目设计阶段存在的问题以及此类问题的解决方案的研究相对较少，相关探讨有限。此外，在设计管理研究的视角方面，既有研究多数基于承包商或者业主的单方面视角，基于双方视角的相关研究较为匮乏。最后，在理论运用方面，已有学者将合作模式（Partnering）、基于价值共创理论的DART模型引入EPC项目设计管理的研究当中，这为EPC项目设计管理研究的开展提供了新思路。综合以上分析，本书从业主与承包商双方角度出发，提出在EPC项目设计管理中引入DART+PDCA模型，来分析加强业主与总承包商之间沟通协调互动的具体措施，旨在破除设计管理利益悖论、提升双方合作水平，为EPC项目设计管理提供新的思路。

（二）国内外价值共创理论研究现状

1. 国外研究现状

在概念研究方面，Lusch和Vargo认为，共同创造是一个更一般的概念，它包含了所有具体的理论和经验事件，在这些事件中，公司和客户通过互动产生价值。Prahalad和Ramaswamy认识到客户在市场中扮演的角色在不断改变，他们将客户与商业市场、客户与供货商之间的关系进行研究。后来，Prahalad和Ramaswamy从不同方面说明了价值共享能够为企业和客户带来效益，并指出协同创新能够提高用户的使用体验，促进产品和服务的革新。在应用以及管理理论研究方面，Solomon 等将价值共创引入服务企业，认为共同创造在服务企业中是固有的。其中，市场供应（数量、质量、属性）实际上是在服务相遇中创造的。Holbrook和 O’shaughnessy指出，价值共创也可以从消费者研究的文化角度来看待，消费是消费者赋予产品和服务主观意义的一种高度象征性和文化性的活动。Von Hippel提出界定共同创造领域边界时需要考虑的其他视角是创新研究的视角，其重点是涉及公司和用户的协作和开放过程。信息系统研究属于这一领域，所以，我们把焦点放在客户关系管理、技术客户参与、开放的创新平台上。许多营销子领域经常从共同创造的角度重新解释他们的背景，比如Liu将价值共创引入企业营销领域来说明其营销理念；Gentile等通过研究将其引入体验营销领域；Muñiz和Schau将其引入通信领域用来解释通信领域的营销方式；Payne 等将价值共创理论用于品牌背景的解释等。由此可见，价值共创理论在许多领域都得到了广泛运用。

2. 国内研究现状

在国内价值共创理论应用研究中，张钰的研究范围是发展最快速的网络产业，得出用户和创业者之间的互动关系对其发展具有重要的推动和促进作用。高志军等主要研究的是物流业，物流业受益于价值共享，从而使物流企业和客户能够通过合作和沟通，将自身的需求和资源进行交换，并通过资源的整合来提供一体化的物流服务。杨学成等以汽车产业为研究对象，从汽车消费的经验营销入手，提出了实现价值增值的具体途径，并在此基础上提出了新的研究领域中的协同创新模式。通过国内学者研究表明，使用价值共创理念对参与方（企业、消费者以及相关利益者）、不同行业的发展都产生了重要影响，通过参与成员的互动实现双方价值增值。建筑业中EPC项目的建设过程也是由业主与总承包商以及相关专业部门共同配合完成，而且总承包项目具有投资金额大、过程设备材料等资源消耗量大、项目单件性、建设周期长、地域差异性以及外部约束等特点，从而对建设项目各参与方提出高标准高要求。胡彪等首次将价值创造引入建筑业，结合并基于案例指出业主与总承包商的价值共创实现途径。龙亮等在此基础上通过对国内EPC项目招标时点的研究和两阶段设计利益相关者的分析，揭示设计管理存在的利益悖论，并通过引入基于价值共创的DART模型给出了两阶段设计管理中存在的利益悖论问题的相应对策建议。

基于对国内外研究文献分析可知，价值共创理论在各个领域都有应用研究，但在既有研究中将价值共创理论引入EPC项目设计管理的研究相对较少、对设计利益悖论的讨论较为匮乏、对利益悖论具体解决措施的阐述较为简略。因此，本书将价值共创理论引入EPC设计管理中，并切入PDCA循环加强对EPC项目设计管理，以期破解设计利益悖论问题，实现业主与承包商间的价值共创。

四、研究内容和技术路线

（一）研究内容

由于EPC项目在国内尚处于发展阶段，在进行EPC项目设计管理时，仍存在业主提供设计、承包商深化设计等情况，由此引发了诸如两阶段设计利益悖论等问题。基于此，本书探讨设计管理中如何实现业主与承包商双方互动联系的增强，从而实现双方的合作共赢。为解决上述问题，本书需完成下述四项研究内容。

1．EPC模式两阶段管理概念的界定

在构建EPC设计管理理论模型的基础上，为得出在我国信任环境下EPC项目两阶段设计管理的划分并提出利益悖论问题，对我国EPC模式、EPC项目设计管理方式进行分析；其次对EPC招标介入时点进行研究，得出在我国信任环境下EPC项目两阶段设计管理的划分。最后提出承发包双方在设计管理阶段存在利益悖论的问题，对后续寻找解决方案定好研究方向。

2．EPC两阶段设计管理理论模型的构建

首先，运用文献回顾和整理的方法，厘清 EPC模式的发展状况；在此基础上，寻找可深化研究之处，为建立理论模型和问题的目标定位提供理论依据；其次，进行有针对性的研究设计，包括选择研究框架和确定研究视角；最后，基于上述两部分内容确定具体研究问题细分并为之后展开的研究点奠定基础。

3．EPC项目两阶段设计利益悖论解决方案的创建

首先，主要探讨EPC项目两阶段设计的具体解决方案，故在研究内容EPC模式两阶段管理概念的界定分析的基础上，先对EPC项目两阶段设计管理的责任进行划分，再引入价值共创理论，讨论价值共创理论应用于解决利益悖论问题的重要性。其次，对基于价值共创理论的DART模型进行研究以及其“信任+监管”模式契合度分析。然后构建EPC项目设计阶段的DART模型并作为承包商与业主之间利益悖论的具体解决方案。最后，论述EPC项目设计阶段价值共创的实现步骤，说明解决方案的可行性和具体细节。

4．DART+PDCA模型在实际案例中的应用分析

针对某市道路工程项目的工程概况，利用基于价值共创的DART+PDCA模型对如何进行设计管理作出分析。通过以上理论与方法的实际案例应用，证明工程理论与方法结合的可行性。

（二）研究路线

（1）阐述本书的研究背景、研究目的及研究意义，总结EPC设计管理的国内外研究现状，简要介绍所研究的内容，最后明确使用的技术路线。

（2）对EPC模式两阶段设计管理界定。从我国EPC项目设计特征分析和EPC模式两阶段设计利益悖论的提出两个方面入手，首先对我国EPC模式、EPC项目设计管理方式进行了分析，其次对EPC招标介入时点进行研究，得出在我国信任环境下EPC项目两阶段设计管理的划分。最后提出承发包双方在设计管理阶段存在利益悖论的问题，对后续寻找解决方案定好研究方向。

（3）EPC项目两阶段设计利益悖论解决方案。首先，探讨EPC项目两阶段设计利益悖论的具体解决方案，故先对EPC项目两阶段设计管理的责任进行划分，再引入价值共创理论，讨论价值共创理论应用于解决利益悖论问题的重要性。接着对基于价值共创理论的DART模型进行研究以及其“信任+监管”模式契合度分析，然后构建EPC项目设计阶段的DART模型并作为承包商与业主之间利益悖论的具体解决方案。最后论述EPC建设工程设计阶段价值共创的实现步骤，表明解决方案的可行性。

（4）应用案例分析。针对某市道路工程项目的工程概况，用基于价值共创的DART+PDCA模型对设计管理问题的具体解决对策作出分析。

（5）结论与展望。总结了论文的相关成果和主要结论，也对还需要改进的地方进行了叙述，并表达对以后EPC项目在我国的发展研究的展望。

综上所示，得出EPC项目设计管理研究技术路线图如图3-2所示。

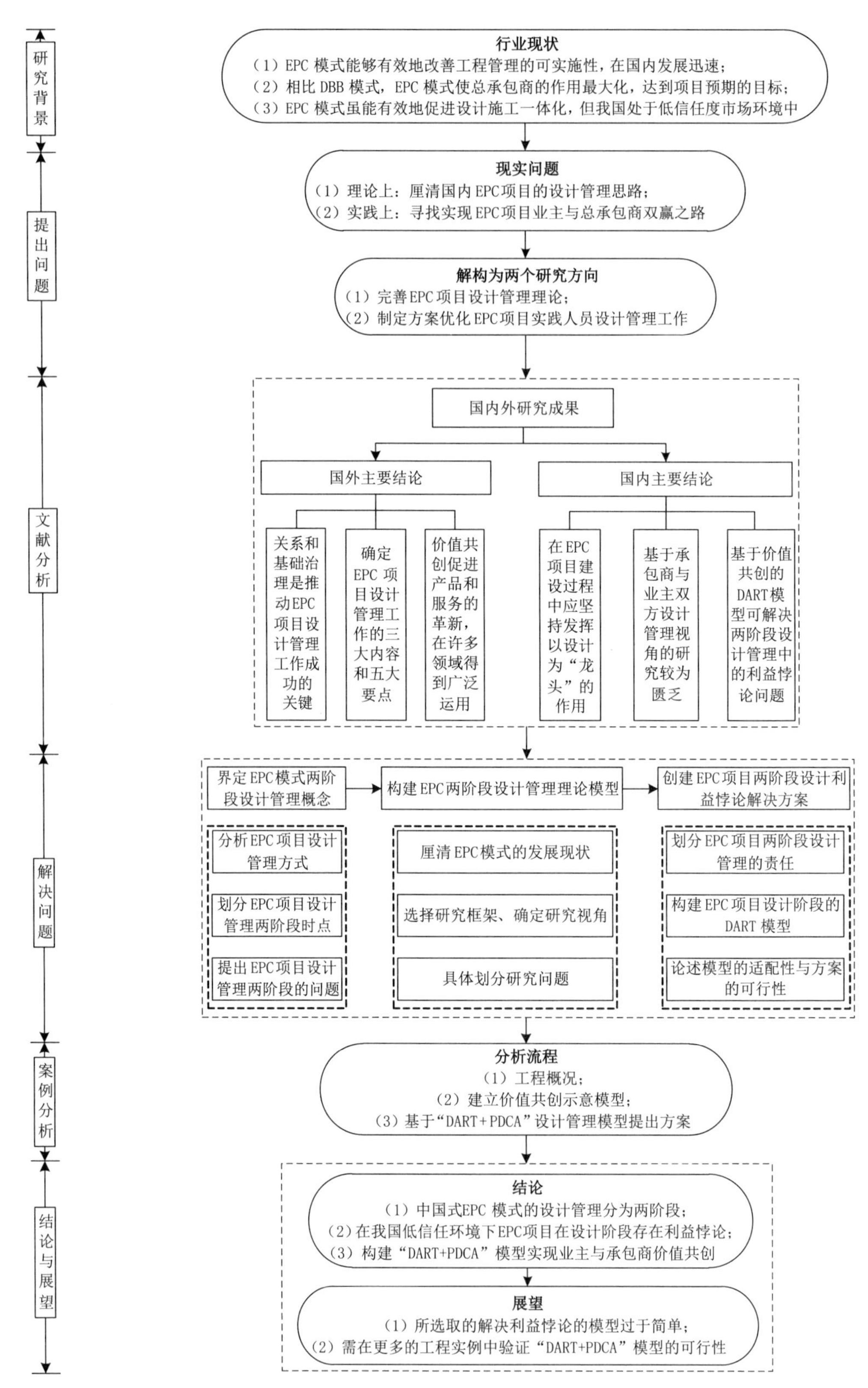

图3-2　本章内容技术路线图

第二节　理论研究

一、相关理论回顾

（一）EPC项目设计管理特征分析

1．EPC总承包项目设计管理研究

（1）DBB模式与EPC模式下的设计管理。

在传统DBB模式下，设计是项目的“龙头”环节，传统模式下的设计阶段的主要内容就是设计单位根据业主提供的项目要求文件，完成设计任务并满足建设项目在设计阶段对项目预设目标的期望，达到项目进度要求。对DBB模式中的设计过程分析，得出在传统DBB模式下设计管理的架构模型图，如图3-3所示。

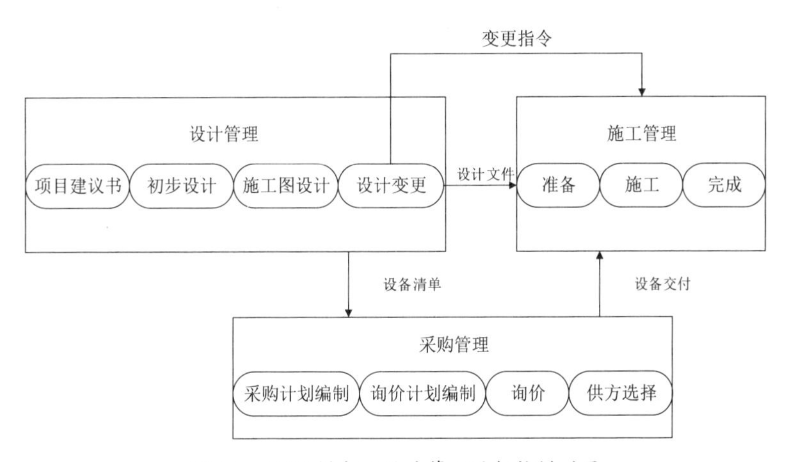

图3-3　DBB模式下设计管理的架构模型图

在EPC模式下，业主只需提出拟建项目的“功能要求”，然后按照与承包商协商签订的合同进行管理，承包商全权负责施工图设计、采购、施工等工作。在EPC模式下，设计、采购、施工深度整合，使设计更具有可施工性，采购方案更具有经济性和合理性，施工过程更流畅，避免了传统DBB模式的弊端。同时，设计管理在EPC模式下被作为一个整体来实现。通过对EPC项目的设计过程进行分析，得出在EPC模式下设计管理的架构模型图如图3-4所示。

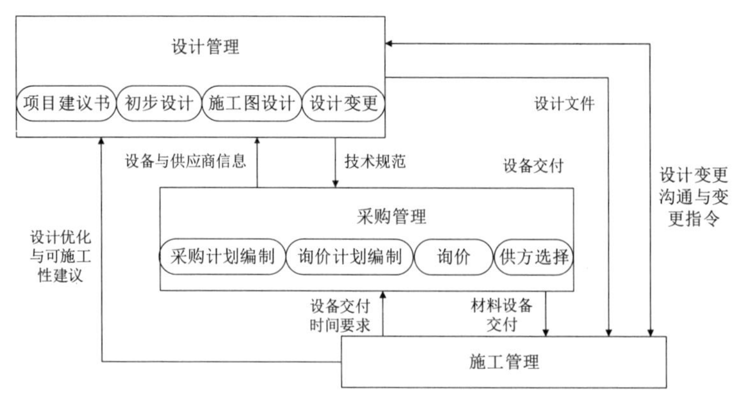

图3-4 EPC模式下设计管理的架构模型图

本书通过对两个模式的对比分析指出，EPC模式与DBB模式下的设计管理优劣势对比分析表，如表3-3所示。

EPC模式与DBB模式下的设计管理优劣势对比分析　　表3-3

模式		DBB模式	EPC模式
优势	理念	先设计后施工，完成施工图并交付，设计阶段工作结束	统筹全局，考虑项目建设全生命周期
	流程	方案设计、初步设计、施工图设计，各阶段依次循序渐进	达到不同专业的协同推进管理
	组织	各专业分工明确，相互独立	构建设计和项目管理相结合
劣势	理念	与后续开展的采购、施工存在不衔接，易诱发变更	由于前期的项目模糊性使得设计过程考虑因素多，所用时间较久
	流程	很难实现多专业协同推进管理	设计管理全程参与，迭代往复
	组织	组织机构单一	组织间各部门相互交互
风险		项目后续的采购、施工与设计冲突，存在设计变更等	招标时点前移，业主对项目控制权减弱

通过对设计管理阶段EPC模式与DBB模式的设计管理工作的内容进行分析，总结出两个模式设计管理工作的差异对比分析表，如表3-4所示。

EPC模式与DBB模式下的设计管理工作差异性对比　　表3-4

工作内容	EPC模式下	DBB模式下
委托方式	业主与总承包商签订合同，总承包商的设计依据合同规定开展，设计成果要符合合同中业主的要求及国家相关规范标准。如业主的要求超出合同要求，总承包商可以申报变更	设计单位受业主委托开展设计工作，设计单位对业主的要求和满意度负责，这一模式下业主会对所有的设计成果审查，业主对设计过程提出的要求只要不超出国家强制性标准和有关设计规范，设计单位就必须无条件执行

续表

工作内容	EPC模式下	DBB模式下
设计服务范围	总承包商需要设计出满足合同要求的设计成果，通常在总承包合同说明工程项目整体的功能、规模、指标、设施设备的标准、性能、寿命、外观等，总承包商提供的设计服务达到上述要求	设计服务的范围一般在委托合同内描述得很清晰，承包人所提供的设计成果需要业主审核并得到业主同意之后方可开展下一阶段工作
设计报审的重点	EPC 总承包模式下，设计报审的重点有：开展设计的基础资料与设计标准是否相符，总承包项目在质量、工期和后期运营维护等方面的要求与规定等	业主通常对承包人的所有设计成果进行审查，业主对设计过程提出的要求只要不超过国家强制性标准和有关设计规范，设计单位就必须无条件执行
项目建设流程	项目建设全流程	主要在设计阶段
设计内容	总承包商既要按照国家及地方规范以及合同约定完成设计成果，也要从项目整体考虑兼顾采购与施工工作	按照相关规范和设计深度规定由业主委托专业设计机构开展设计文件编制
设计管理流程	兼顾设计、采购、施工阶段工作三位一体、相互交叉融合，设计工作贯穿于项目开展的全过程	先设计，后施工

（2）EPC模式下的设计管理工作的重要性分析。

设计管理作为 EPC工程的“龙头”，设计阶段的工作是工程的后期进行采购、施工的基础，对质量、费用、进度等均具有举足轻重的作用。在 EPC工程中，设备制造商的采购工作是根据设计流程确定的技术方案进行的，设备制造商需要根据相关的设计规范和图纸来进行设备的预制和建模。在施工阶段中，是“按图施工”。如果在设计阶段形成的设计成果能够满足设计质量的要求，那么从采购阶段开始就能确保高质量的产品，而其高质量的设计成果也能降低工程中可能出现的一些变化和返工等问题。

①设计成果是一维的业主需求到二维的设计图再到三维建模的载体。

在EPC模式下，承包商通过一步一步地完善修改才能达到满足要求和功能的设计成果，其设计成果对承包商来说，是项目盈利的关键；对于业主来说，是投资是否获得回报的重要保证。设计文件是设计过程中的主体部分，其设计阶段是将业主提出的设计意图转化为实际的设计图，最终转化为三维实体项目的过程。所以对设计阶段进行有效的管理对业主和承包商都具有重要的意义。

②设计管理是控制项目不确定性风险、顺利推进项目的重要措施。

EPC项目设计阶段在项目建设过程中起着统筹全局的作用。首先，业主与承包商在招标、投标阶段进行双向选择之后签订招标、投标合同，业主将设计、施工、采购的任务交给承包商负责。在进行任务的转接之后，承包商进行项目的推进，业主只负责监督和管理，其对项目的控制力度比较低，但是由于设计工作在整个项目中的重要作用，业主必须采取有效的手段进行设计管理。特别是对总承包商所提供的设计文件进行审核，确保设计的质量。强化设计管理的最直接和最有益的结果就是：对于在项目的施工建设阶段，常常产生设计变更、工程中出现重大设计问题进行预防和有效控制，从而促进工程总承包项目的设计质量和设计进度的提高。控制投资在可预期的范围内，使业主能获得较高的投资回报，从而推进项目的顺利实施。

因此基于价值共创理论下进行设计管理服务，帮助业主进行有效的管理工作，达到业主和承包商的双赢。

2．中国式EPC模式研究

（1）中国式EPC模式与西方EPC模式的差异。

中国的EPC和西方的EPC有三方面区别：第一，最大的不同就是信任度比较低，在西方已经有了将近40年的合作基础，在业主与承包商之间已经建立起了良好的信任关系，为EPC的推行奠定了坚实的基础；第二，在我国的信任背景下需要先进行政府投资项目的初步设计，然后再进行投标；第三，在计价方法上，西方采用总价计价，我国采用的是模拟工程量清单（单价合同）。

EPC工程是在工程可行性研究后进行招标，列出业主要求的各项性能指标和样品，按总价报价，以最低价格中标，在进行任务的交接之后以总价进行结算，整个过程中可以不聘请监理工程师。在我国的信任环境下，其政府投资的EPC项目必须在初步设计的阶段就进行招标、投标的工作。《住房和城乡建设部 国家发展改革委关于印发房屋建筑和市政基础设施项目工程总承包管理办法》（建市规〔2019〕12号）（以下简称“建市规〔2019〕12号”）规定，价格应以合适的方法确定，而福建、广西采用的是模拟工程量清单，按单价计算；雇用项目经理，根据合同规定的支付时间进行计量支付，并严格监督结算。

（2）中国式EPC模式的产生机理。

中国式EPC模式的产生，究其原因主要是与EPC要求高信任环境有关，我国的信任环境并不理想；EPC模式在国内的产业体系中实施起来比较容易，这是因为企业的业主和承包商一般是同事或者上下级的关系，有了实际的合作关系。在国外的EPC项目中，合作管理模式已经是EPC项目实行的一个共识条件，在此情况下，我国的EPC模式想要提高到国外水平，等待我国信任的一个环境达到完全成熟之后再进行EPC模式的运用和推广是不现实的。

2019年，在下发建市规〔2019〕12号文件之前，住房和城乡建设部发布了EPC试验方法和示范合同，根据其条款，发现条款的前提条件都是基于良好的信任环境，这些条款很明显是不适应当时我国缺乏信任的环境。例如在 EPC招标中，EPC招标投资决策之后就可以进入招标、投标阶段，支付可以采用形象进度等。对于建市规〔2019〕12号文件的发布，显然是在我国缺乏信任的情况下，对以前的一些不适应条款进行了修正。其中，对于政府投资的工程，应先进行初步设计后的招标；而对于非政府投资的工程，投标的时间节点可以在投标决策阶段之后。政府投资项目应该使用明确的价格合同形式；而非政府投资项目可以采用总价报价。两种不同的报价方式是由于目前的招标体制下，政府投资项目很难招募到可信的总承包商；而非政府投资项目的业主则可以通过合作或伙伴式项目管理关系来寻找到符合要求和高素质水平的承包商。业主不负责设计，而是由总承包商来负责全部设计，这是EPC模式的特征。但我国的信任环境仍不完善，合同双方之间还未建立起良好的互信关系，所以在我国的EPC模式为“业主提供部分设计”，所以称为“中国式 EPC模式”。

（3）中国式EPC模式的招标介入时点分析。

在国际的EPC工程中，一般都是在可行性研究结束后，才会进行投标，这是建立在双方的信任基础上。然而由于国内特殊的市场环境，企业的所有者往往会从自身的控制能力、项目规模和特点以及自身经营能力等因素方面综合考虑选择适当的招标、投标时机。本书对国家和地方的工程总承包项目相关文件进行分析，尤其是对有关发包及招标介入时点的规定进行分析整理，如表3-5所示。

国家及部分省份工程总承包政策文件招标介入时点一览表　　表3-5

序号	部门省市	政策文件	条款	招标时点
1	住房和城乡建设部	《住房和城乡建设部　国家发展改革委关于印发房屋建筑和市政基础设施项目总成总承包管理办法》（建市规〔2019〕12号）	采用工程总承包方式的政府投资项目，原则上应当初步设计审批完成后进行工程总承包项目发包；其中，按照国家有关规定简化报批文件和审批程序的政府投资项目，应当在完成相应的投资决策审批后进行工程总承包项目发包	初步设计审批完成或投资决策审批后
2	住房和城乡建设部	《住房城乡建设部关于进一步推进工程总承包发展的若干意见》（建市〔2019〕93号）	建设单位可以根据项目特点，在可行性研究、方案设计或者初步设计完成后，按照确定的建设规模、建设标准、投资限额、工程质量和进度要求等进行工程总承包项目发包	可行性研究后或方案设计后或初步设计后
3	交通运输部	《公路工程设计施工总承包管理办法》（中华人民共和国交通运输部令2015年第10号）	总承包单位由项目法人依法通过招标方式确定。项目法人负责组织公路工程总承包招标。公路工程总承包招标应当在初步设计文件获得批准并落实检核资金后进行	初步设计文件获得批准并落实建设资金
4	浙江	《浙江省水利建设工程总承包管理办法（征求意见稿）》	建设单位可在可行性研究报告或初步设计报告获批后，按照确定的建设规模、建设标准、投资限额、工程质量和进度要求，进行工程总承包项目发包	可行性研究报告或初步报告获批后
5	山东	《山东省水利工程建设项目设计施工总承包指导意见（试行）》（鲁水规字〔2019〕1号）	水利工程建设项目实行总承包从项目可行性研究报告或初步设计报告批准后开始	可行性研究报告或初步设计报告批准后
6	四川	《四川省房屋建筑和市政基础设施项目工程总承包管理办法（征求意见稿）》	在可行性研究、方案设计或者初步设计已完成，项目范围、建设标准、功能需求、投资限额、工程质量和进度要求确定以及建设资金来源落实后，以工程估算（获工程概算）为经济控制指标，扣留建设单位需要发生的相关管理活动必要费用后，进行工程总承包项目发包	可行性研究、方案设计或者初步设计已完成

续表

序号	部门省市	政策文件	条款	招标时点
7	上海	《上海市工程总承包试点项目管理办法》	工程总承包可以采用以下方式实施：（一）项目审批、核准或者备案手续完成；其中政府投资项目的工程可行性研究报告已获得批准，进行工程总承包发包；（二）初步设计文件获得批复或者总体设计文件通过审查，并已完成依法必须进行的勘察和设计招标，进行工程总承包	可行性研究报告或初步设计文件任一获得批准或总体设计文件通过审查
8	湖南	《长沙市政府投资房屋建筑和市政基础设施工程总承包管理办法（试行）的通知》（长住建发〔2018〕51号）	（一）项目可行性研究报告已获得批复（或取得企业投资项目备案证），项目范围、建设规模、建设标准、功能需求、设计方案、投资限额、工程质量和进度要求已确定的，进行工程总承包发包；（二）项目完成了初步设计批复，建设单位已委托相关单位完成地质勘探的，进行工程总承包发包	可行性研究报告或初步设计获得批复
9	广西	《关于印发南宁市房屋建筑和市政基础设施工程总承包管理实施细则（试行）的通知》（南府规〔2018〕6号）	建设单位可在可行性研究报告批复后，设计方案批复后或初步设计批复后三个阶段进行工程总承包发包	可行性研究报告、设计方案或初步设计批复后

从表3–5所示可以看出，住房和城乡建设部与四川省都明确规定，在可行性研究、方案设计、初步设计方案确定后，可以转包给总承包，但浙江省、山东省都规定，在设计方案通过后，施工单位可以在设计方案通过后再发包，按照交通运输部的要求，只有在设计方案通过、资金到位后，方可进行转包。根据《关于进一步推进工程总承包发展的若干意见》（建市〔2016〕93号）第4条的有关 EPC工程总承包的内容，文件中提到："建设单位可以在工程可行性研究、方案设计、初步设计后，按工程规模、标准、投资限额、工程质量、工期等因素进行施工。"从这一点可以看出，我国的工程总承包按照项目的性质和业主的需要，可以划分为三个不同的参与时间。具体的投标时间如图3–5所示。

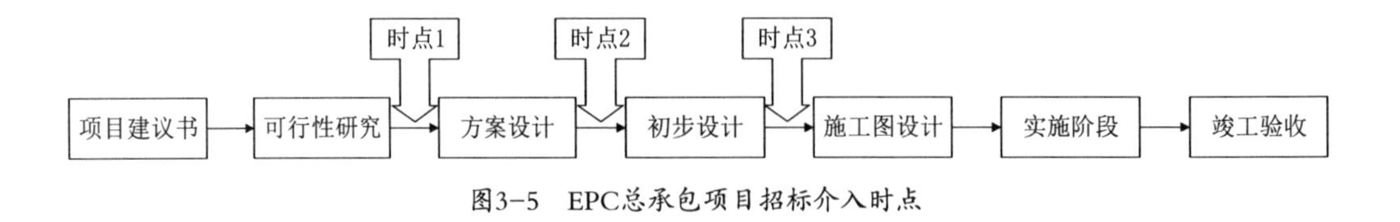

图3–5　EPC总承包项目招标介入时点

《政府投资条例》（中华人民共和国国务院令第712号）规定在初步设计阶段之后进行发包，与此同时，住房和城乡建设部也对承包商对于设计文件的优化程度进行了相应的规定，使得设计文件达到业主的要求，避免其过度优化或者设计意图没有体现的情况发生。因此，本书以初步设计为招标节点将EPC设计管理进行划分。

3. EPC模式两阶段设计管理划分

（1）EPC项目设计阶段研究。

在国际上，由于管理制度的不同，可按复杂程度不同对建设项目设计阶段进行划分，一般分为二阶段设计阶段或三阶段设计阶段。在分析整理资料后，各阶段的划分内容见表3-6。在我国，设计分为两个阶段和三个阶段。一般项目的设计分为两个阶段：一是扩大初步设计阶段；二是施工图设计阶段。小型民用建筑可以采用方案设计，而不是扩大的初步设计。大型民用建筑，首先要进行规划设计，再进行初步设计。技术上和功能上较为复杂的项目，可以分为初步设计、技术设计和施工图纸设计。某些新建的工业区、技术开发区、水利枢纽、矿区、大型石油化工冶金等，必要时进行整体的规划。在两个阶段的初步设计中，也称为扩大初步设计，也就是扩初设计。通过资料的整理分析，设计的主要内容包括初步（方案）设计、初步设计、技术设计和施工图设计。按照初步设计的时间来划分设计阶段如表3-6所示。

按照初步设计的时间来划分设计阶段　　表3-6

<table>
<tr><th colspan="2">国内外EPC项目</th><th colspan="2">第一阶段</th><th>第二阶段</th><th>第三阶段</th></tr>
<tr><td>国际EPC项目</td><td>英、美</td><td colspan="2">概念设计</td><td>基本设计</td><td>详细设计</td></tr>
<tr><td rowspan="2">国内EPC项目</td><td>普通民用建筑</td><td rowspan="2">方案设计</td><td rowspan="2">初步设计</td><td>施工图设计</td><td rowspan="2">施工图设计</td></tr>
<tr><td>工业项目以及较复杂的基础设施项目</td><td>技术设计（扩初设计）</td></tr>
</table>

两阶段设计管理的工作划分　　表3-7

<table>
<tr><th colspan="2">国内外EPC项目</th><th colspan="2">第一阶段</th><th colspan="2">第二阶段</th></tr>
<tr><td>国际EPC项目</td><td>英、美</td><td>概念设计</td><td>基本设计</td><td colspan="2">详细设计</td></tr>
<tr><td rowspan="2">国内EPC项目</td><td>普通民用建筑</td><td colspan="2">初步设计</td><td colspan="2">施工图设计</td></tr>
<tr><td>工业项目以及较复杂的基础设施项目</td><td>方案设计</td><td>初步设计</td><td>技术设计（扩初设计）</td><td>施工图设计</td></tr>
</table>

（2）EPC项目两阶段设计管理的划分。

第一阶段，业主提供方案设计和初步设计；第二阶段，总承包商提供施工图设计。在前期的规划和初步设计中，由于业主有权对设计进行控制。因此，业主可以通过发布设计限额和最优设计的方法来进行设计的控制。第二期工程设计方案难以控制，业主可以利用工程图纸审批的方式来进行控制（表3-7）。

基于以上分析，本书把两个阶段的设计管理分为业主负责招标前期的方案设计以及初步设计阶段的前期管理，而承包商负责招标后的初扩设计以及施工图设计阶段的监理。即由业主自行组织方案设计、初步设计、前期监理等工作，在中标后，承包商根据业主的设计方案、初步设计及其他有关材料进行施工图设计，并将工程建设完后交给业主。

（二）EPC模式两阶段设计利益悖论的提出

1．两阶段设计利益悖论的概念界定

EPC项目设计分为两个阶段，这是一个重要特征。在第一阶段中，包括方案设计以及初步设计阶段，业主掌握控制权，在这一阶段中，可以按照限额设计和设计优化进行设计管理；在第二阶段中，总承包商获得设计主导权，在这一阶段业主单位的利益诉求就是通过设计图纸实现价值工程，即降低项目总投资。总承包商的利益诉求是希望通过设计图纸来提高施工利润，即增大项目总投资。这种利益悖论在现阶段的出现，不仅关系到项目的管理、工期、质量、成本，而且还会对项目的前期投资产生一定的影响，因此，在实施分阶段的设计管理时，必须先处理好业主和承包商的矛盾，这样才能确保项目的顺利实施。所以，针对两阶段业主和承包商存在的不同利益诉求，我们就将其称之为“两阶段设计利益悖论”，并就此问题开展研究。

2．两阶段设计利益悖论产生机理

如前所述，我国EPC模式采用两阶段设计，第一阶段是业主提出自己的设计意图，将方案设计和初步设计交给设计院来完成；第二阶段是总承包商中标后接收业主提供的方案设计和初步设计并进行分析，然后再进行施工图设计。两个阶段采取的投资管控的方法是不同的，第一阶段是采用下达设计限额，优化设计，控制进度和深度。第二阶段是通过检查制度来控制投资，通过对施工图纸的审核和批准，按照一致性原则对已通过的工程造价进行调整，并以此为基础来进行竣工结算。上述两阶段设计之所以采用不同的管控方法，究其原因，是因为第一阶段业主与设计院利益没有根本冲突，而第二阶段业主和承包商之间存在利益冲突。

关于两阶段的设计利益悖论的产生，究其原因，是在设计阶段业主和承包商双方所追求的目的不同，故产生了利益的冲突。具体而言，业主的目的是按期完成工程，尽量减少造价，进而减少投资；而承包商则希望能够加大投资，从而可获得更多的利益。两方都是从寻求利益的最大化，但是主体的不同，造成对抗的利益局面。

二、EPC项目两阶段设计利益悖论的解决方案

（一）EPC项目应用价值共创理论研究

1．价值共创理论研究

（1）价值共创的概念。

价值共创（Value Co-creation）来源于管理大师Prahalad。在21世纪初期，Prahalad就提出了这样一个观点：未来的企业之间的竞争将依赖于一种全新的价值创造方法，也就是消

费者和企业都是个人为核心来创造价值。传统的价值创造的观念认为，大众消费者身上的价值是从企业创造经过交换从而转移过去的，但是消费者并非价值创造者，他们是价值使用者或者消费者。随着时代的变迁，消费者的角色也随之发生转变，从被动的购买者到积极的参与者。消费者是真正的价值贡献者；企业也从最初的单纯追求利润的最大化转变为注重客户的切身利益需求。因此，价值创造模式正在发生变化。消费者对于公司的研究、设计、生产等积极参与，以及在消费方面的知识和技术的贡献，都显示出价值不仅来源于生产者，也来源于消费者的参与，它是消费者与公司或其他利益相关者共同创造的结果。

（2）价值共创理论的主要观点。

2004年，价值创造理论被众多学者运用到各个领域，并既有研究对其进行了深入的探讨，并逐渐形成了两种观点：一是以服务为主导的价值共创理论；二是以客户的经验作为基础的价值共创理论。

①基于服务为主导的价值共创理论。

Lusch和Vargo在2010年提出的价值共创理论认为，在价值共创的过程中，客户是最终企业生产产品的使用者，所以必须对客户的需求和感受建议做充分的了解，要有针对性地去提供服务，这样使客户满意度提高，企业也能获得较大的收益，形成一个价值共创的双赢局面。伴随着时间的前进这一理念不断成熟，Lusch和Vargo 基于服务逻辑为主导提出了八条假设，在接下来国内外学者们的不断深入研究慢慢形成现在的十条基本假设，如表3-8所示。

价值共创理论的十条基本假设　　表3-8

假设	基本内容
1	服务是一切经济交换的根本措施
2	简洁交换掩盖了交换的根本基础
3	产品是提供服务的分销机制
4	操纵性资源是竞争优势的根本来源
5	一切经济都是服务经济
6	消费者是价值的共同创造者
7	生产者不能传递价值，只能提出价值主张
8	以服务为中心的观点是以消费者为导向并且关注关系的重要性
9	一切经济和社会行为主体都是资源整合者
10	价值总是独特地用现象学方法来决定的

②基于客户的经验的价值共创理论。

Prahalad和Ramaswamy在2004年认为，企业要想在激烈的市场竞争当中拔得头筹，就应该改变企业在目前的陈旧的理念和管理经营方式，故提出以客户的经验为基础的价值共创理论。参与价值共创的两方要处于一个平等的地位，然后对对方的意见和建议进行接收和分析，多了解多交流，以沟通和互动的增强来实现企业以及相关利益方的价值共创。

2. EPC模式下价值共创的定义

在EPC模式下，价值共创是指业主全权委托整个项目的设计、采购、施工，与总承包商签订总价合同，总承包商进行施工图设计并完成接下来的项目建设以及实施。第二阶段的任务主要由承包商负责，所有的设计、采购、施工都是按实际情况进行推进，每个阶段没有固定、明确的时间节点，这样的运作模式弥补了DBB模式各阶段“分离”的缺点。

知识与网络经济的发展催生了“共创”的价值理论。基于以上分析，本书对EPC模式下的价值共创作出如下定义：在 EPC项目的设计阶段，其价值共创是指业主和承包商之间，通过有效互动共同参与设计阶段的价值创造与交换过程，其主要的意图就是想要对于以往业主在EPC项目中控制能力弱的地位，转化为在EPC项目设计管理中与承包商一起进行设计管理，即同等对待的地位。这样可以使业主与承包商实现深度互动和交流，承包商注重业主的反馈意见和建议并对原有的设计内容进行完善修改，使EPC模式的优势能够得到充分的体现，让项目顺利实施。

（二）EPC项目两阶段设计管理的责任划分

首先，先对EPC项目两阶段设计管理的责任进行划分。在第一阶段中，业主负责方案设计和初扩设计以及相应的监理，中标之后业主将任务交给中标承包商，承包商完成接下来的施工图设计以及之后的建设等一系列内容，由EPC模式的特点可知，在第二阶段业主的控制力度大大减少，责任主要由承包商方承担。但在这种情况下存在许多问题，如承包商进行过分优化而偏离了业主的设计想法，双方没有及时地沟通导致实施成果没有达到预期，缺少对设计阶段的设计审查，从而导致的双方因为设计问题的损失和意外投入等问题。所以基于上述分析，在第二阶段的设计过程中，业主并不应该全权将设计管理的责任都交给承包商，而是需要适当的配合和监理。

在 EPC的两个阶段的设计管理中，业主的首要工作是为承包商提供有关的资料以及信息。其中，包括前期设计完成后所需的相关资料，而在第二阶段的设计管理中，业主有权随时对其设计文件进行审阅，使其与预期目标相符。而总承包商的工作则是在获得所有业主提供的相关资料后，对资料进行分析从而进行施工图设计，在设计完成后接受设计文件的审核，待验收合格，方可进行工程施工。通过分析，得出在EPC模式下的两阶段设计管理责任的划分流程，如图3-6所示。

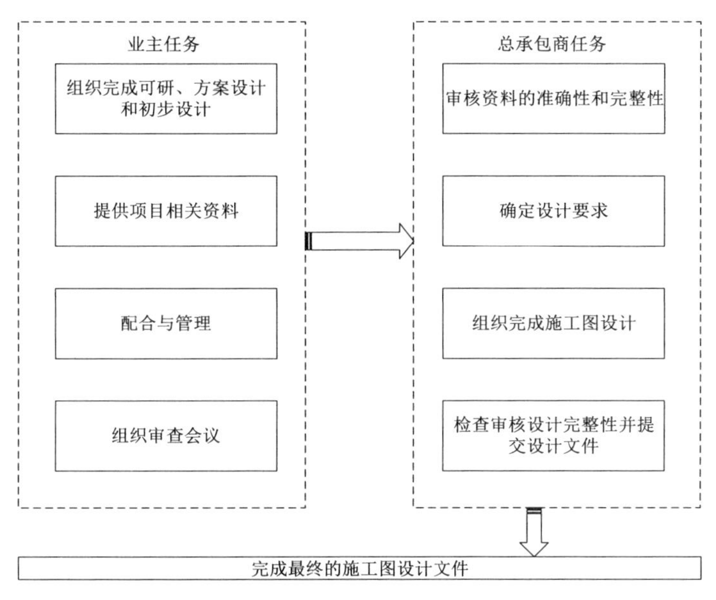

图3-6　EPC模式下的两阶段设计管理责任的划分流程

（三）EPC项目的DART模型的提出及构建

1．基于价值共创的DART模型研究

DART模型概念。“价值共创”理论于1993年由拉米雷茨（C Ramirez）提出。在此基础上，在2004年美国管理学大师Prahalad和Ramaswamy提出了DART模型，如图3-7所示，包括对话（Dialogue）、获取（Access）、风险评估（Risk assessment）以及透明性（Transparency）四大因素。DART模型中对这四大因素进行有机结合，可以使各方的优势得到最大程度的发挥，更好地促进相关利益方的协作和有效的沟通管理，从而达到双赢的局面。胡彪等认为，在 EPC工程设计阶段，业主和承包商通过有效的互动，共同参与创造设计阶段的价值创造，从而达到业主和总承包商双赢。DART模型的提出也为双方甚至多方实现价值共赢提供了研究方向，具有一定的理论和现实意义。

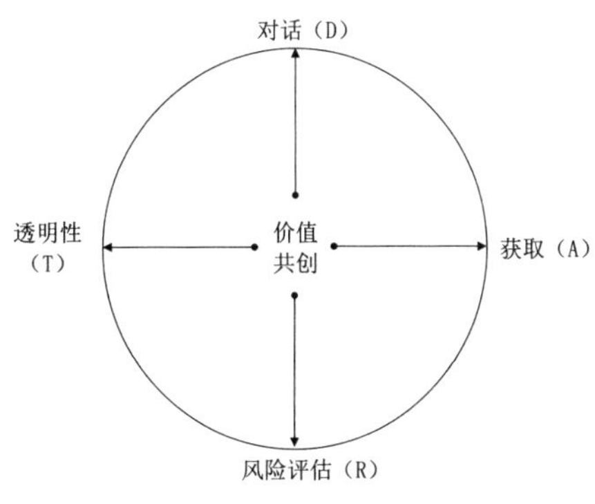

图3-7　DART模型

本书在价值共创理论的基础上，把价值纳入业主与承包商双方中，使得价值共创更具有针对性，并且研究发现在项目建设的全过程阶段都应该实现业主和承包商之间的价值共创，而且双方之间的互动和交流也应该保持连续性。针对以上的特征，将基于价值共创理论的DART模型导入EPC项目的设计管理，使得设计成果能够更好地满足业主和承包商的特有需求。

2．基于DART+PDCA的设计管理模型构建可行性分析

"强信任，弱控制"是EPC项目运行的基础条件，但是在我国情境下的EPC项目，为了减小不信任环境对EPC项目运行的影响，一般会采用加强控制、加强激励的方式。基于此，我国EPC模式的突破的关键在于"参与主体双方之间的信任"。所以，用基于价值共创理念的DART模型来解决设计利益悖论这一问题有重要的研究意义。

在EPC模式中，运用DART模型，可以实现业主与承包商之间信息的共享，从而促进双方的合作和交流，建立一个双赢的平台，共同完成EPC项目的实施。此时的业主与承包商是一个命运共同体，对项目的建设都有同一个目标，就是希望项目的高质量建设使自己获得收益，同时促进项目建设的顺利进行。但在业主与总承包商之间建立信任环境，仅靠DART模型无法完全解决我国背景下缺乏信任的问题。在第二阶段设计管理中，业主需要对总承包商的施工图纸进行审核，以保证施工图设计的精确性和完整性，防止承包商边干边学的情况出现。基于上述分析，本书提出采取PDCA多层次审查制度，以提高设计文件的经济性以及可施工性。

EPC项目中设计管理非常重要，对于业主来说，加强设计管理才能最大限度地实现最初的设计意图；而对于总承包商来说，加强设计管理则能最大限度地减小工程变更的需求。这样以DART+PDCA为基础的"信任+监管"模型构建，使EPC项目设计过程中的价值得到增值并最终达到物有所值。

基于 DART+ PDCA的"信任+监管"匹配，能够使业主和总承包商在 EPC项目的设计和管理过程中进行有效的互动和交流。一方面，业主的参与度增加；另一方面，业主的利益需求也能充分匹配总承包商的利益需求，从而使承包商在满足业主需求的同时，根据业主的反馈达到项目的利润—收益需求。因此最终，既能让项目的价值最大化，又能实现业主与承包商的双赢局面。

3．基于DART+PDCA的EPC设计管理模型构建

（1）EPC项目设计阶段中四要素的运用。

对话是双方在交流、交流经验、分享资源、实现双赢的过程。在 EPC项目中，业主不能参与整体的工程设计过程，但可以在设计阶段及时与总承包商沟通，提出具体修改的设计需求，并为总承包方提供建议。通过对话沟通，一方面，可以使业主对总承包商产生的影响更大，以实现业主在设计上的设计意愿；另一方面，总承包商可以更好地了解业主的需求，从而减小两地工程建设过程中不利因素的影响。最后，通过对话，可以让合作伙伴充分发挥各自的优势和经验，辨析在设计过程中出现的问题，并确定相应的技术和经济指标。

获取是参与各方为获得信息而沟通交流的方式方法。在EPC模式中，业主与总承包人之间存在着一种现象，即双方都不愿意花费过多的时间来了解和掌握所需要的信息。很容易因为信息不足，导致业主对项目的实际运行状况一无所知，同时也存在着施工不规范的风险，导致双方都不信任。因此，通过对话的方式，建立起一个畅通的信息交流渠道，可以帮助我们创造一个比较信任的工作环境。在一些专业性强的问题上，两个人均可运用他们的专长来提供意见，从而推动工程项目的成功实施。

风险评估是参与主体为了将风险降至最低，对未来可能存在的风险进行评估。在EPC项目中，业主方想将大部分的风险都交给承包商去承担，如果承包商能够合理地评价风险，运用定性分析或者定量分析的方法分析风险收益控制风险，那么就能够极大地避免风险，甚至还有机会把风险变成收益。

透明是各参与方进行公开地分享自身的资料和资源。但在EPC工程中，存在因自身利益而故意设置信息和资源壁垒的情形，从而降低工程建设的整体效益。因此，建立一个透明、开放、共享的信息资源机制，会有利于防止这种现象的发生。在公开透明的基础上，各方可以有选择性地进行信息和资源的分享，实现共同的价值。DART模式的四个元素是一个相互关联的有机整体。在信息获取渠道通畅，信息共享平台公开透明的情况下，业主与承包商能够进行有效的对话。

为了打通业主与承包商之间的壁垒，实现业主与承包商之间有效的对话沟通，本书对EPC设计管理责任划分图进行优化，进行基于DART模型的设计管理模型关系的构建，其模型关系如图3-8所示。

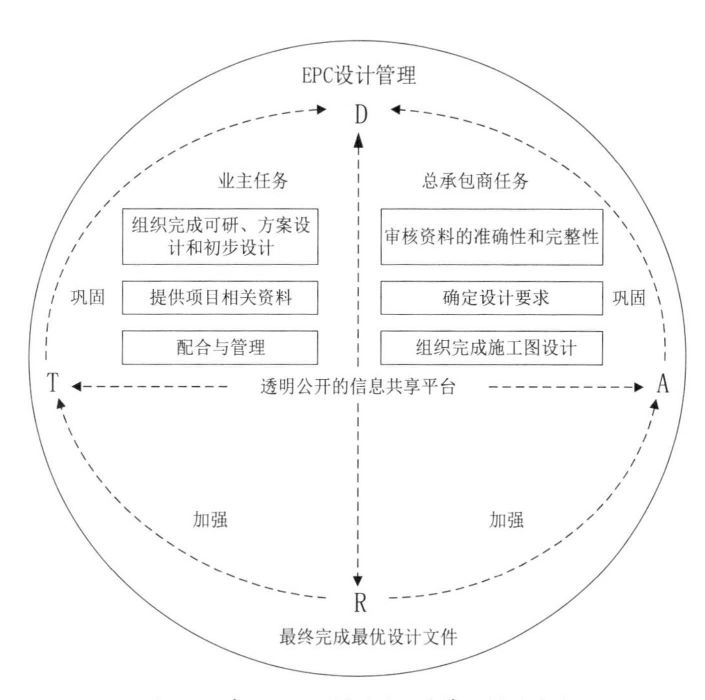

图3-8　基于DART模型的设计管理模型关系

（2）EPC项目设计管理完整模型构建。

将基于价值共创理论中的DART模型关系图应用于第二阶段的施工图的设计管理中，从而强化EPC项目的设计管理。同时业主在第二阶段的设计管理中应该注重通过设计审查手段施工图设计文件进行审核和控制。所以本书提出应用PDCA多层次审查制度来加强对设计文件的控制。最后构建基于DART+PDCA的EPC项目的第二阶段设计管理模型图，如图3-9所示。

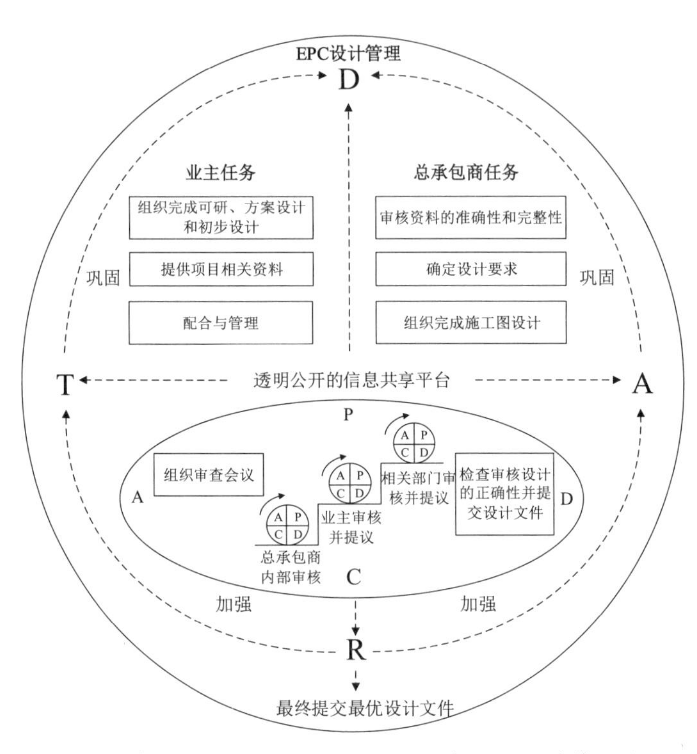

图3-9　基于DART+PDCA的EPC项目的第二阶段设计管理模型

以该模式为基础，承发包各方在设计管理的第二阶段就以公平、公开、透明的环境进行施工图设计管理。业主和总承包商之间应保持紧密的交流，在设计过程中妥善处理和协调好与总承包商之间的关系。通过开放、公开的方式，实现业主与总承包商之间的资源共享，并建立一个畅通的信息收集的通道，使各方能够从各自的专业观点出发，就具体问题发表专业意见，最终在互认、互信和合作的环境中完成工程建设。

（四）基于价值共创的EPC项目设计管理的实现步骤

1. 加强具有特定内涵的对话沟通（D）

在EPC模式下，业主不需要进行大量烦琐的工作，项目建设和项目监理由承包商承担，在这种模式下，业主与承包商常由于缺乏有效沟通而导致参与方行为结果和目标相互背离，故迫切需要加强双方的对话和交流。

（1）增强关于专业知识讨论的对话。

在工程建设中，业主参与度低、承包商忽视业主所具备的专业知识，可以增强 EPC工程各方在工程建设中的交流，通过对话交流，双方可以充分发挥各自的专长，对以往承包商因缺乏相关的专业知识而造成设计质量问题时能很好的化解，并且可以使承包商从以往简单地为了完成内部设计转变为从全局角度出发，与业主一起进行设计工作，减少不必要的设计变更和设计质量错误。

（2）增强关于对数据进行预测方面的对话。

通过加强业主提供更准确的数据，可以有效地解决业主方在设计阶段对工程数据的不准确和承包商无法准确判断业主的真实意向等问题。由于经常与业主进行沟通，承包商对业主的背景和期望获取更多认识，同时也能更全面地理解业主的需求，并可以在交流中分享新的技术、观念和想法。

（3）增强关于设计方案方面的对话。

业主与承包商应该就EPC项目业主详细设计指导意见进行及时的对话沟通，可以有效克服业主倾向于主导设计的缺点，尽管业主不能过多干涉承包商承担的项目设计及各项任务的实施，但能够通过及时的对话沟通，为承包商提供需要的详细设计指南，可以在不损害承包商正常权利及工作灵活性的情况下，在无形中加强业主对承包商的管控，使业主的设计意图能够较好地实现，并且承包商能够不受损失。

（4）增强关于设计文件确定标准的对话。

在设计阶段中，业主与承包商之间应该增强关于设计文件的一个准确标准的对话，对话的内容包括对设计文件的技术、承包商应该采用的规范以及质量规范等。该提前的对话交流可以有效地解决双方标准不一致的问题。在双方的对话中，业主应精确界定工作范围及具体要求细节，对双方共同使用的设计技术以及质量的标准进行充分的讨论，在完整的确认后才能进行开工建设步骤，这样可以降低工程建设一些不必要的返工。

（5）加强关于不可预测事件的对话。

在EPC项目中，为防止因设计质量问题引起业主反复多次提出修改意见情况的发生，承包商应该在设计阶段，通过与业主进行积极、及时的对话沟通并制定预解决措施的方式，以防发生以上问题后，双方处于束手无策的局面。为避免业主在建设期间或者以后向工程项目的设计文件提出更改，导致施工进度延期，承包商一定要主动、及时地和业主讨论其存在问题的工作内容，若设计文件中的变更在前期提出，可以相对减小后期出现问题产生的损失。

2．建设通畅的信息获取渠道（A）

信息黏性在业主和承包商组织中广泛存在，由于参与方对于与自己领域相关的信息比较有兴趣，缺乏主动提供对方所需的资料，造成施工市场中业主对施工作业规则不熟悉，承包商自身也未进行标准化作业，造成双方互不信任的情况发生。

在业主与承包商之间建立一个畅通的信息收集通道体系，可以帮助双方充分表达自己的见解，并以更加公开的方式进行共享，更有利于双方的利益共享的需求。在信息获取途径的选择上，要重视正式和非正式的沟通，选择双方感兴趣的重要议题时，要重视实地调研和市场调研，并以促销或参与回馈的形式，共享双方所需的信息。所以EPC项目参与方必须了解彼此的需求并且能够及时响应，推动价值共创的达成，这一切都取决于参与方在设计阶段对价值创造平台的重视程度，这将有助于打破信息获取渠道黏滞的局面。解决这一问题的基本思路，就是在早期阶段，事先制定双方信息公开化、透明化的制度安排，以合作伙伴的关系为前提条件的双方来进行之后的设计过程，最终业主和承包商对单方面无法解决的问题可由双方共同解决，以实现双方的价值共创，推进设计阶段工作的高质量进行。

3．规避风险、确保收益（R）

（1）单个参与方的风险收益分析。

EPC项目承包商除了要尽最大努力满足业主的设计要求外，还应准确地预估须承受较大的不可预见风险，在设计阶段应该提前制定相应的解决方案来降低或者避免风险的发生，EPC项目业主必须为其遭遇到由于自身管理能力所限，国家政策法律发生改动等不可抗力事件做出准确地估算及制定预解决方案，从而避免风险事件的发生而带来的损失，为其赢得预期收益做准备。

（2）业主与承包商之间的风险收益分析。

EPC模式项目投资大、管理难度大、使用的技术复杂，业主要在少数称职的承包商中进行选择，然而选择结果会存在选择不当的风险。为选择到合适的承包商，在设计阶段，业主要给承包商充足的时间，对工程的风险进行综合评价，以决定自己是否有资质和能力去承担项目的建设工作。有时承包商为中标承担太多本不属其责的工作，“投标凭报价，挣钱凭索赔”也屡见不鲜，但最终会导致项目推迟等不利的结果。若EPC项目中双方都能在设计阶段就相互说明自己所面临的权利与义务，并且讨论合理的分担风险的办法，这样既能避免不必要的费用损失，又能避免事后出现尴尬局面，但是要做到及时，这样才能保证EPC项目的质量。为了避免风险，一些提议指出可以将风险转移到承包商和分包商身上，但实际的风险并没有完全消除，EPC项目的双方在设计阶段除将风险转移给保险公司之外，可用定量、定性方法对设计阶段中遇到的一些潜在风险进行分析，避免在设计过程中出现互相推诿、产生争议，从而影响到下一步工作的进行。

4．制定并执行提高双方共享信息透明程度的制度（T）

业主容易产生“逆向选择”[①]情况，这是因为在招标投标阶段，有时业主会将项目工程所处地点的一些不利条件，如地质条件差、资源不足等进行隐藏，这样的“逆向选择”，容易对承包商的利益造成损害。在施工阶段，承包商在处于信息优势的情况下容易有“道德风险”[②]，包括偷工减料等，业主由于管理力度低不能对这些情况进行及时的发现，导致

---

① 逆向选择，是指由交易双方信息不对称和市场价格下降产生的劣质品驱逐优质品，进而出现市场交易产品平均质量下降的现象。

② 道德风险，是指在信息不对称条件下，不确定或不完全合同使得负有责任的经济行为主体不承担其行动的全部后果，在最大化自身效用的同时，做出不利于他人行为的现象。

业主必须支付额外的费用。同时理性的参与者为了获得自身的利益，会故意在信息上设置一定的障碍，导致了合作效率不高。要缓解业主和承包商信息不对称，化解工程项目存在着致命甚至毁灭性的风险，就必须以价值共享的主导思想为指导，而要解决这个问题，就必须制定一套可以使各方信息更加透明的行为模式和体制安排，以加强双方的信任，并将其从相互对抗转变为真正的合作关系，通过这种方式，可以降低甚至避免“逆向选择”情况的发生。在透明的环境下，参与者可以有选择地公开自己需要的其他成员所参与的价值创造，而对于现存的价值创造不能解决的问题，可以通过相互的合作来解决。

这样，EPC项目业主方就可以全面认识承包商的管理制度以及运行过程、机制，以便在合适的时间提供设计方案的建议，从而使承包商能更有效的实现业主的价值目标，透明的资讯分享必然会带来榜样作用，促使更多的业主积极参与，为合约商全面发挥其独特价值而出谋划策，增进双方的透明资讯分享，并降低资讯壁垒所造成的利益损失。

第三节　案例分析

一、项目概况

以安徽省某市道路工程EPC+PPP项目为例，对基于价值共创理论的DART+PACA设计管理模型进行应用案例演示。

（一）项目负责人情况

业主方：宣城市住房和城乡建设委员会（以下简称“业主方”）

监理公司：宣城市市政工程管理局

总承包方：中标社会资本方（包括龙元建设集团股份有限公司（牵头方）、中铁上海工程局集团有限公司、上海市城市建设设计研究总院）（以下简称“承包商”）

融资方：（1）政府方出资代表：宣城市国有资产投资有限公司；（2）中标社会资本方：龙元建设集团股份有限公司（牵头方）、中铁上海工程局集团有限公司、上海市城市建设设计研究总院

项目公司：宣城市基础设施开发有限公司（宣城市国有资产投资有限公司与本项目社会资本方共同出资，为实施投资、设计、建设、运营、管理、移交此项目而设立的企业法人）

（二）项目设计规划

中标社会资本方是该项目的总承包单位，将承担该项目的设计优化，施工图设计、投资、建设、运营维护和移交的任务。此项目采用PPP模式采购EPC社会资本，合作范围包

括投资、设计、建设、运营管理、维护等宣城市阳德路的建设。设计内容主要是对工程前期设计进行优化，施工图勘察设计；工程内容包括道路、桥涵、排水、交通、照明、综合管廊、绿化工程等。

本书对本项目的基本情况和项目运行过程进行研究，发现在其设计管理阶段存在一些问题，比如设计阶段沟通不畅、专业进度延误、设计进度文件质量差等。究其原因，是业主方和中标承包商之间存在不同的利益诉求，而这种对抗的利益局面会影响到工程质量和进程，最终会影响到双方的利益。因此本书运用DART+PDCA设计管理模型解决EPC模式设计阶段的业主方与中标承包商之间存在的利益悖论问题，以实现该项目的设计价值提升和项目的顺利实施。

二、问题模型建立

（一）基于DART模型的EPC项目设计管理过程面临的问题

经与相关方进行沟通，安徽省某市道路工程EPC+PPP项目自从启动之后，质量、进度和沟通等方面都出现了许多的问题，本书经过分析其建设过程中的相关文件，发现这些存在的问题究其原因可用DART模型中四方面（对话、获取、风险评估、透明性）内容落实不到位来进行解释，故从四方面来归纳出本项目中存在的主要设计问题。

1．双方缺乏沟通互动产生的问题（D）

（1）业主方在设计阶段的项目定义不明确，造成决策失误，影响项目质量。

在安徽省某市道路工程EPC+PPP项目中，出现了工程项目界定不清的问题，导致工程在执行过程中出现对工程进行重新界定的情况，而且业主方与承包商之间的沟通很少，因某市业主方建设意图不明确且又没有及时沟通，而设计或者施工已经进行到某一阶段后，业主方想变更意图，设计或者施工不得不出现多次复工的现象，影响项目的执行，降低了项目建设的质量。

（2）业主方各工作衔接不到位。

在相关的文件资料需要进行交接的事宜及工作事务和管理责任的转接事宜进行过程中，因某市业主方与中标承包方之间缺少沟通，导致项目各阶段研究成果相互转化不足、前后工作衔接不畅，影响项目的正常按期进行。

（3）承包商对业主方设计意图把握不准。

通过对业主方提供的设计文件分析，业主方对于未来工程的认识还是一些如概念、技术要求、标准等原则性内容，对于工程的设计、采购、施工等具体环节也不清楚，没有对应的设计图纸。所以，在EPC模式下，道路工程项目建设的工作内容并不像独立施工合同那样在签订合同时就已经十分清晰和具体，这需要承包商能完全了解业主所提出的项目建设意向，但业主方和承包商间缺乏沟通和互动，承包商无法把握准确的设计意向，往往导致一些不必要的设计变更。

2．双方获取信息障碍导致的问题（A）

（1）双方共享信息积极性不高。

承包商由三个公司组成，分别对道路工程建设中各个分支工程的建设，业主方对设计产生变更修改的信息没有及时反馈给中标承包商，双方获取信息不顺利，影响到双方获取信息的积极性，从而拖慢了工程进度。

（2）信息流转不畅。

通过分析阶段性绩效报告，业主方和承包商之间没有建立起畅通的信息获取渠道，导致双方的信息流转不畅，最终影响到工程项目的进度，例如承包商设立的项目公司未能设置专职专岗，导致部分财务数据不能及时获取，使得双方在进行项目财务支出汇报和核算的时候出现差错和数据有误的情况。

（3）双方处于不信任状态。

由于双方了解得不够深入、双方信息获取不到位，使得本项目也是在一个“低信任环境”下进行建设的，双方都追求自身的利益最大化，引发了一些不必要的纠纷，影响项目的质量。

3．双方风险分担不合理产生的问题（R）

（1）业主方单方面风险。

①项目定义不准确的风险。

通过对招标、投标合同的研究，在招标阶段，业主方只提供了工程预期目标，功能要求和设计标准，业主方对这些要素的准确性承担全部责任。若这些地方有差错，有疏漏，有不合理之处，则业主方应承担工程建设期间改变功能要求、增设关键设备等业主指令的责任，造成投资额增加，工期延长的后果。

②选择承包商不当的风险。

EPC项目的投资金额大、使用的技术复杂，再加上业主方对合同总价及建设工期的要求是固定不变的，如果承包商没有做好工程项目的施工工作，那么在工程建设过程中，业主不得不重新寻找新的承包商，这样会因为更换承包商而造成巨大的资金损失。本项目中，项目正处于执行阶段，业主方仍承担此类风险。

（2）承包商单方面风险。

①合同文件存在缺陷。

除预期目标、功能要求、设计标准的准确度应由业主方承担外，承包商承担合同文件有瑕疵的风险以及合同文件精度及充分性的责任。合同文件如有差错、疏漏、不符或者互相冲突，即使相关数据或者信息来源于业主方，业主方对因此而导致的成本增加或者工期延长通常是不负责的。在本项目建设过程中，也多次出现合同文件有纰漏的情况，承包商承担了因此风险而导致的利益损失。

②工程建设过程中的风险。

业主方有权在设计阶段审查承包商的设计文件。承包商的文件与合同要求不符时，会导致业主方反复提交审核意见，进而造成设计工作量的负担变大以及设计工期被迫延长，承包商需承担这些风险。与此同时，承包商对设计文件有着深化、优化设计的责任，承包商为达成工程在合同上的功能要求，对方案的设计进行修改，会造成工程成本增加，这个风险也由承包商承担。

（3）双方共同面临的风险。

通过对项目绩效评价报告中的内容进行分析，发现此项目的项目产出进展上，存在项目进度滞后的问题。究其原因，在EPC模式下，由于业主方只需在设计管理阶段完成文件的交接和审查设计文件等任务，因此，施工图设计以及项目建设阶段的任务主要由承包商负责，同时通过对本项目招标投标文件的研究，发现中标承包商承担相对来说更多的风险，在风险分配不合理的情况下，在设计阶段引起了双方不必要的纠纷，从而影响到项目的进度。

4．双方处于信息不对称、不信任环境产生的问题（T）

（1）业主方的逆向选择。

业主方的逆向选择会影响到项目工程的质量，如果由不具备相应能力和素质的承包商中标，那么项目在设计阶段会因为承包商的不作为和专业知识不到位的问题而使设计质量受到影响，从而影响到整个项目工程的质量。

（2）承包商的道德风险。

由招标、投标阶段的文件分析可知，在这一相互选择的过程中，双方掌握的信息并不对称，业主方对建造需求比较了解，但对投标人的信息了解甚少，此时项目业主属于信息劣势方，投标人为信息优势方。另外，招标人对自身能力比较了解，但是对于项目业主详细意图、财务能力等情况也是没有充分的了解，进而使招标人成为信息劣势方。一些承包商用微利甚至亏本价格把合同拿下来，但是在施工阶段发挥自身优势，通过偷工减料和以次充好的违规方式来节省成本和增加收益，严重损害了业主的利益和项目的质量。

（3）参与方刻意制造信息障碍。

由于在此道路工程建设的过程中，双方信息不对称造成参与主体认为过于信息化、透明化、理想化将会影响其盈利能力，因此故意给设计管理阶段的工作造成信息障碍。事实上，参与主体就会利用信息壁垒来获取盈利能力以外的其他财富，从而影响工程质量以及业主方的设计意图。

在安徽省某市道路工程项目建设过程中，由于前期业主方对项目界定不精确，业主各项工作之间联系不紧密，承包商对于业主需求掌握不准确而导致EPC项目无法顺利进行，因此必须加强双方的一个对话沟通。双方由于信息不对称和在不信任的环境中而使信息无法流通，双方由此产生“逆向选择”或“道德风险”，因此必须形成一个公开、透明的信息共享机制，EPC模式中，业主会把大部分的项目风险转嫁到承包商身上，而承包商则会想让对方承担更多的风险，这样对于风险的处理就必须以双方共同获益为原则。本书通过对本项目EPC设计管理过程中面临的问题进行分析和整理，如图3-10所示。

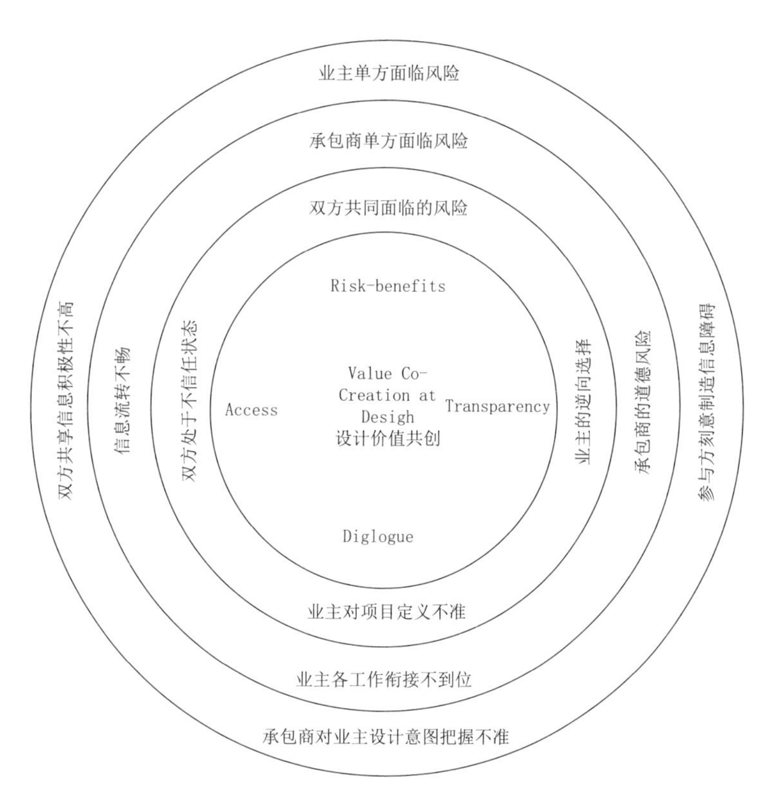

图3-10　DART模型在设计阶段中存在问题的价值共创示意

（二）基于DART+PDCA模型的安徽省某市道路工程项目设计管理

1. 强化业主与承包商双方沟通对话（D）

沟通是实施管理职能的有效方式，沟通贯穿于管理的全过程之中。针对安徽省某市道路工程EPC+PPP项目中，业主方与承包商之间因沟通过少而导致的项目定义不明确、业主方各工作衔接不到位、承包商对业主设计意图把握不准等问题，提出如下对策：

（1）加强有关专业知识的对话。

对于业主而言，设计过程是实现前期设想的重要过程。业主方和承包商之间应该保持着紧密的交流，并在设计任务期间妥善处理和协调好与总承包商之间的关系，双方把设计过程中可能出现的问题解决在前一阶段的设计过程中，明确设计所涉及的技术经济指标，以达到业主方和承包商从全局视角来提供全面的设计服务，同时让双方增进了解信任，破除在“低信任环境”下双方的利益悖论，业主方和承包商实现共同的设计价值提升。

（2）加强数据预测方面的对话。

业主与承包商之间需要加强对预测数据的交流，建议在设计文件提交之前增加一个业主方专业人员的设计质量检查环节，设计人员对预测数据的范围与承包商提供的设计文件进行完成比对，再由专业负责人提交给项目的质量工程师检查，这样能够及时发现设计文件中因过度优化导致脱离业主设计意图的情况以及设计文件中的质量问题，提高设计的质量及其准确性。

（3）加强设计方案方面的对话。

承包商要受到业主方的管理，EPC 模式下承包商完成的设计成果，设计文件应符合工程本身的功能要求，符合国家和当地法律法规，并符合业主的要求；项目的设计水平应与业主在前期确定的投资控制目标相一致，故在项目开始之前，承包商要对有关问题进行反复的确认和理解，并及早进行交流。承包商应将合同履行情况、工程进度、出现的问题及时向业主反映，以便业主能及时了解工程的相关信息，并能基于此作出正确的决策。

（4）加强设计文件标准、不可预测事件的对话。

在 EPC模式下，与传统的DBB模式对比，业主在设计阶段的责任承担范围缩小了，但是这并不意味着业主方对项目应该进行放松管理，为使承包商最终形成的设计成果达到业主需求，就需要其在具体操作中通过沟通、交流、互动把意愿进行充分表达，对设计文件的标准修改以及补充进行及时的记录。同时对不可预测的事件、承包商和业主方之间要提前设置专门的合同项，对于此类问题进行说明。普及三维设计模型软件的应用，尽量避免一些不必要的重复性的工作。这样承包商才能够更好地理解业主方的需要和期望，并在以后的工程执行中减少更改和索偿要求等不利状况的发生。

（5）时刻监控保证双方的有效沟通。

要保证双方之间保持高效率和有效果的沟通，注意沟通的方法，确保相关方都能够对沟通的内容理解并且执行。同时要做好沟通过程中的信息，包括纸质文件，如会议纪要、设计输入条件等；电子信息，如视频会议、传真文件、电子邮件等，要确保这些信息被收集起来，以便在之后进行纠偏和控制。由于设计阶段，办公人员不在一起办公而存在沟通障碍，所以建议在某市道路工程项目的建设项目部邀请一名监理人员，与设计人员进行及时的沟通。同时，在设计阶段的前期就应该就监理人员是否能参与设计过程做好沟通，这种措施能够大大提高沟通的效率。

2．构建业主与承包商双方获取信息的渠道（A）

信息的及时获取是保证工程正常进度安排，促进双方对工程了解的重要手段。针对业主方与承包商由于信息获取障碍而导致的双方共享信息积极性不高、信息流转不畅、双方处于不信任状态的问题，提出以下建议：

拟定合同期间，业主方要对项目建设进行全过程监督，并对承包商行使监督权。内容主要包括对建设工程进度、质量和安全要求的检查等。承包商将定期向业主方报送有关项目运营情况，包括运营维护计划、审计财务报告、事故报告等其他相关资料，使业主方获得及时的第一手信息。同时，业主方应将本项目列入财政部政府和社会资本合作（PPP）综合信息平台项目管理库，及时更新相关信息，成立项目协调服务结构（工作专班），代表政府负责协调承包方与政府各相关部门相关事宜，这就可以使承包商需要获取的许可和安排能得到及时的回复并能获取准确、及时的相关信息。

获得信息的途径包括正式和非正式两种，正式途径包括创立官方网站或在已有的官方平台上进行信息的公开，开展定期的设计交流会来进行信息的交流和沟通。非正式的途径是通过收集过往相似案例的同时与之前合作者进行交流，重视现场考察及市场调查，并通过推广或参加回馈活动来提升业主方和总承包商双方对于信息共享的积极性。

3．合理分担业主与承包商面临的风险（R）

业主与承包商之间的风险分担在设计阶段是很重要的内容，是业主和承包商之间能否有效实现价值共创，达到双赢局面的关键部分。主要从以下对安徽省某市道路工程项目的风险分担提出建议：

EPC项目承包商承担了工程的大部分风险，业主则承担了有关工程在政治、社会以及不可抗力方面的风险，风险贯穿了工程实施的整个生命周期。在设计阶段，承包商应根据合同约定对项目需要执行的多阶段全生命周期工作展开风险分析，从外在影响因素以及内在影响因素两个方面展开研究，预先制定预控方案，通过引入第三方专业机构来合作完成该项目的工作，分别规定双方应担风险后，对于一些不能界定的风险应该秉持共担风险的原则。

在本项目中，业主和总承包商之间是通过讨论来签订固定总价合同的，在该合同中，业主应明确工程实施工期和向工程总承包商支付的固定价格，对工程总承包商设定激励和监督条款。承包商若要从获利出发，就必须将工程总承包商实施风险进行综合分析，最后将其变成看得见的盈利；对于潜在的风险就需要运用科学技术工具来识别出承包商所面临的风险，这样就能够制订出具有针对性和科学性的承包商应对方案，合同条款和责、权、利分配就能够在一定程度上让承包商有序地应对未来无法控制的事件，实施DART循环体系，如图3-11所示。

4．设计承发包双方信息共享制度（T）

本项目合同规定采用信息化技术并及时更新。业主向财政部政府和社会资本合作综合信息平台（PPP）项目管理库上传项目合同及相关工程档案，并及时向该平台更新有关信息，对项目建设状态进行全过程监督项目开工建设。开工建设时，业主派小组常驻于现场，以便及时与总承包商交流。在项目招标阶段，业主因为有拟建项目的大量前期数据，因此占据信息优势，就可能隐藏一些不利的信息，如项目所在地水文和地质条件差，从而出现“逆向选择”损害了总承包商利益；“逆向选择”发生于后期推进设计、采购和建设期间，业主使承包商无法实现全生命周期的管理，这时承包商占主导地位掌握了项目几乎所有的数据和信息，这样就有可能采取不健康的措施解决这些问题；“反向选择”[①]发生于项目招标、投标阶段，如果出现这种情况，就必须通过向总承包商注入激励措施，甚至通

① 反向选择，是指在信息不对称的情况下，参与交易或交往的一方可能隐藏自己的私有信息，反而凭借不真实的信息以求增加自己的福利，但是这种行为却伤害到另外一方的利益。

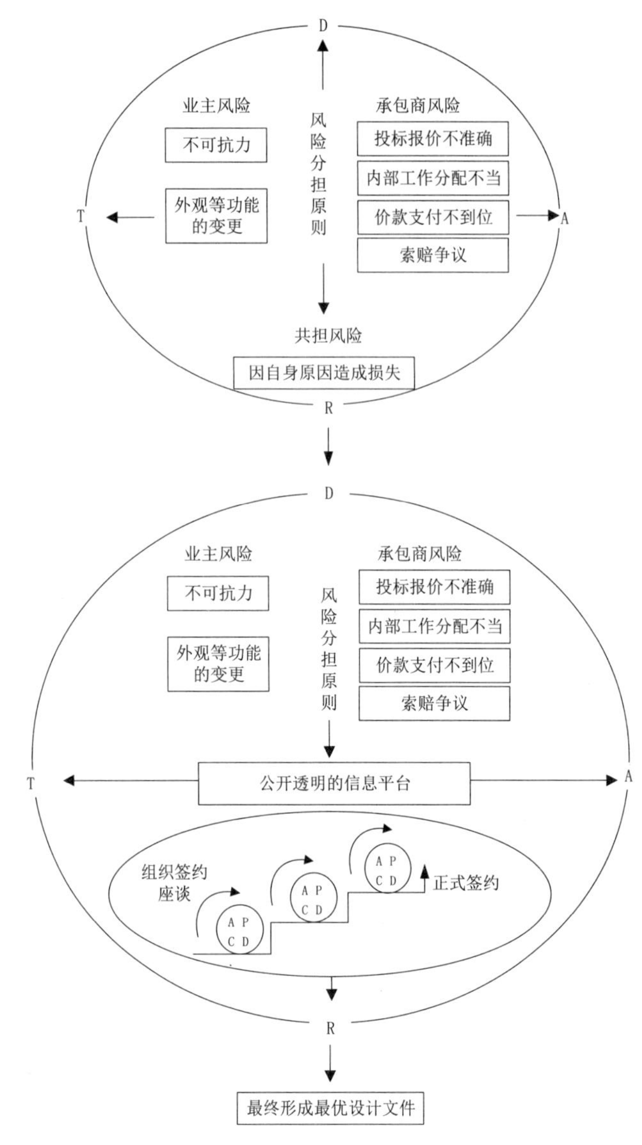

图3-11　DART风险分担循环模型

过惩罚措施。要解决以上的问题，其根本还是在于业主与承包商之间信任度能否提高。因此，应该在设计前期，双方就设计承发包双方进行信息共享的制度，双方基于合作伙伴关系，对设计文件的问题解决，集思广益，用共享的信息加深对互相的了解，最终获得相互的信任，达到在一个高信任的基础上进行EPC项目工程的建设。

本项目还可使用信息集成体系（Information System），通过信息集成平台进行信息的实时共享与交互操作，如图3-12所示。

5．运行基于 PDCA 循环的多层次设计评审制度

在本项目中，业主方与承包商签订的是固定总价合同，如果在前期策划和设计过程中考虑不到位导致超出投资金额，会给业主带来巨大的投资失控的风险。为更好地实现业主

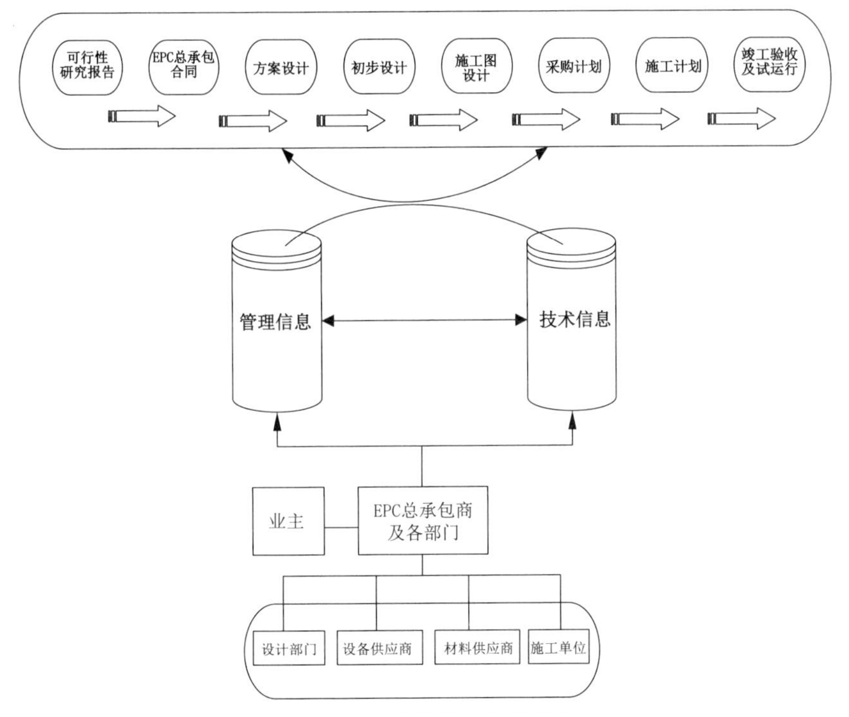

图3-12　信息集成平台模型图

方与承包商之间的价值共创，基于DART模型的本项目设计管理的内容上还需要采用多层次的设计评审制度。

（1）业主要对初步设计文件进行审查，业主应从设计前期提出的设计需求清单、功能要求和国家规范来进行审查，审查通过后，可以邀请第三方机构对设计文件的可施工性进行评估。

（2）承包商根据通过的初步设计文件进行施工图设计，在此过程中，建议业主派一名监理人员和承包商进行尽早沟通和主动沟通，最后承包商根据业主的意见对施工图设计文件进行完善。

（3）开展PDCA多层次设计评审制度。由于本项目相对于其他项目来说是一个大型项目，步骤工序烦琐，设计又是统筹全局的“龙头”环节，所以建议进行五阶式递阶评审制度，评审分为专业内部评审、设计部门内部评审、承包商部门评审、业主方评审以及相关主管部门评审。每一次评审结束后就将意见进行完善，形成最终的设计文件。基于PDCA循环的多层次设计评审模型如图3-13所示。

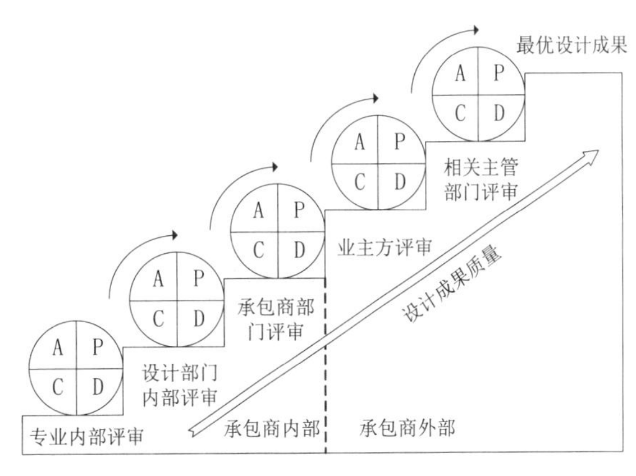

图3-13　基于PDCA循环的多层次设计评审模型

三、结论与展望

本书以EPC项目工程造价管理为研究对象，运用对比分析法、文献研究法等从价值共创层面对EPC项目设计阶段管理进行分析，运用DART模型、价值共创理论的优势，通过实际工程案例中项目管理理论方法的应用分析EPC项目中“DART+PDCA模型”具有可操作性与合理性，为提高EPC项目的两阶段设计管理提供补充思路，丰富了以往的研究成果。

得出结论如下：

第一点，对比分析国内外EPC模式的不同之处，对比国内工程总承包模式与传统DBB模式的差异，得出在我国低信任环境下，EPC项目在设计阶段存在利益悖论，由此影响项目进度、成本等多个方面。由于解决此利益悖论的方案、两阶段设计管理应用价值共创理论的研究在以往鲜少涉及，为此提出使用DART模型以有效实现业主与承包商之间的价值共创。

第二点，对EPC模式两阶段设计管理进行研究，提出业主与承包商之间利益悖论问题。首先对我国EPC项目设计特征进行分析，得出在我国信任环境下中国式EPC模式发展特点以及两阶段设计管理的划分。接着对两阶段设计利益悖论的概念进行界定，并研究其产生机理，指出是由于业主与承包商之间存在利益冲突，并说明此利益冲突局面是一个亟待解决的问题。

第三点，构建“DART+PDCA”模型用于业主与承包商之间的价值共创实现。首先对运用文献研究法，利用知网、维普等文献数据库限定关键词搜索有关文献多篇，将EPC总承包项目设计管理分为两个阶段；然后介绍价值共创理论并分析价值共创理论在EPC项目设计阶段应用的可行性和定义，在价值共创理论基础上提出“DART+PDCA”模型并分析其在实际应用中的契合性；最后通过对其模式的研究具体阐述EPC项目设计阶段价值共创的步骤。通过将DART模型引入EPC项目设计管理，突破业主和总承包商之间的沟通障碍，达到双方之间公开、公平、透明的沟通机制，最终保证设计过程中形成的设计成果符合业主的需求和项目功能要求，为以后项目的顺利实施打下基础。

第四点，基于EPC项目价值共创理论的分析，利用价值共创思想，将其应用到具体案例中，以安徽省某市道路工程EPC+PPP项目为例，使用“DART”模型四要素对其项目的设计管理进行分析，表明其实际运用可行性，为EPC项目实际工程实现价值共创提供了理论的运用基础。

综上所述，使用基于价值共创理论的“DART+PDCA”模型来解决EPC项目两阶段的业主和承包商之间的利益悖论问题是很有可实施性的，它的普遍应用对有效地提高EPC项目的设计管理水平、促进项目的顺利进行具有重要的意义。

| 第四章 |

基于价值工程的EPC项目合理化建议确定及奖励机制研究

第一节 问题描述

一、研究背景

工程总承包模式自20世纪80年代引入我国以来，得到了各方的认可，各工程公司、行业和高校都针对工程总承包模式的理论和实践进行了很多研讨。2005年，建设部和国家质量监督检验检疫总局联合发布了《建设项目工程总承包管理规范》GB/T 50358—2005；2016年，住房和城乡建设部又出台了《关于进一步推进工程总承包发展的若干意见》，对工程总承包项目的管理提出了进一步的要求。可见政府部门对于工程总承包的重视程度。

根据《关于培育发展工程总承包和工程项目管理企业的指导意见》（建市〔2003〕30号）中的相关规定，我国将设计—采购—施工（EPC）和设计—施工总承包（D–B）模式统称为工程总承包。EPC总承包是指工程总承包企业按照合同约定，承担工程项目的设计、采购、施工、试运行服务等工作，并对承包工程的质量、安全、工期、造价全面负责。推行工程总承包模式，既可提高项目可研报告和初步设计的深度，还可以深度整合设计、采购、施工环节的工作，提高工程项目建设质量。

（一）EPC模式逐渐在房屋建筑与市政工程类项目中得到推广

EPC模式在我国的应用领域相对有限，多集中于工业建筑之中。其原因在于：一方面，EPC工程总承包项目本身较少，传统的设计、施工相分离的建设模式仍是主流；另一方面，EPC工程总承包项目在实施过程中存在一定的问题，如发包人与承包人风险分配不合理、设计与施工管理脱节等，使得EPC工程总承包模式的优势得不到充分发挥，降低了承发包双方的积极性。随着现阶段我国巨型项目与巨型承包商数量的不断增长，为确保与之匹配的项目管理——工程总承包模式得到相应应用与发展，住房和城乡建设部颁布了《关于进一步推进工程总承包发展的若干意见》（以下简称《若干意见》），为进一步促进工程总承包的发展起到了积极的推动作用。

自2003年建设部印发《关于培育发展工程总承包和工程项目管理企业的指导意见》至今，陆续出台的文件在不同程度上都持续鼓励发展工程总承包模式，而此次出台的《若干意见》针对我国工程总承包发展实践中存在的问题有效地提出了一些具体措施，更将工程总承包模式的推广范围定位于房屋建筑与市政工程类项目领域。与此同时，各地关于房屋建筑与市政工程类项目采用工程总承包模式的管理办法也相继出台，以确保工程总承包模式的顺利实施，试点地区的工程总承包项目相继展开。

（二）合理化建议满足发承包双方利益诉求

建筑项目运行复杂，不确定因素繁多，工程变更不可避免。承包人以建议书的方式提出的合理化建议，给发包人带来了降低工程施工、维护、营运的费用，缩短工期，提高竣工工程的效率或价值等长远利益，使发包人的项目增值，作为激励补偿，发包人则应当给予相应的奖励，一方面可以激励承包人利用自身的经验提出有利于项目价值提升的合理化建议，提高发包人的投资效率；另一方面可以在一定程度上缓解发包人和承包人的对立局面，减少争议事件发生，促使项目顺利进行。承包商提出合理化建议使自身获得二次创收的同时，也使发包人获利，满足了双方的利益诉求。

（三）合理化建议的相关研究尚显不足

对合理化建议及其相关概念进行搜索，整理文献按研究内容进行分析，所得结果如表4-1所示

合理化建议研究内容表　　表4-1

序号	作者	关于承包人合理化建议的主要研究内容
1	张浩	1.承包商提出建议变更的审批控制程序； 2.设计阶段承包商建议性变更的范围确定原则； 3.健全建议变更程序的办法
2	王玉明	1.建议变更的概念界定； 2.建议变更的审批控制程序； 3.承发包双方利益分配的约定方式
3	张水波等	设计优化变更引起的索赔
4	孙矿生	承包商建议变更的范围确定原则
5	刘玉珂	承包商建议变更的利益分享金额
6	赵东歌	1.承包商建议变更的利益分享金额； 2.实行利益分享的优点； 3.各方提出变更建议动力不足的原因
7	王波	设计阶段，降低优化方案被审减风险的办法

总之，不同学者从不同角度对EPC模式下的合理化建议进行了研究，主要有合理化建议的概念界定、范围界定、审批控制程序、奖励金额规定、实施奖励的优点等。各学者仅用较小篇幅对合理化建议作出研究，大多数学者对于变更建议的研究均集中在设计阶段，对合理化建议的范围和奖励金额的界定没有进一步细化，也没有定量和定性研究，多为原则性的规定或者仅针对某一具体项目作出约定，不具实际操作性。

二、问题提出及研究意义

（一）现实问题

1. 在EPC项目中，合理化建议的范围界定不清

FIDIC银皮书和《建设项目工程总承包合同（示范文本）》GF-2020-0216中，没有对

合理化建议的范围作出界定，现有文献也没有对EPC模式下合理化建议的主要情形进行归纳总结，因此在EPC项目实际操作过程中，发包人缺乏判定依据和原则，对于承包人提出的合理化建议难以界定，在一定程度上阻碍了合理化建议的实施和发承包双方的互利共赢。

2．合理化建议的奖励金额设置标准不明确

FIDIC银皮书中未提及奖励金额标准，《建设项目工程总承包合同（示范文本）》GF-2020-0216也仅说明按“专用条款的约定进行利益分享，必要时双方可另行签订利益分享补充协议，作为合同附件”。这些条款规定难以满足EPC项目实施过程中的实施需要，由于没有可参照的奖励金额设置标准，发承包双方一般在合同中自行约定合理化建议的奖励金额，由于EPC项目多为大型工业投资项目，主要集中在石油、化工、冶金、电力工程，不确定性高，承包商承担大部分风险，如果设置合理的奖励金额，容易导致发承包双方利益分配不公平，打击承包商提出合理化建议的积极性，所以制定合理的奖励金额标准是一个亟待解决的问题。

（二）关键问题

关键问题1：合理化建议的范围界定。

运用文献勾选法确定合理化建议的主要方式，以价值工程原理和合理化建议效果为判定依据，结合多案例分析法，按照承包商介入时间的不同，归纳总结案例中合理化建议的主要情形，以案例分析结果为基础，结合相关理论，研究不同介入时点对合理化建议范围的影响。

关键问题2：合理化建议的奖励机制研究。

重点研究以下两类情况的奖励：

一是承包人合理化建议下缩短工期的奖励。将项目分为营利性项目和非营利性项目，以合同文本、相关政策以及大量文献研究为依据，结合激励理论，分别分析这两类项目下缩短工期的奖励方式和奖励金额的设置标准。

二是承包人合理化建议下降低发包人费用的奖励。以合同文本、相关政策和文献研究内容为依据，结合激励理论，明确发包人费用包含的内容，奖励的方式和奖励金额的设置标准。

（三）研究意义

在EPC项目中，合理化建议的实施能给发承包双方带来积极的影响：①对于发包人而言，合理化建议能够缩短工期，降低工程、施工、维护、营运的费用，提高竣工工程的效率或价值，给发包人带来长远利益和其他利益；②对于承包商而言，提出合理化建议是获得创收的途径之一。本节基于大量文献资料和合同文本的相关规定，对合理化建议的范围界定及其奖励机制的相关研究，这对合理化建议在实际工程中的运用、合理化建议激励体制的完善、对建设施工成本的控制、建设项目总投资的控制等都有着实际意义。

三、研究技术路线

在研究的内容和方法的基础上，本节的研究思路遵循：提出问题—分析问题—解决问题。本章研究的详细技术路线如图4-1所示。

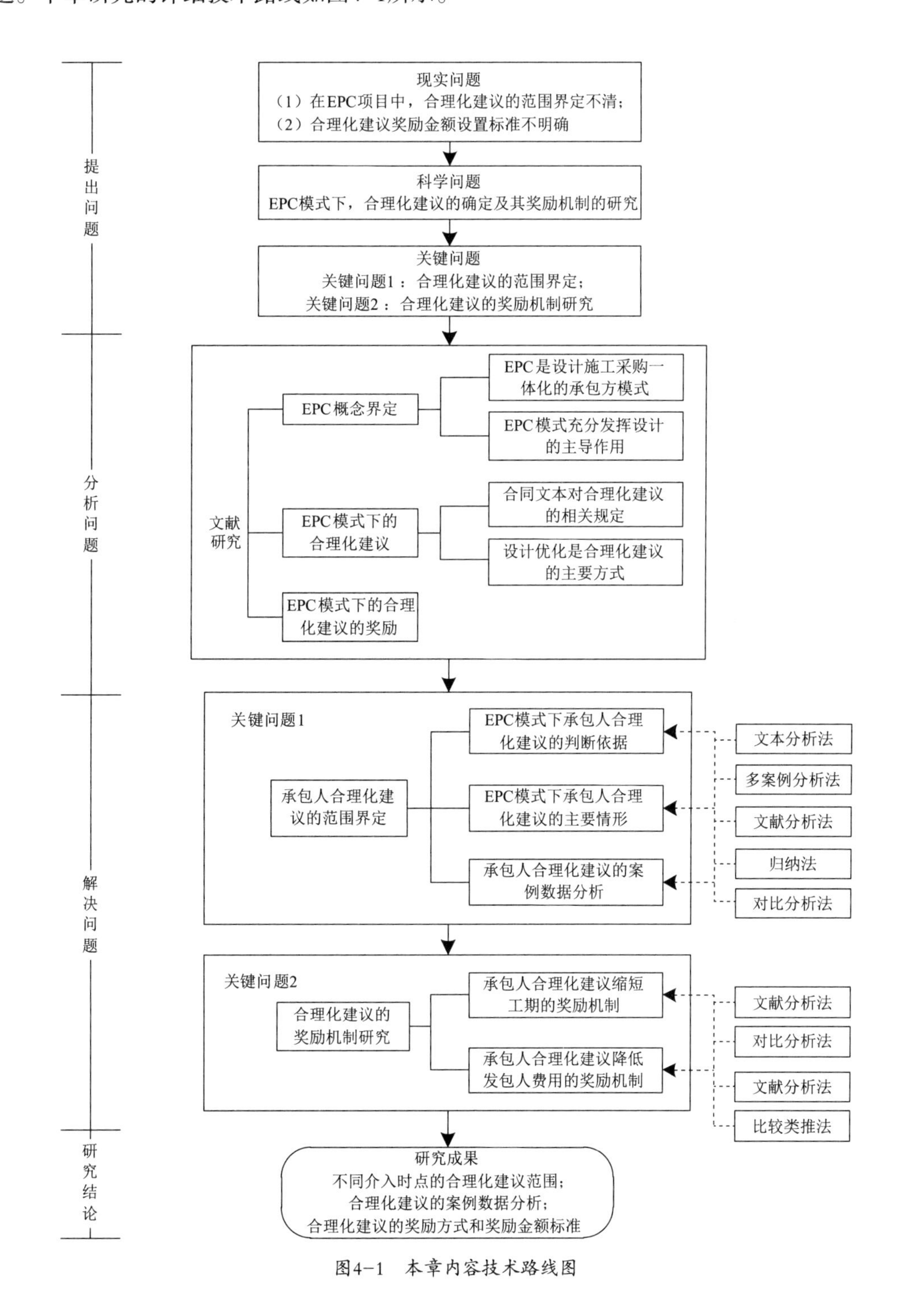

图4-1　本章内容技术路线图

第二节　理论研究

一、相关理论回顾

（一）EPC概念界定相关文献研究

1．EPC是设计施工采购一体化的承发包模式

（1）合同文本及相关政策对于EPC的概念界定。

FIDIC《设计采购施工（EPC）/交钥匙合同条件》（以下简称“FIDIC银皮书”）、《建设部关于培育发展工程总承包和工程项目管理企业的指导意见》以及《建设项目工程总承包合同示范文本（试行）》GF-2011-0216分别对EPC概念进行界定。其中，《建设项目工程总承包合同示范文本（试行）》GF-2011-0216未对EPC模式和DB模式加以区分，统称为工程总承包。具体如下：

FIDIC银皮书中规定：交钥匙工程的通常情况是，由承包商进行全部设计、采购和施工（EPC）提供一个配备完善的设施，（“转动钥匙”时）即可运行。这种方式，①项目的最终价格和要求的工期具有更大程度的确定性；②由承包商承担项目的设计和实施的全部职责，雇主介入很少。

《关于培育发展工程总承包和工程项目管理企业的指导意见》（建市〔2003〕30号）中规定：设计采购施工总承包是指工程总承包企业按照合同约定，承担工程项目的设计、采购、施工、试运行服务等工作，并对承包工程的质量、安全、工期、造价全面负责。

《建设项目工程总承包合同示范文本（试行）》GF-2011-0216中规定：工程总承包是指承包人受发包人委托，按照合同约定对工程建设项目的设计、采购、施工（含竣工试验）、试运行等阶段实行全过程或若干阶段的工程承包。

根据以上规定，可知合同文本和相关政策对于EPC概念的界定趋于一致，EPC总承包是指工程总承包企业按照合同约定，承担工程项目的设计、采购、施工（含竣工试验）、试运行服务等工作，并对承包工程的质量、安全、工期、造价全面负责。

（2）不同学者对于EPC的概念界定。

孟宪海等认为，EPC总承包模式是指业主选择一家总承包商或者总承包联营体负责整个工程项目的设计、设备和材料的采购、施工以及运行的全过程、全方位的总承包任务。

陈玉伟认为，EPC是仅对建设工程产品建造而言的总承包方式，总承包企业按照合同约定，承担建设工程项目的设计、采购、施工等工作，并对承包工程的质量、安全、工期、造价全面负责。EPC主要适用于规模较大的工业投资项目，集中在化工、石油、电力、冶金等项目，EPC总承包商承担设计采购和施工任务，使其主导作用可以充分地发挥。

樊飞军认为，EPC是总承包商按照合同约定，完成工程设计、材料设备的采购、施工、试运行（试车）服务等工作，实现设计、采购、施工各阶段工作合理交叉与紧密融合，并对工程的进度、质量、造价和安全全面负责的项目管理模式。

王伍仁认为，E（Engineering）不仅包括具体的设计工作，而且也包括整个建设工程内容的总体策划、工程实施的组织管理策划，甚至可能包括项目的可行性研究等前期工作；P（Procurement）不仅指为项目投入生产所需要的专业设备、生产设备以及材料的选择和采购，同时也包括分包商的采购；C（Construction）译为"施工管理"更能够反映这种模式的真实含义，施工的核心内容是除了总承包商自身承建的工程施工组织外，需要对各类专业分包商的设计、采购和施工等工作进行协调和进度控制，还包括设备安装、调试以及技术培训等工作内容。

学者在合同文本和相关政策规定的基础上，对设计施工采购的具体内容进行延伸。

综上所述，将EPC概念界定为工程总承包企业按照合同约定，承担工程项目的设计、采购、施工、试运行服务等工作，并对承包工程的质量、安全、工期、造价全面负责。其中，设计不仅包括具体的设计工作，还可能包括项目前期的相关工作和建设工程中的总体策划；施工不仅包括总承包商自身承建的工程施工组织，还可能包括设备安装、调试等工作内容；采购不仅包括具体物资的采购，还包括分包商的采购。

2．EPC模式充分发挥设计的主导作用

通过将DBB、DB、EPC模式的治理结构图进行对比，总结得出EPC模式的特性。

（1）传统DBB模式治理结构图。

DBB模式是以总包商为基础的项目管理模式，其运作程序为设计—招标、投标—施工—竣工验收，如图4-2所示。

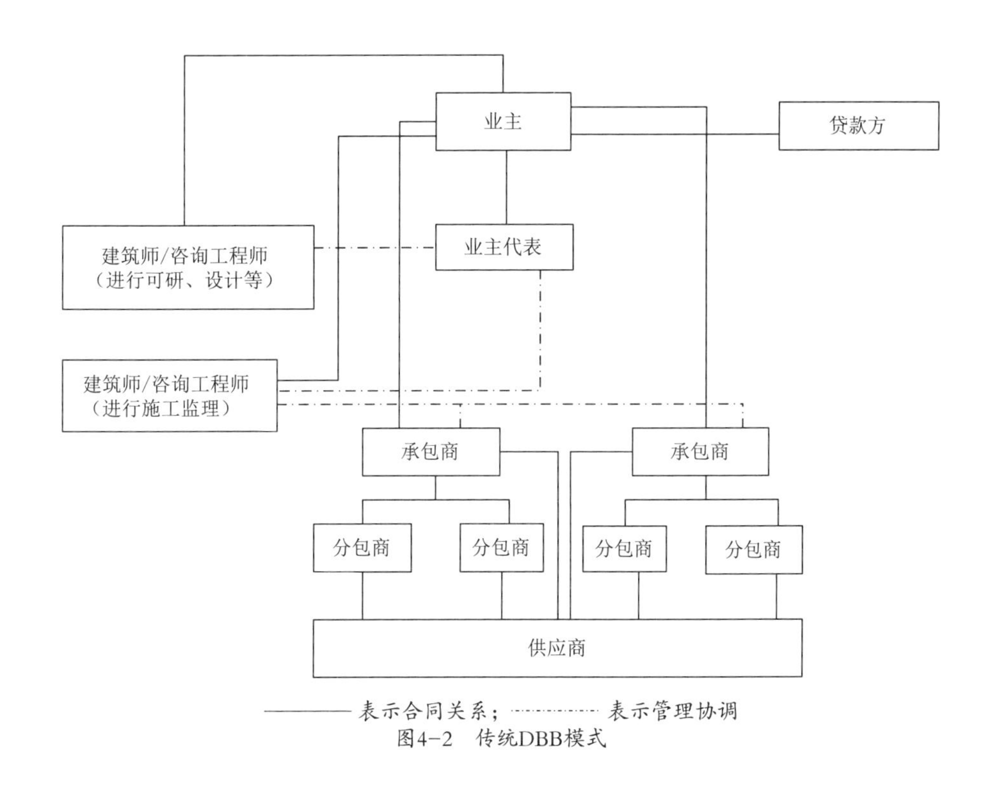

图4-2 传统DBB模式

可见，在DBB模式中，业主将设计、设备供应、土建、电器安装、机械安装、装饰等工程施工分别委托给不同的承包商。各承包商分别与业主签订合同，向业主负责，他们之间没有合同关系。承包商一般不从事设计任务，只是按照图纸施工，设计变更较多。由业主委托的建筑师或咨询工程师（工程师）保持着比较重要的角色，他们的工作包括进行方案设计、初步设计和施工图设计，为业主编制招标文件；招标后，评标并向业主推荐中标的承包商。建筑师或咨询工程师（工程师）代表业主与中标的承包商进行签约前的合同谈判，最后为业主准备承包工程施工合同文本，在施工开始后，受业主委托对工程项目进行管理。

（2）DB模式治理结构图。

DB模式是国际工程建设中常用的现代项目管理模式之一。其涉及范围不仅包括私人投资的项目，而且包括政府投资的基础设施项目。其DB模式治理结构图如图4-3所示。

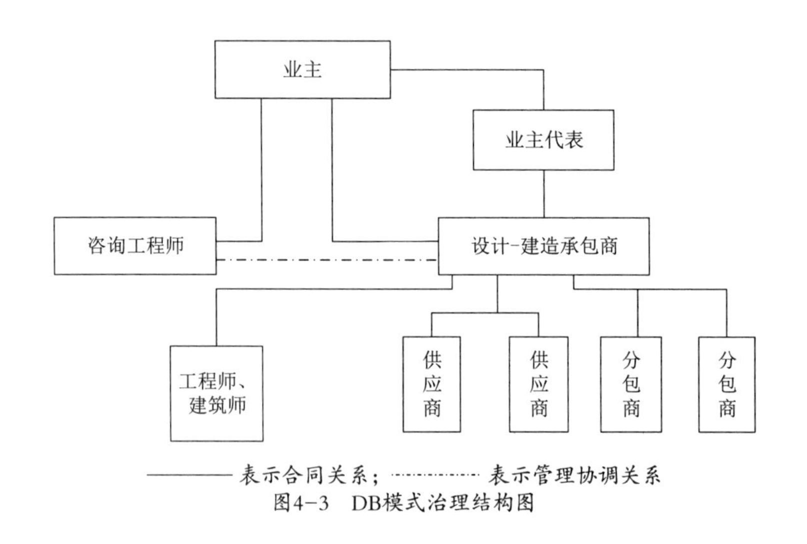

图4-3　DB模式治理结构图

DB模式的主要特点是业主和某一实体采用单一合同的管理办法，由该实体负责实施项目的设计和施工。一般来说，该实体可以是大型承包商、具备项目管理能力的设计咨询公司或者是专门从事项目管理的公司。咨询工程师工作包括编制招标文件，主要表述业主的要求并提供概念设计及工艺流程系统图。总承包商则承担了工程项目从设计到施工到竣工验收的全部责任，业主代表和咨询工程师需要做好协调、督促并检查DB总承包商按合同要求实施项目的情况。

（3）EPC模式治理结构图。

EPC模式一般应用于资金投入量大、技术要求高、管理难度大的工业建筑，如石油化工、制造业、电力供水等项目。其EPC模式治理结构图如图4-4所示。

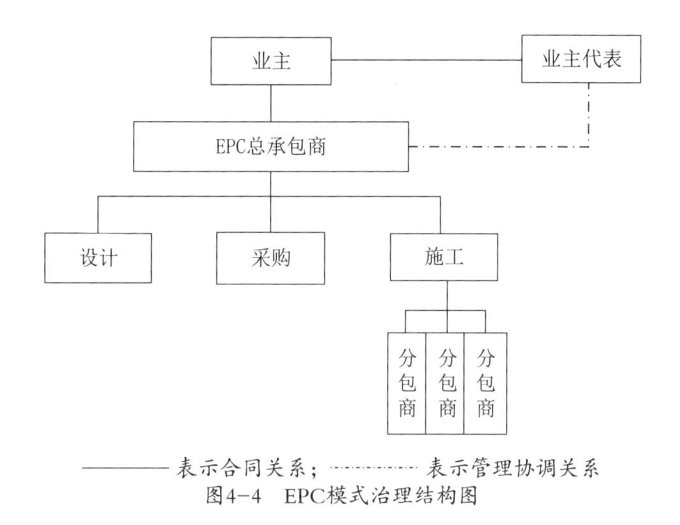

图4-4　EPC模式治理结构图

综上而言，DBB、DB、EPC模式在合同关系和管理协调关系上，其复杂程度依次递减，EPC的合同关系和管理协调关系最为简单。

相比于DB、DBB，EPC模式中没有咨询工程师这个专业监控角色和独立的第三方，业主介入具体组织实施的程度较低，总承包商更能发挥主观能动性，运用其管理经验可创造更多的效益。

传统DBB模式设计采购施工分离，DB模式将设计施工一体化，而EPC模式外延更广，将设计施工采购一体化。

相比于传统DBB模式，EPC和DB模式有诸多优越性：

①业主只和总承包商建立合同关系，极大地减少了业主面对承包商的数量，减少业主工程管理事务，给业主带来很大的方便。

②能实现在一个主体下对设计、施工进行系统的、整体的管理和控制，充分发挥设计的主导作用。一个管理主体的协调下更能保证工程质量。

③避免责任推诿，缩短工期。各专业工程的设计和施工的界面都由总承包商负责协调管理，保证界面上工作流和信息流的畅通。同时总承包模式的工程建设过程是连续的，减少了责任盲区，避免责任推诿。能够有效地避免因设计、施工、供应等不协调造成工期拖延、成本增加、质量事故、合同纠纷。有利于实现设计、采购、施工的深度交叉，在确保各阶段合理周期的前提下缩短总建设工期。

④实现对工程造价的控制。在确保项目产品功能和质量的前提下，对整个工程的造价进行有效的控制。其中，包括如限额设计、优化设计、价值工程、合理化建议等把有效的经济增长点都组织和利用起来，大幅度降低工程造价。

⑤DB和EPC总承包可以拓宽设计、施工单位的业务范围，克服设计、施工单位功能单一、业务范围狭窄，发展空间受局限的缺点。

⑥解决非专业机构和非专业人士管理项目的问题。

（二）EPC模式下合理化建议的相关文献研究

1．合同文本对合理化建议的相关规定

（1）广义的合理化建议。

合理化建议概念最初是以企业为对象提出的，包括所有以改进现行企业运行和管理体制、提高产品质量、简化工艺程序、节约材料和工作时间、提高生产安全、环境保护、劳动保护等为目的的具体建议。建议不仅应指出目前存在的问题与不足，而且还应提出相应的解决方案。

1986年，国务院修订发布《合理化建议和技术改进奖励条例》中的第二条明确了合理化建议的定义和内容。即本条例所称合理化建议，是指有关改进和完善企业、事业单位生产技术和经营管理方面的办法和措施；所称技术改进，是指对机器设备、工具、工艺技术等方面所作的改进和革新。合理化建议和技术改进的内容是：（一）工业产品质量和工程质量的提高，产品结构的改进，生物品种的改良和发展，新产品的开发；（二）更有效地利用和节约能源、原材料，以及利用自然条件；（三）生产工艺和试验、检验方法，劳动保护、环境保护、安全技术，医疗、卫生技术，物资运输、储藏、养护技术以及设计、统计、计算技术等方面的改进；（四）工具、设备、仪器、装置的改进；（五）科技成果的推广，企业现代化管理方法、手段的创新和应用，引进技术、进口设备的消化吸收和革新。

（2）工程建设领域的合理化建议。

工程建设领域的“合理化建议”的术语最早出现在1999版《建设工程施工合同（示范文本）》GF–1999–0201中，其第29.3条款规定：承包人在施工中提出的合理化建议涉及对设计图纸或施工组织设计的更改及对材料、设备的换用，须经工程师同意。未经同意擅自更改或换用时，承包人承担由此发生的费用，并赔偿发包人有关损失，延误的工期不予顺延。工程师同意采用承包人合理化建议，所发生的费用和获得的收益，发包人承包人另行约定分担或分享。

随后在2007版《标准施工招标文件》中对合理化建议进行了分类且提出了其奖励的一般性原则。

国内外不同合同文本对于涉及合理化建议内容的条款名称有所不同，比如《施工合同条件》（以下简称“FIDIC红皮书”）和《设计采购施工（EPC）工程合同条件》（以下简称“FIDIC红皮书”）的条款名称为“价值工程”,《建设项目工程总承包合同示范文本（试行）》GF–2011–0216（简称“工程总承包合同示范文本”）的条款名称为“建议变更权”，将不同合同文本进行对比分析。其结果如表4–2所示。

表4-2

不同合同文本下合理化建议的相关规定对比表

合同文本	《标准设计施工总承包合同》	《标准施工招标文件》	FIDIC红皮书	FIDIC银皮书	工程总承包合同示范文本	备注
年份	2012	2007	1999	1999	2011	适用于EPC模式的合同文本中并未出现合理化建议的措辞，但是FIDIC银皮书“价值工程”条款中的“书面建议”，国内工程总承包合同中的“书面变更建议”，与“合理化建议”在本质上则是相通的
适用模式	DB模式	DBB模式	DBB模式	EPC模式	工程总承包模式	
条款名称	15.2款承包人的合理化建议	15.5款承包人的合理化建议	13.2款价值工程	13.2款价值工程	13.1.3款变更建议权	
合理化建议提交形式	在履行合同过程中，承包人对于发包人要求的合理化建议，均应以书面形式提交监理人	在履行合同过程中，承包人提出的合理化建议，均应以书面形式提交监理人	承包商可随时向工程师提交书面建议	承包商可随时向雇主提交书面建议	承包人有义务随时向发包人提交书面变更建议	不同合同文本合理化建议提交形式的规定趋于一致，都为以书面形式提交的变更建议
合理化建议范围	无	针对发包人提供的图纸、技术要求及其他方面	包括部分永久工程设计改变	无	无	不同模式承包商的承包范围不同，适用于EPC模式的合同文本均未对合理化建议的内容作出界定
建议书的内容	建议工作的详细说明、进度计划和效益，以及与其他工作的协调等，并附必要的设计文件	建议工作的详细说明、进度计划和效益，以及其他工作的协调等，并附必要的设计文件	对建议要完成工作的说明、实施的进度计划；根据第8.3款“进度计划”和竣工时间的要求，承包商对进度计划作出必要修改的建议书；以及承包商对变更估价的建议书	对建议的设计和要完成的工作的说明，以及实施的进度计划；根据第8.3款“进度计划”和竣工时间的要求，承包商对进度计划作出必要修改的建议书；承包商对调整合同价格的建议书	无	不同合同文本对于建议书内容的规定趋于一致，DBB模式的设计职责是归于发包人的，而EPC、DB模式的设计职责归于承包人。适用于EPC模式的合同文本中强调了对建议的设计说明这一项
建议的采纳权	监理人与发包人协商是否采纳建议	监理人与发包人协商是否采纳建议	经工程师批准	经雇主批准	经发包人批准	适用于EPC模式的合同文本规定，其对象为雇主/发包人，而适用于DB、DBB模式的合同文本规定为发包人监理人或工程师

续表

合同文本	《标准设计施工总承包合同》	《标准施工招标文件》	FIDIC红皮书	FIDIC银皮书	工程总承包合同示范文本	备注
建议书的内容	建议工作的详细说明、进度计划和效益，以及与其他工作的协调等，并附必要的设计文件	建议工作的详细说明、进度计划和效益，以及与其他工作的协调等，并附必要的设计文件	对建议要完成工作的说明，以及实施的进度计划；根据第8.3款“进度计划”和竣工时间的要求，承包商对进度计划作出必要修改的建议书；以及承包商对变更估价的建议书	对建议的设计和（或）要完成工作的说明，以及实施的进度计划；根据第8.3款“进度计划”和竣工时间的要求，承包商对进度计划作出必要修改的建议书；承包商对调整合同价格的建议书	无	不同合同文本对于建议书内容的规定趋于一致，DBB模式的设计职责是归于发包人的，而EPC、DB模式的设计职责归于承包人。适用于EPC模式的合同文本中强调了对建议的设计说明这一项
合理化建议效果	降低合同价格； 缩短工期； 提高工程经济效益	降低合同价格； 缩短工期； 提高工程经济效益	降低雇主的工程施工、维护，或运行的费用加快竣工，提高雇主的竣工工程的效率或价值；给雇主带来其他利益的建议	降低雇主的工程施工、维护或运行的费用；加快竣工；提高雇主的竣工工程的效率或价值给雇主带来其他利益的建议	降低发包人的工程、施工、维护、营运的费用；缩短工期；提高竣工工程的效率或价值；给发包人带来的长远利益和其他利益	FIDIC红皮书、FIDIC银皮书、工程总承包合同示范文本与《标准施工招标文件》《标准设计施工总承包合同》，有所不同。前三者将“降低合同价格”改为“降低雇主的工程施工、维护，或运行的费用”；将“提高工程经济效益”改为“提高雇主的竣工工程的效率或价值”，同时附加“给雇主带来其他利益的建议”； 前三者更强调承包人站在发包人角度考虑问题，提出合理化建议，强调发承包双方利润最大化，侧重于整个工程的价值和效率的提高
合理化建议奖励	按国家有关规定在专用条款中约定给予奖励	按国家有关规定在专用合同条款中约定给予奖励	合同价值的减少小于雇主价值减少的，不奖励；否则，按照两项金额之差的一半奖励	无	按专用条款的约定进行利益分享，必要时双方可另行签订利益分享补充协议，作为合同附件	仅适用于DBB模式的FIDIC红皮书规定了奖励金额计算公式，适用于EPC模式的合同都没有给出详细的奖励金额分配比例

资料来源：自行绘制。

通过分析不同合同范本关于合理化建议的规定，提出有利于工程价值提高的合理化建议是承包商获得一定比例的奖励实现创收的关键。不同合同文本条款名称虽然不尽相同，但是其本质都是基于不同模式对合理化建议作出相关规定，传统DBB模式和EPC模式下的合理化建议主要区别在于合理化建议的范围上，传统DBB模式合理化建议是承包商在施工过程中提出的，主要涉及设计图纸、技术要求、施工组织设计、材料、设备的变更建议，而在EPC模式下，承包商负责工程的设计、施工和采购，范围广泛，合同文本中没有明确规定合理化建议的内容。

总结而言，EPC模式下的合理化建议以降低发包人的工程、施工、维护、运营的费用，缩短工期，提高竣工工程的效率或价值，给发包人带来的长远利益和其他利益为前提，经发包人批准后，由承包商组织实施。合理化建议被采纳实施后，承包商按照专用合同条款可以得到部分奖励。合理化建议是承包商在既满足发包人要求又能提高自身利益的基础上提出的，如图4-5所示。

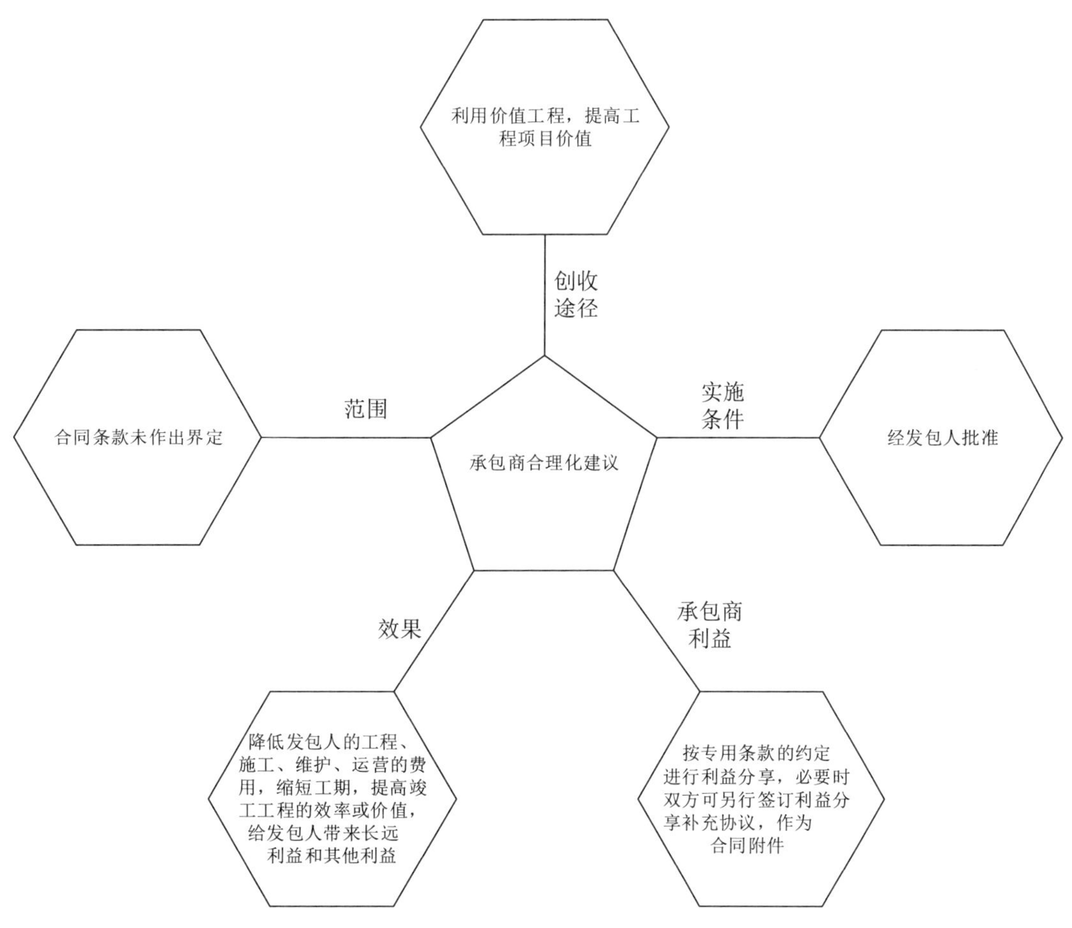

图4-5　承包商合理化建议关键点的规定图

2．设计优化是合理化建议的主要方式

通过对CNKI上的文献进行分析，用文献勾选法得出如表4-3所示结果。

建议变更获得收益的文献勾选表　　表4-3

作者	主要研究方向	合理化建议获得收益的主要方式		
		设计阶段优化	施工阶段优化	采购阶段优化
胡宇	A工程公司EPC项目全生命周期价值工程应用研究	√	√	√
李建彬等	工程总承包项目管理中设计变更的控制措施	√	√	
曾斐	基于价值工程的Z公司总承包项目成本优化研究	√	√	√
郭彧等	越南缘何EPC工程设计优化与管理	√		
罗继明等	优化设计在国际施工总承包工程的几点探索	√		
苏金亮	老挝会兰庞雅EPC项目设计方案的优化	√		
张水波等	EPC 总承包工程项目的争端与索赔	√		
谌伟等	价值工程在中东地区EPC项目中的应用研究	√		
王会见	国际EPC工程项目管理研究——印尼糖厂建设项目实践	√	√	√
马代均等	价值工程理论在沙特扎瓦尔港EPC项目中的应用	√		
赖炜	价值工程在工程项目管理中的应用研究	√	√	
陈鑫	A 医院总承包项目协调管理研究	√	√	
王延树等	EPC总承包新型计价合同——目标合同应用研究	√		
合计		13	6	3

李健等指出，据统计，初步设计阶段对项目成本的影响可达 75% ~ 95%，施工图设计阶段对项目成本的影响则下降到 5% ~ 25%。设计的质量和水平，关系到资源配置是否合理，建设质量的优劣和投资效益的高低。因此，EPC 项目实施的成功与否，很大程度上取决于设计是否成功。

张浩指出，在国际EPC总价合同中，业主总是试图通过合同的约定把合同总价格固定下来，业主为调价设置了各种限制条款，承包商很难突破合同总价。然而随着工程的推进，对工程的认识进一步加深以及其他因素的影响，业主常常需要对工程的范围等进行变更，变更带给承包商突破合同总价增加收益的重要机会。作为有经验的承包商一定要高度重视设计阶段的变更，它是EPC总承包成败的“钥匙”。国际EPC合同详细设计的基础是业主提供的前端设计文件（初步设计文件）超出前端设计文件的变更属于承包商的建议性变更，变更权属于业主，业主同意则构成变更，反之不构成。承包商可随时向业主提出书面变更建议，包括对变更的描述、变更的原因、对合同的影响、合同额的增加、工期的延长、给业主带来的提高竣工工程的效率以及给业主带来的其他利益的建议。若业主接受，则双方可以分享由此带来的各类利益。

王波等指出，设计优化应该是在合同范围、功能和标准不变的情况下，对诸如工艺流程、单体工程或设备的规模或选材标准、配套设施进行适当优化，目的是降低建设成本或降低运行维护费用。也就是说，业主必须获益，在此前提下争取利益分享。

张水波等通过对苏丹某石油开发项目进行案例分析，承包商设计部对业主原来的设计提出了优化建议书，提升项目价值，最终合同双方都从此设计优化中获得了利益。

王孟钧等指出，在 F-EPC 项目中，设计内容会因合同范围界区而有所不同，以深圳地铁 5 号线为例，初步设计权限归业主方，施工图设计权限归中国铁路工程集团有限公司，总承包合同明确合同价款在初步设计概算基础上下浮一定比例，但中国铁路工程集团有限公司有充分权限在初步设计范围内调动各参建单位的积极性进行设计优化，对通过设计优化切实实现降低工程造价的提议单位或个人、设计实施单位及施工单位等分别按照既定设计优化奖励办法进行奖励。结合深圳地铁 5 号线实践，在 F-EPC 项目中无论设计范围界区如何，承揽方都应充分利用业主所赋予的设计权限进行设计优化工作，具体包括设计深化、限额设计、方案调整、新技术引入等。

综上而言，现有文献资料都表明了EPC模式下，设计优化是合理化建议的主要方式，设计优化是指为使工程投资减少、工期缩短、价值提升，在不降低工程质量安全标准的前提下进行的优化。对基于设计优化的承包人合理化建议进行准确而又合理的分类，为后文研究承包人合理化建议带来的工程收益形式以及对承包人奖励的确定提供了研究思路。本文从设计优化的角度，讨论合理化建议的范围。

（三）EPC模式下合理化建议的奖励文献研究

在EPC模式下，承包人通过提出合理化建议给业主带来利益，承包人不会无偿地作出努力，业主需要采取一定的激励措施提高承包人的积极性。从承包人角度出发，额外的物质奖励是前进的动力，因提出合理化建议所能获得的奖励多少极其重要。由此看出，奖励标准的制定对于发承包双方都起到很关键的作用。

本节通过查阅大量有关合理化建议奖励的文献，得出如表4-4所示的结果。

奖励金额标准文献勾选表　　表4-4

作者	主要研究方向	合理化建议类型			奖励金额标准研究方法
		降低费用	缩短工期	提高项目价值效益	
左国祥	DBB模式下缩短工期提高电站建设效益		√		关键路径法、比例法
古今强	监理单位的合理化建议	√			比例法
孙政	施工项目成本控制	√			挣值法
黄建陵	铁路地质灾害防治工程经济效益分析			√	期望损失法、比拟法
俞柳等	工期奖惩条件下的投标策略		√		时间价值法
牛艳丽	工程项目监理激励机制研究	√			基于挣值法建立激励模型
杨长明	施工企业的合理化建议			√	挣值法
尹贻林	DBB模式下，合理化建议奖励模型的建立	√	√	√	激励理论、关键路径法、经济效益增加值法
李伟	EPC模式下，施工组织设计优化降低施工成本研究	√			比例法
刘玉珂	“工程总承包合同示范文本”条款解读	√			比例法
赵东歌	库—阿高速公路设计施工总承包管理实践	√			比例法
雷杨等	防洪工程经济效益计算方法研究			√	频率法、年系列法和模拟曲线法等
丁正红等	基于价值工程的建设合同激励机制研究		√		激励理论
合计		7	4	4	

由表4-4可知，学者们将奖励类型分为缩短工期，降低业主的工程施工、维护或运行的费用，提高业主的竣工工程的效率或价值三种，多数奖励模型均集中在降低费用这一块，适用对象多为施工总承包或者监理方。

二、研究设计

（一）合理化建议的范围界定

1．研究逻辑

EPC相关合同文本和现有文献资料都没有对合理化建议范围进行界定，这成为本章研究的一大难点。本节在第二章文献综述中用文献勾选法得出合理化建议的主要方式为设计优化，基于这一基础，进行第三章的研究。分析FIDIC银皮书和2020版合同范本，结合价值工程理论，总结出合理化建议的判定依据，利用这些依据结合大量案例，不断缩小范围，筛选出案例中的合理化建议内容，并且依据承包人不同的介入时点进行归类，总结不同介入时点下合理化建议的主要情形，并对合理化建议主要情形进行进一步归纳，得出合理化建议分类，并分析案例数据。研究逻辑如图4-6所示。

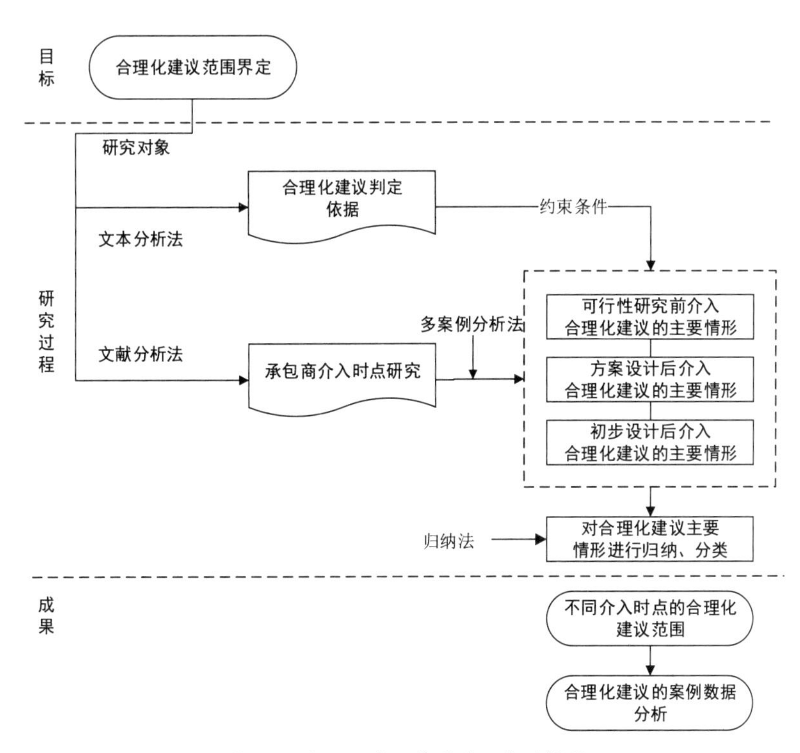

图4-6 合理化建议范围的研究逻辑图

2. 研究方法

（1）文本分析法。

分析FIDIC银皮书和2020版合同范本中对于合理化建议的相关规定，结合价值工程理论，识别出合理化建议的判定依据。

（2）文献分析法。

分析相关政策文件，总结出EPC承包商介入的不同时点。

（3）多案例分析法。

通过多案例分析法，根据承包商介入时间的不同，对案例进行分类，运用合理化建议的判定依据，对案例中的内容进行筛选，总结出案例中的合理化建议主要情形。

（4）归纳法。

运用归纳法，从个别到一般，对案例中识别出来的合理化建议主要情形进行归类，得出合理化建议的分类。

（5）对比分析法。

将多案例研究所得数据进行统计，用直方图、折线图等形式表现，利用对比分析法，总结案例分析结果。

（二）承包人合理化建议奖励机制研究

1．研究逻辑

EPC合同文本没有规定合理化建议的奖励方式以及奖励金额标准，相关文献也没有基于EPC模式进行合理化建议的奖励机制研究，这成为本章研究的一大难点。不同领域的奖励机制有一定共通性，通过相关文献研究，对比分析计提和每日历天两种奖励办法，确定营利性项目和非营利性项目缩短工期的奖励方式，通过比较类推确定奖励金额设置标准。分析相关文献类比总结出降低发包人费用的奖励方式，结合激励理论，确定奖励金额和奖励系数，研究逻辑如图4-7所示。

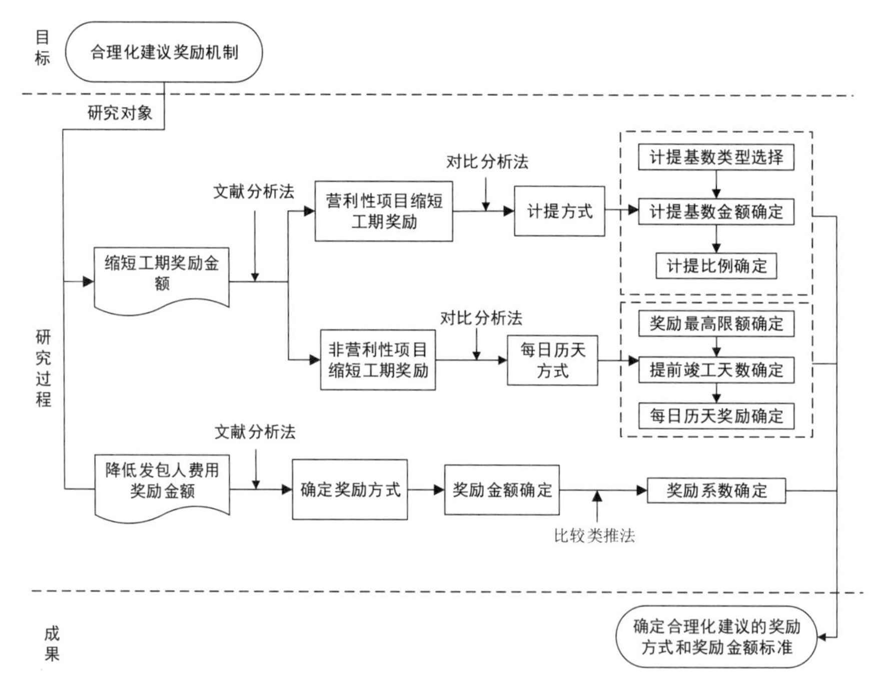

图4-7　合理化建议奖励机制研究逻辑

2．研究方法

（1）文献分析法。

对合同文本、政策文件以及相关文献中有关降低发包人费用和提前竣工奖励进行研究，基于不同领域的奖励机制有一定共通性，类比分析出缩短工期以及降低发包人费用奖励的主要方式；运用文献勾选法统计出文献资料中的主要奖励方式以及每种方式的适用范围；以文献研究为理论依据，设置缩短工期的奖励金额标准。

（2）对比分析法。

通过对比计提和每日历天两种缩短工期奖励方式，分析其优缺点及适用范围，确定营利性项目和非营利性项目适用的奖励方式。

（3）比较类推法。

通过研究同类奖励方式，结合激励理论，比较类推出降低发包人费用奖励系数的比例。

三、承包商合理化建议的范围界定

（一）EPC模式下承包人合理化建议的判定依据

1．基于价值工程的承包人合理化建议

（1）价值工程理论。

价值工程的理论起源于1947年美国通用电器的工程师麦尔斯提出的“价值分析”，通过对产品的功能、费用与价值进行深入的系统研究，提出了功能分析、功能定义、功能评价以及如何区分必要和不必要功能并消除后者的方法，最后形成了以最小成本提供必要功能。

价值工程（Value Engineering，VE）是指以产品或作业的功能分析为核心，以提高产品或作业的价值为目的，力求以最低寿命周期成本实现产品或作业使用所要求的必要功能的一项有组织的创造性活动。其中，价值是以产品的公用为导向，通过研究如何以最低寿命周期成本来实现对象产品、作业或服务等的必要功能，并致力于功能分析的一种有组织的技术。

价值工程具有以下特点：

①价值工程侧重于功能分析，其出发点是满足使用者的功能需要。

②价值工程的主要内容是研究功能与成本的关系，而这两方面的关系是相当复杂的。因此，应当用系统的观念和方法来进行价值工程分析。

③价值工程主要着眼于寿命周期成本。

④价值工程强调多方协作，有组织，按程序地进行。

价值工程的理论公式为：

$$V=F/C$$

式中，V为价值系数；F为功能（一种产品所具有特定职能和用途）系数；C为成本（从为满足用户提出的功能要求进行研制、生产到用户所花费的全部成本）系数。

（2）价值工程实现的途径。

根据价值工程的定义公式，可以推导出从以下五个途径来提高工程价值，如表4-5所示。

价值工程类型分析 表4-5

分类	表现	示例
1.成本缩减型	成本降低，功能不变	$C\downarrow$，$F\rightarrow$
2.机能提高型	成本不变，功能提高	$C\rightarrow$，$F\uparrow$
3.复合型	成本降低，功能提高	$C\downarrow$，$F\uparrow$
4.扩大成长型	成本略有提高，功能显著提高	$C\uparrow$，$F\uparrow\uparrow$
5.衰退型	功能略有下降，成本显著下降	$F\downarrow$，$C\downarrow\downarrow$

（3）价值工程理论下承包人合理化建议的运用。

“价值工程”是工程经济学中的一个概念，研究的是如何使功能/费用比最优化，使得投入的成本金额发挥其最佳作用，FIDIC银皮书将合理化建议的内容归于条款“价值工程”下，条款中规定，由于EPC工程项目涉及的资金额度比较大，且业主缺乏专业建设能力，难以使得项目资金发挥其最大运作价值。相反，承包商作为工程的具体执行者以及专业能力的拥有者，对整个项目工艺了解程度较深，具有丰富的工程经验，可以通过向业主提出合理化建议来帮助业主降低其建设成本，给项目带来较大收益。因此，在EPC项目合同中，常常会添加合理化建议奖励机制的相关条款，以此来激励EPC承包商尽可能多地向业主提出合理化建议，帮助业主提高项目价值，使合同双方都获益，将这一内容引入工程合同，标志着现在管理思想已融入工程建设管理之中，也体现了EPC合同编制在管理理念上的前瞻性。

价值工程中提高价值工程的五种途径与承包人合理化建议的联系如图4-8所示。

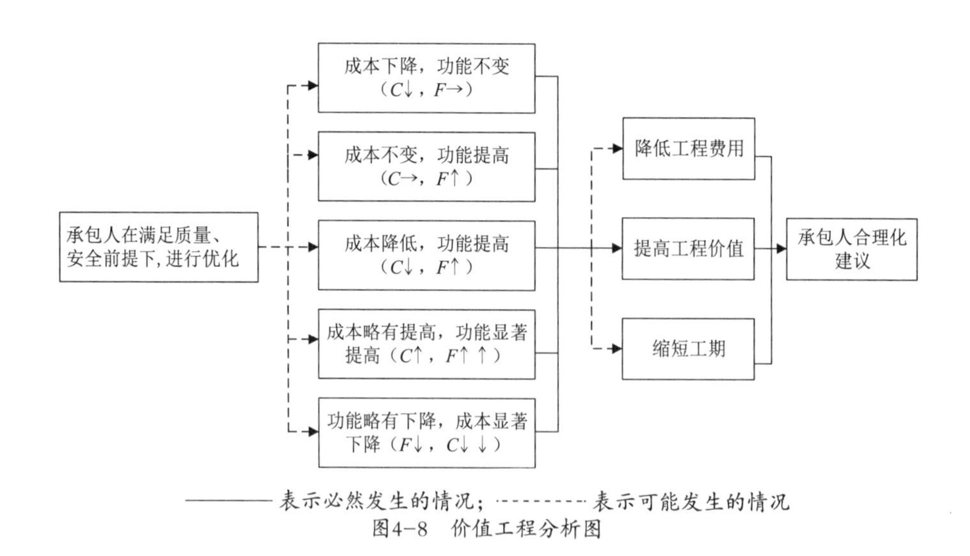

图4-8 价值工程分析图

由图4-8总结分析可得出，如果承包商提出的建议符合价值工程五种实现途径中的其中一种，那么必然可以推出该项建议提高工程价值，符合价值工程原理。FIDIC银皮书第13.2条款规定：承包商可随时向雇主提交书面建议，提出（他认为）采纳后将①加快竣工，②降低雇主的工程施工、维护，或运行的费用，③提高雇主竣工工程的效率或价值，④给雇主带来其他利益的建议。从条款内容可知，承包商合理化建议的效果之一即为提高竣工工程的价值。综上而言，符合价值工程情况的建议变更有助于提升项目价值，所以必然为合理化建议。价值工程原理可以作为合理化建议的判定依据之一。

2．基于工程变更的承包人合理化建议

（1）合理化建议是工程变更的一种情形。

FIDIC银皮书中涉及合理化建议的条款名称为13.2价值工程，2020版合同范本中涉及合理化建议的条款名称为13.1.3变更建议权，相关合同文本中合理化建议的条款与变更条款的联系如图4-9所示。

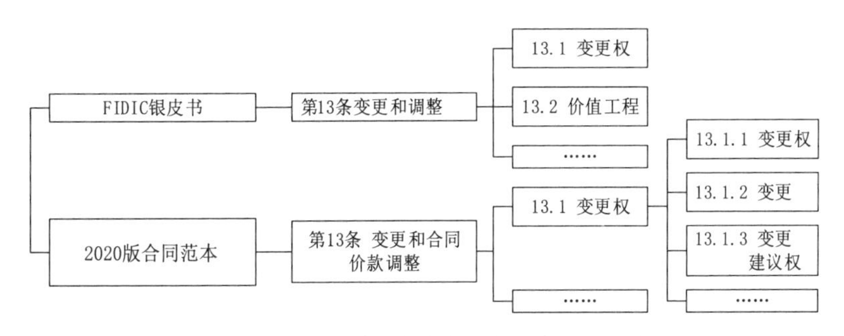

图4-9　合理化建议的条款与变更条款的联系

由图4-9可以看出，FIDIC银皮书和2020版合同范本都将合理化建议归于变更条款中。

FIDIC银皮书的第13.1条款［变更权］中规定：在颁发工程接受证书前的任何时间，雇主可通过发布指示或要求承包商提交建议书的方式，提出变更。同时在第13.2条款［价值工程］中规定：此类建议书应由承包商自费编制，并应包括第13.3条款［变更程序］所列内容。

2020版合同范本将第13.1条［变更权］分为条款13.1.1［变更权］和条款13.1.3［变更建议权］，条款13.1.1［变更权］规定：发包人拥有批准变更的权限。自合同生效后至工程竣工验收前的任何时间内，发包人有权依据监理人的建议、承包人的建议，及第13.2条约定的变更范围，下达变更指令。变更指令以书面形式发出。条款13.1.2［变更］中规定：由发包人批准并发出的书面变更指令，属于变更。包括发包人直接下达的变更指令，或经发包人批准的由监理人下达的变更指令。

总结而言，将合同文本中的变更分为两类：第一种为发包人直接下达的变更指令；第二种是承包商以建议书的方式发起的变更，需要经发包人批准后才可实施。合理化建议属于第二种情况，发包人有批准合理化建议的权限。

（2）工程变更范围的界定。

2020版合同范本中的条款13.1.2［变更］中规定：承包人对自身的设计、采购、施工、竣工试验、竣工后试验存在的缺陷，应自费修正、调整和完善，不属于变更。针对属于变更的情况，合同的第13.2条［变更范围］作出了范围界定，其中条款13.2.1［设计变更范围］的内容为：

①对生产工艺流程的调整，但未扩大或缩小初步设计批准的生产路线和规模，或未扩大或缩小合同约定的生产路线和规模；

②对平面布置、竖面布置、局部使用功能的调整，但未扩大初步设计批准的建筑规模，未改变初步设计批准的使用功能；或未扩大合同约定的建筑规模，未改变合同约定的使用功能；

③对配套工程系统的工艺调整、使用功能调整；

④对区域内基准控制点、基准标高和基准线的调整；

⑤对设备、材料、部件的性能、规格和数量的调整；

⑥因执行基准日期之后新颁布的法律、标准、规范引起的变更；

⑦其他超出合同约定的设计事项；

⑧上述变更所需的附加工作。

综上而言，由于合理化建议是一种工程变更，合理化建议的范围肯定在合同文本规定的变更范围之内，同时上文已论述设计优化为合理化建议的主要形式，所以本书研究的重点在于设计变更范围内的设计优化。

（二）EPC模式下承包人合理化建议的主要情形

1．EPC模式下承包人的介入时点研究

EPC模式下，承包商可以有多个不同的介入时点，分析国内各地方相关政策，得出如表4-6所示的结论。

相关政策文件对于EPC项目招标时间的规定　　表4-6

政策文件	发布时间	项目招标时间
《房屋建筑和市政基础设施工程总承包招标投标管理办法》（征求意见稿）	2004年12月	工程项目已经完成可行性研究报告、项目建议书或者初步设计等，并与总承包方式和工作内容要求相适应的有关基础工作项目
《关于印发蚌埠市政府投资项目工程总承包招标投标管理办法（试行）的通知》	2014年5月	实行工程总承包的项目其前期工作一般到初步设计及概算阶段，在初步设计及概算批复后方可进行招标文件编制和招标工作。如需在可行性研究报告及投资估算批复后即开展招标工作的，其初步设计及概算须按基本建设程序报政府有关部门审批

续表

政策文件	发布时间	项目招标时间
《浙江省关于深化建设工程实施方式改革积极推进工程总承包发展的指导意见》	2016年3月	建设单位可以依据经审批同意的方案设计（或初步设计），以工程估算（或工程概算）为经济控制指标，以限额设计为控制手段，以相关技术规范、标准和确定的建设规模、建设标准、功能需求及工程质量、工期进度要求为标的，开展工程总承包的招标工作
深圳市住房和建设局关于印发《EPC工程总承包招标工作指导规则（试行）》的通知	2016年5月	EPC工程总承包招标可以在完成概念方案设计之后进行，也可以在完成方案设计之后进行，即方案未定的EPC工程总承包招标和方案已定的EPC工程总承包招标
《池州市本级投资项目采用EPC工程总承包模式招标投标管理试行办法》	2016年12月	第五条 工程总承包招标一般包括以下两种形式： （一）项目立项后，进行工程总承包招标； （二）项目取得初步设计批复后，进行工程总承包（施工图设计、采购、施工）招标

国内各地方政策文件提供了多个不同的项目招标时间，即承包商介入时点，结合2016年版的《建筑工程设计文件编制深度规定》中将设计阶段分为方案设计、初步设计和施工图设计阶段，总结得出EPC模式下承包商的介入时点，如图4-10所示

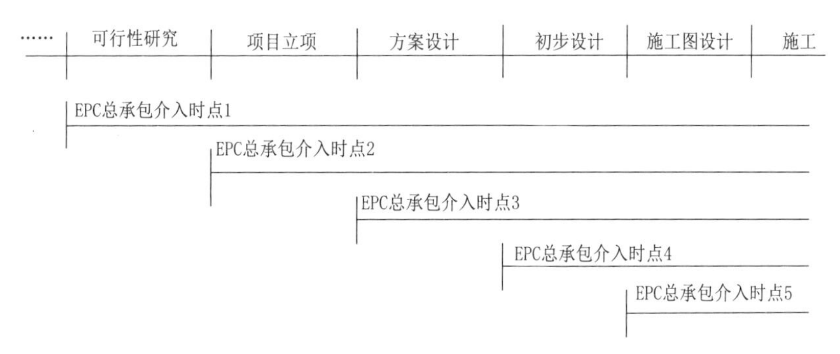

图4-10 EPC模式下承包商的介入时点

如图4-10所示，EPC总承包商可从可行性研究前、项目立项后、方案设计后、初步设计后、施工图设计后这几个时点介入。本书从可行性研究前、方案设计后、初步设计后这几个介入时点研究合理化建议的主要情形。

2．可行性研究前介入合理化建议主要情形

EPC模式中的E（Engineering）不仅包括具体的设计工作，而且还包括整个建设工程内容的总体策划、工程实施的组织管理策划，甚至可能包括项目的可行性研究等前期工作。本书搜集承包商在可行性研究前介入EPC项目的相关案例，筛选出所有在工程变更范围内的书面建议，用价值工程原理进行判定，进一步筛选出合理化建议的相关内容，并对合理化建议内容进行总结，凝练出合理化建议的主要情形，案例分析结果如表4-7所示。

EPC模式下合理化建议的案例分析（可行性研究前介入）

表4-7

作者	案例背景	合理化建议内容	合理化建议情形	分析
曾斐	A项目属于某800万吨/年炼油项目的硫回收装置，建设规模为30万吨/年，由Z公司总承包，因该硫回收装置规模较大，故采用“两头一尾”的设置方案，即制硫部分为两列，尾气处理和尾气焚烧部分为单列设置。在此装置中，制硫部分占总投资的67%	可行性研究阶段： 通过对工艺路线进行方案比选最终确定了甲方案：硫化氢与氧气在燃烧炉内发生氧化反应，一部分硫化氢转化为二氧化硫。在后续的二级克劳斯反应器中发生克劳斯反应。主要设备及供应商来源国内，共有8台主要设备，总硫回收率约为96%，甲方案相对于乙方案造价更低，并且功能提升，总硫回收效率提高5%	改进工艺路线； 使用效率更高的设备	1.价值工程分析： 成本降低，功能增加。 2.合理化建议效果分析： 1）降低发包人的工程、施工、维护、运营的费用； 2）提高竣工工程价值
		施工图设计阶段： 在满足功能的要求下，将原设计的脱硫厂房31.7m以下的型钢混凝土结构改为钢筋混凝土框剪结构，减少梁柱截面，降低42%的成本，压缩30%的工期	减少不必要的构件数量； 改变承重结构类型	1.价值工程分析： 成本降低，功能不变。 2.合理化建议效果分析： 1）降低发包人的工程、施工、维护、运营的费用； 2）缩短工期； 3）提高竣工工程价值
郭彧	越南缘何水泥有限公司水泥工程是合肥院EPC项目，分为一、二线工程。一线已先期完成建设，于2008年投产；二线设计生产能力5000t/d水泥熟料，从2008年3月开始施工，到2009年12月点火试运行，较合同工期提前9天实现预定目标。试运行阶段，投料受专业分包商影响延至2010年2月，6月完成生产线全部指标的测试标定工作并进行	施工图设计阶段： 将石灰石破碎车间由采矿区移动到厂区内；取消皮带廊，通过车辆将石灰石运到厂区里面进行粉碎，降低了相关设备和材料购置费，节约造价1000万元	取消不必要的单项工程； 移动单项工程平面位置； 减少设备数量	1.价值工程分析： 成本降低，功能不变。 2.合理化建议效果分析： 1）降低发包人的工程、施工、维护、运营的费用； 2）提高竣工工程价值
		施工图设计阶段： 由于已投用的一期工程皮带廊的钢结构强度富余，二期工程在充分论证的基础上，重新选型计算，优化材质，精简结构，节省钢材300t，节省造价约200万元	替换构件的型号和材质； 避免强度富余，降低结构强度	1.价值工程分析： 成本降低，功能不变。 2.合理化建议效果分析： 1）降低发包人的工程、施工、维护、运营的费用； 2）提高竣工工程价值

续表

作者	案例背景	合理化建议内容	合理化建议情形	分析
郭彧	正式签字移交。工程的前期设计由于过多地考虑业主的诉求，忽略了当地的地理、气候环境等客观因素	施工图设计阶段： 考虑到石灰石和辅料两个破碎车间的屋顶别无其他建筑和承重构件，承重功能完全可以被弱化，故将原设计的现浇混凝土改为轻钢结构。较原设计节省工程造价 40%	改变结构类型	1.价值工程分析： 成本降低，功能不变。 2.合理化建议效果分析： 1）降低发包人的工程、施工、维护、运营的费用； 2）提高竣工工程价值
殷继兴	委内瑞拉铁路项目是中国铁路工程集团有限公司与委内瑞拉国家铁路局签订的 EPC项目，由中国铁路工程集团有限公司作为总承包商负责承建，工作范围包括设计、施工、设备采购及安装、运营及维护培训等，总工期40个月。由中国铁路工程集团有限公司二院全面承担项目的勘察设计工作，完成方案设计、初步设计、施工图设计三个阶段的设计工作。在施工图设计阶段开展设计优化	施工图设计阶段： 优化线路方案，正线长度由原设计的471.5km缩短为462.3km，取消了全线唯一1座隧道，桥隧总长由 68km 缩短为13km	缩短线路长度； 取消不必要的单项工程； 减少单项工程的工程量	1.价值工程分析： 成本降低，功能不变。 2.合理化建议效果分析： 1）降低发包人的工程、施工、维护、运营的费用； 2）缩短工期； 3）提高竣工工程价值
		施工图设计阶段： 路基面宽度由原设计的13.8m优化为13.2m，路堤边坡率由原设计的1：2.5优化为1：2，水沟厚度由原设计的0.2m优化为0.12m	减少结构宽度； 降低结构边坡率； 减少结构厚度	1.价值工程分析： 成本降低，功能不变。 2.合理化建议效果分析： 1）降低发包人的工程、施工、维护、运营的费用； 2）缩短工期； 3）提高竣工工程价值
		施工图设计阶段： 对混凝土T梁与钢-混结合梁 2 个梁型方案进行比选，确定采用具有满足设计速度和运营要求、施工组织灵活、节约工期等优点的钢—混结合梁方案，较T梁方案减少 49 美元/延米（0.16万美元/孔）	改变构件材料和形状	1.价值工程分析： 成本降低，功能不变。 2.合理化建议效果分析： 1）降低发包人的工程、施工、维护、运营的费用； 2）缩短工期； 3）提高竣工工程价值

续表

作者	案例背景	合理化建议内容	合理化建议情形	分析
殷继兴	委内瑞拉铁路项目是中国铁路工程集团有限公司与委内瑞拉国家铁路局签订的 EPC项目，由中国铁路工程集团有限公司作为总承包商负责承建，工作范围包括设计、施工、设备采购及安装、运营及维护培训等，总工期40个月。由中国铁路工程集团有限公司二院全面承担项目的勘察设计工作，完成方案设计、初步设计、施工图设计三个阶段的设计工作。在施工图设计阶段开展设计优化	施工图设计阶段： 对圆涵和框架涵两种涵型进行比选，确定流量小于12m^3/s 的涵洞采用具有施工简易、工期短、节省投资等优势的圆涵方案	改变构件形状	1.价值工程分析： 成本降低，功能不变。 2.合理化建议效果分析： 1）降低发包人的工程、施工、维护、运营的费用； 2）缩短工期； 3）提高项目价值
曾雪涛	某码头工程含1个袋装水泥泊位与1个滚装泊位，布置成L形，工程投标阶段为重力式结构，合同签订后组织现场勘察，在北侧道路及码头区进行钻孔，发现与业主初始提供地勘资料不符，码头区钻孔土质多为砂土、黏土、砾石夹砂及弱风化岩层	施工图设计阶段： 根据现场踏勘情况，考虑风浪、环境、设备、施工工艺等因素，码头结构形式由原设计的重力式调整为高桩结构。同时考虑到沉桩区存在孤石，综合对比几种桩基施工工艺，采用振动锤+液压锤、大型起重机吊打施工工艺进行组织安排。此项优化节约了20%的造价。促进施工进度	改进沉桩工艺	1.价值工程分析： 成本降低，功能不变。 2.合理化建议效果分析： 1）降低发包人的工程、施工、维护、运营的费用； 2）缩短工期； 3）提高项目价值
		施工图设计阶段： 将原设计的滚装泊位平面布置改为满堂式，与后方道路通过挡墙连接；袋装水泥泊位平面布置为π形的栈桥式，通过两座引桥与后方堆场衔接，此设计在满足码头使用功能的同时，通过优化最大限度地减少了工程投资	改变平面布置形式	1.价值工程分析： 成本降低，功能不变。 2.合理化建议效果分析： 1）降低发包人的工程、施工、维护、运营的费用； 2）提高项目价值
		施工图设计阶段： 在无陆上和水上打桩设备的条件下，本施工区域沉桩考虑采用大型起重机+振动锤+辅助桩定位沉桩稳桩，然后采用起重机+液压锤锤击至设计要求，在此施工工艺下，将原设计桩基布置改为全直桩，提高效率	改变桩基布置	合理化建议效果分析； 缩短工期

续表

作者	案例背景	合理化建议内容	合理化建议情形	分析
曾雪涛	某码头工程含1个袋装水泥泊位与1个滚装泊位，布置成L形，工程投标阶段为重力式结构，合同签订后组织现场勘察，在北侧道路及码头区进行钻孔，发现与业主初始提供地勘资料不符，码头区钻孔土质多为砂土、黏土、砾石夹砂及弱风化岩层	施工图设计阶段： 根据地勘和现场调研情况，沉桩区存在孤石的可能性较大，沉桩偏位可能会大于规范容许要求，故上部结构考虑为墩台结构形式，可解决孤石所带来的沉桩偏位，且结构形式简单，施工快捷	改变上部结构形式	合理化建议效果分析； 缩短工期
于志杰	在印度K项目中，总承包商在设计阶段进行了大量优化，其优化设计分阶段汇总报告显示，总承包商在初步设计阶段优化降低成本所占比例为52%；在施工图设计阶段优化降低成本所占比例为48%，其优化设计管理分项目、分专业汇总表显示，土建及总图优化费用占38%，锅炉占16%，汽机占10%，电气热控占36%	初步设计阶段： 高排逆止阀布置优化方案，由两个支管分别布置改到只布置在一根母管上； 取消煤斗空气炮的设计； 优化锅炉炉底渣斗容量，采用户外型； 优化炉底渣斗至渣浆池之间的输渣管线布置方案，取消备用； 优化渣浆池至渣场的输渣管线方案； 优化电子设备间及控制室分配：主厂房部分采用锅炉与汽机电子设备间分开布置的方式	改进构件布置方案； 取消不必要的设备； 优化设备选型； 取消不必要的构件； 替换构件形状； 扩大设备容量； 重新分配单项工程占地面积； 优化单项工程平面布置	1.价值工程分析： 成本降低，功能不变。 2.合理化建议效果分析： 1）降低发包人的工程、施工、维护、运营的费用； 2）提高项目价值
		施工图设计阶段： 凝结水精处理再生单元采用3台机组共用一组代替两台机共用一组优化设计方案； 优化正压仓泵双出料阀配置方案，改为单出料阀； 利用负压水环真空泵入口的切换蝶阀实现切换功能，代替48只空气管道切换阀方案； 采用主变雷电冲击耐压按1300kVP设计方案代替业主要的CEIG标准； 优化锅炉房照明线由6mm^{2}调整为4mm^2； 采用电缆按IEC及国内标准设计代替业主要求的IS标准； 优化筏板基础温度配筋典型设计方案，减少了温度配筋	优化工艺处理方案； 取消不必要的设备； 改变单项工程平面布置； 减少连接构件数量； 改进构件配置方案； 替换构件功能； 优化设备功能配置； 改进结构设计方案； 减少不必要的构件； 替换灌浆材料； 调整结构厚度； 调整单项工程地坪高度； 减少不必要的工程量	1.价值工程分析： 成本降低，功能不变。 2.合理化建议效果分析： 1）降低发包人的工程、施工、维护、运营的费用； 2）提高项目价值

续表

作者	案例背景	合理化建议内容	合理化建议情形	分析
王会见	印尼某制糖工厂，甘蔗压榨设计产能8000TCD，年产原糖万吨。项目范围包括制糖工艺设计、制糖设备采购和安装、基础及厂房施工、工艺和设备调试中标合同总金额为1.2亿美元，项目总工期30个月，其中建设工期为20个月。项目于2008年8月底正式开工建设，计划于2010年3月底竣工移交	方案设计阶段： 对于采用石灰盐净水工艺还是反渗透净水工艺，采用汽轮机组还是电动机组，采用连续离心结晶工艺还是间歇离心结晶工艺进行方案比选； 调研发现的甘蔗原料含砂量高、纤维量高的特点，采用“针孔式炉排”的结构设计	比选工艺布局； 比选设备选型； 比选结构形式	1.价值工程分析： 成本降低，功能不变。 2.合理化建议效果分析： 1）降低发包人的工程、施工、维护、运营的费用； 2）提高项目价值
		初步设计阶段： 优先建设成品仓库替代临时性堆场和维修车间，用永久性围墙替代临时性围墙，节约造价	替换构件材料； 使用成品替换单项工程	
		详细设计阶段： 将新工艺引入甘蔗压榨制糖的附属配套设备中，取消部分用于制糖过程中需要用到其缓冲作用的高压蒸汽池	引入新工艺； 取消不必要的设备	
		详细设计阶段： 优化原设计电气方案，减少一台变压器。采用连续离心机，减少3台间歇离心机； 将原设计的蒸汽管道材料由316L改成3041A和PW	改变构件型号规格材质； 减少设备数量； 改进电气工艺方案	
		详细设计阶段： 总图布局优化，移动总平面图中部分构件的位置，减少了传输带的长度，节省蔗渣输送带180m	改变构件平面位置； 减少构件工程量	

承包商在项目可行性研究前介入时，案例中的合理化建议实施阶段可分为可行性研究阶段、初步设计阶段、详细设计阶段和施工图设计阶段，将案例中的合理化建议的主要情形进行归纳，总结出设备优化、工艺优化、结构优化、构件优化、线路优化、单项工程优化六个大类。将案例分析结果依次按照承包商介入时点、合理化建议实施阶段、合理化建议分类、合理化建议主要情形、价值工程分析、合理化建议效果分析，如图4-11所示。

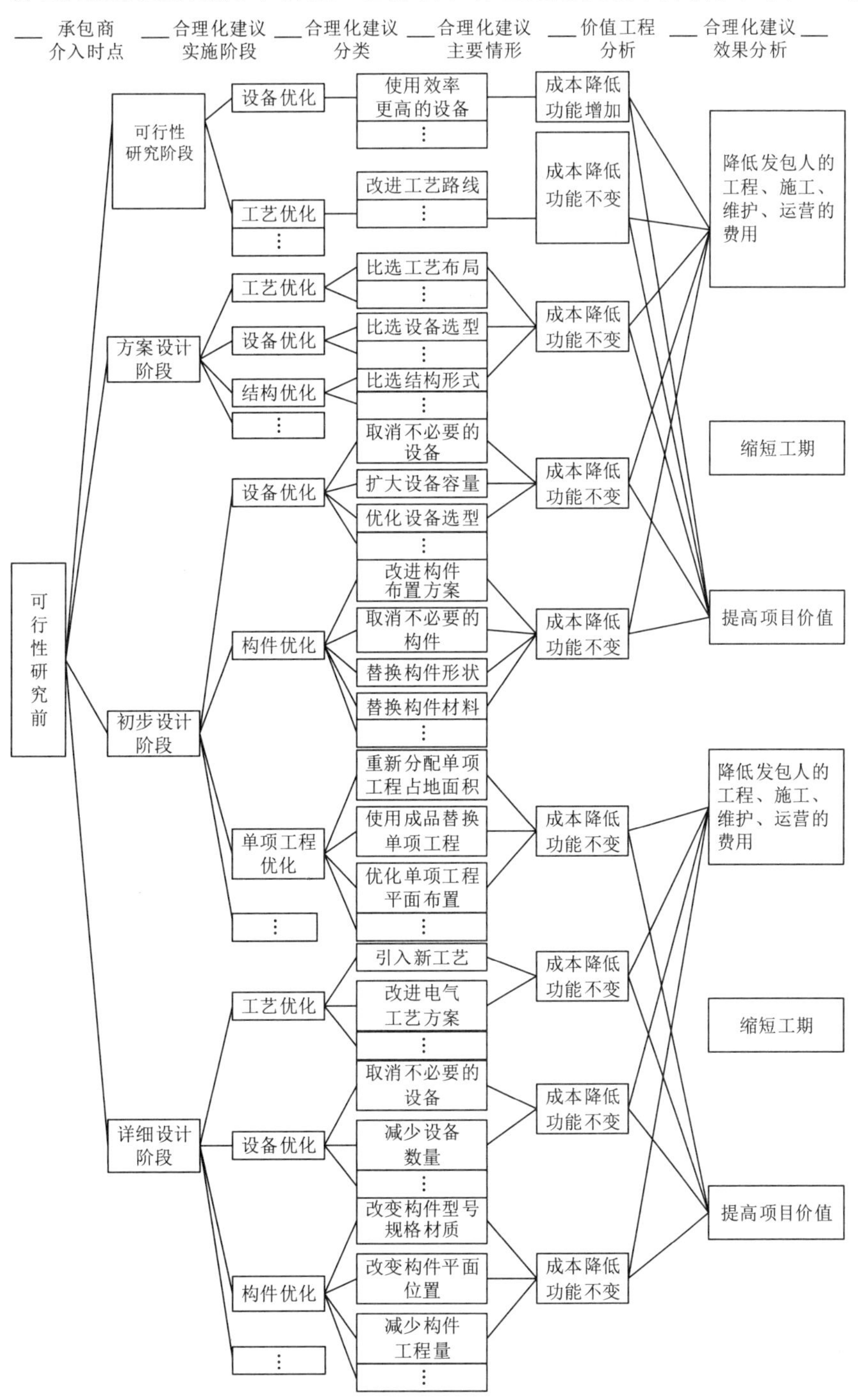

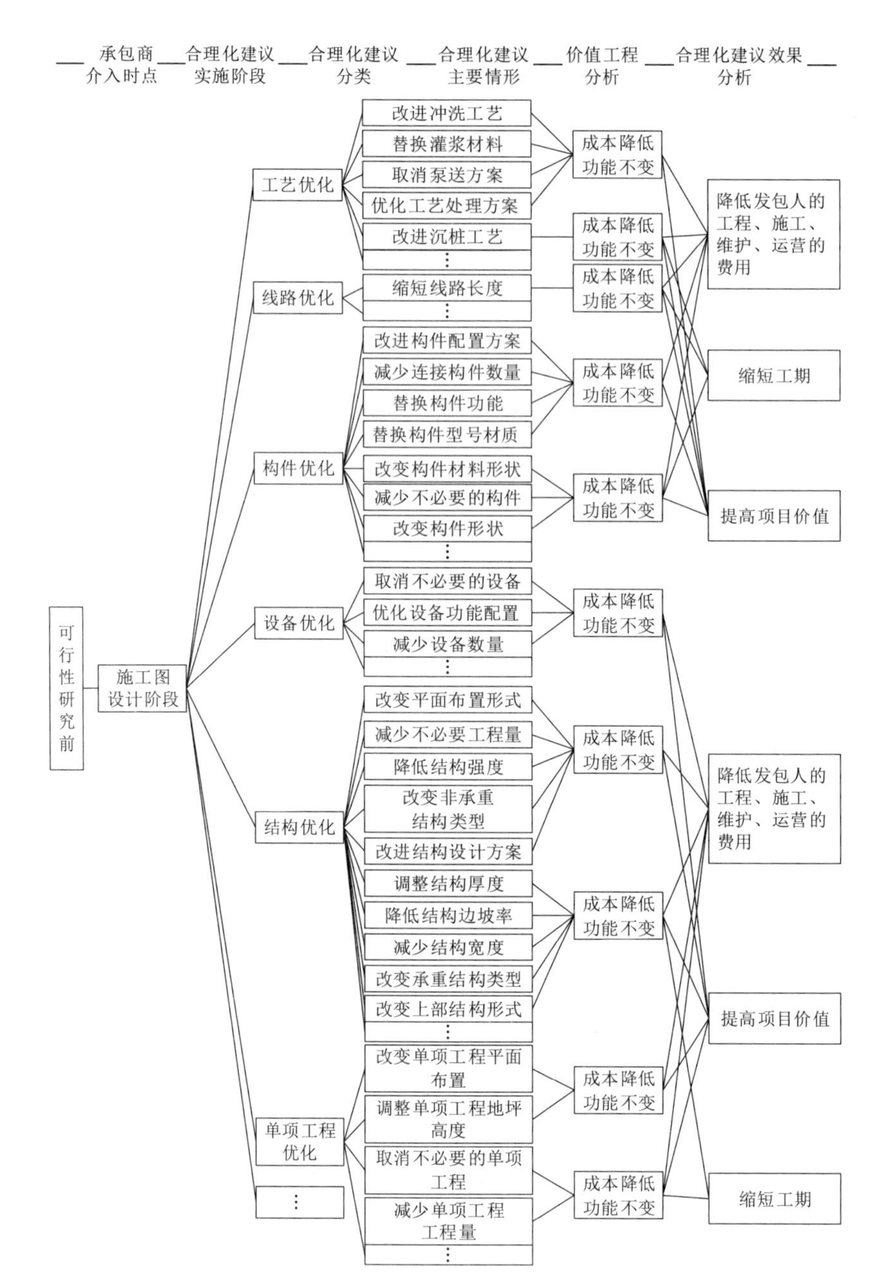

图4-11　可行性研究前时点介入的合理化建议

3．方案设计后介入的合理化建议主要情形

EPC总承包商在方案设计后介入，根据业主提供的方案设计文件，包括设计说明书（含各专业设计说明及投资估算的内容）和总平面、建筑设计图纸，进行项目的初步设计、详细设计、施工图设计等工作，本节搜集承包商在方案设计后介入EPC项目的相关案例，筛选出所有在工程变更范围内的书面建议，用价值工程原理进行判定，进一步筛选出合理化建议的相关内容，并对合理化建议内容进行总结，凝练出合理化建议的主要情形，案例分析结果如表4-8所示。

EPC模式下合理化建议的案例分析（方案设计后介入） 表4-8

作者	案例背景	合理化建议内容	合理化建议情形	分析
苏金亮	在老挝会兰庞雅 EPC 项目中，设计优化工作贯穿于设计全过程。设计院在初步设计图纸中，采用了可靠、保险的地下埋管方案。总承包商在国内组织相关专家、设计院、咨询院进行评审时，针对初步设计阶段揭露的地质条件与原业主提供的资料存在较大差异的具体情况，要求与明钢管方案进行比选优化。同时在详细设计阶段，总承包商也作出了系列设计优化	初步设计阶段: 引水系统地下埋管方案改明钢管，较地下方案投资增加362万美元，虽然存在运行维护工作量大等缺点，但是地下工程量少，施工组织简单，可提前工期 10 个月，将来可考虑的提前发电收益足以抵消增加费用	改变管道竖面布置	1.价值工程分析: 成本降低，功能不变。 2.合理化建议效果分析: 1）降低发包人的工程、施工、维护、运营的费用; 2）缩短工期; 3）提高项目价值
		初步设计阶段: 更改原设计A坝址+A厂房的引水线路，将A厂房引水线路走向由东南改为西南，节约15%的投资	改变线路平面布置	1.价值工程分析: 成本降低，功能不变。 2.合理化建议效果分析: 1）降低发包人的工程、施工、维护、运营的费用; 2）提高项目价值
		初步设计阶段: 取消了原总高度为561m的竖井（分为上竖井256m、下竖井305m），仅下埋管一高度为90m的竖井	取消不必要的构件	1.价值工程分析: 成本降低，功能不变。 2.合理化建议效果分析: 1）降低发包人的工程、施工、维护、运营的费用; 2）提高项目价值
		详细设计阶段: 优化并简化了部分Ⅳ类围岩洞段的衬砌结构型式，取消了导流洞进口闸门启闭机，采用吊车起吊; 取消了上游围堰帷幕灌浆，将围堰防渗黏土斜墙深入基础以下约 2m 以增加渗径，加强防渗，揭露的砂岩物理性能与地勘资料相差较大，上坝料由砂岩改为玄武岩	简化构件的衬砌结构形式; 取消不必要的设备; 取消帷幕灌浆; 替换上坝料	1.价值工程分析: 成本降低，功能不变。 2.合理化建议效果分析: 1）降低发包人的工程、施工、维护、运营的费用; 2）提高项目价值
张水波	苏丹某石油开发项目是由多家国际投资公司在苏丹联合投资组建的，业主为一石油营运公司，咨询公司为一家第三国技术咨询公司。中国石油天然气管道局是一标段的总承包商，承担了该项目的整个输油管线系统的建设，在本项目中，业主给出的设计深度只是介于概念设计与初步设计之间，承包商需要完善初步设计以及完成技术设计	初步设计阶段: 承包人通过建议变更的方式改变原设计，提出改变线路平面布置，重新选择管线线路，与原有线路相比长度缩短40km，降低30%的造价，工期提前9天	改变管线线路平面布置	1.价值工程分析: 成本降低，功能不变。 2.合理化建议效果分析: 1）降低发包人的工程、施工、维护、运营的费用; 2）缩短工期; 3）提高项目价值

续表

作者	案例背景	合理化建议内容	合理化建议情形	分析
胡宇	PK供电扩建项目位于沙特阿拉伯东部沿海城市朱拜勒工业区。EPC工作范围包括项目管理、工程设计、采购、施工、预试车、机械完工、试车和投电。在招标文件中明确要求EPC总承包商在项目执行周期内，从技术选择、流程简化、可靠性、产能、废弃物最小化、公用工程消化最小化、安全环保卫生要求、维护、操作弹性、备用性、改进性等多方面展开价值工程研究。特别是初步设计与详细设计阶段必须进行价值工程研究，优化方案	详细设计阶段： 对初步设计时本项目的布局进行了调整。将初设图中的34.5V变电站的平面布置拆分为上下两个区域，变电站利用率大大提升，节约15%的造价，可施工性更高	拆分单项工程平面布置区域	1.价值工程分析： 成本降低，功能增加。 2.合理化建议效果分析： 1）降低发包人的工程、施工、维护、运营的费用； 2）提高项目价值
李建彬等	青龙水电站位于四川省九寨沟县白水江流域下游河段，为引水式开发。电站以发电为主，装机容量3×34MW。电站由首部枢纽、引水系统、地面厂房组成。电站装机3台，合计容量102MW。闸坝最大坝高16.5m，坝顶长度102m，水库总库容23.4万m^3，具有日调节功能；引水隧洞断面采用马蹄形，全长13.614km；压力管道主管长度262.323m，采用钢板衬砌；厂房为地面厂房	详细设计阶段： 总承包商探明了调压室围岩的地质条件比预测的好，于是将原设计中的长方形断面阻抗式优化为圆筒阻抗式调压室，结构简单，受力条件最好，施工方便，与原方案相比可节约的设计工程量合计达 600 万元以上	改变结构接触 断面形状	1.价值工程分析： 成本降低，功能不变。 2.合理化建议效果分析： 1）降低发包人工程、施工、维护、运营的费用； 2）提高项目价值
		施工图设计阶段： 详勘后，发现隧洞地质出现变化，调整隧洞地质图，调整原设计隧洞洞线长度，将其增加400余米，与岩层的夹角加大，隧洞的开挖支护和衬砌结构比原洞线方案节省工程量，更趋合理。将原设计的马蹄形衬砌断面形式优化为圆形断面衬砌，仅钢筋用量就节约9000t	改变结构接触断面形状；减少构件工程量	1.价值工程分析： 成本降低，功能不变。 2.合理化建议效果分析： 1）降低发包人工程、施工、维护、运营的费用； 2）提高项目价值

承包商在项目方案设计后介入时，案例中的合理化建议实施阶段可分为初步设计阶段、详细设计阶段和施工图设计阶段，将案例中的合理化建议的主要情形进行分类，总结出设备优化、工艺优化、结构优化、构件优化、单项工程优化等几个大类。将案例分析结果依次按照承包商介入时点、设计优化实施阶段、合理化建议分类、合理化建议主要情形、价值工程分析、合理化建议效果分析，如图4-12所示。

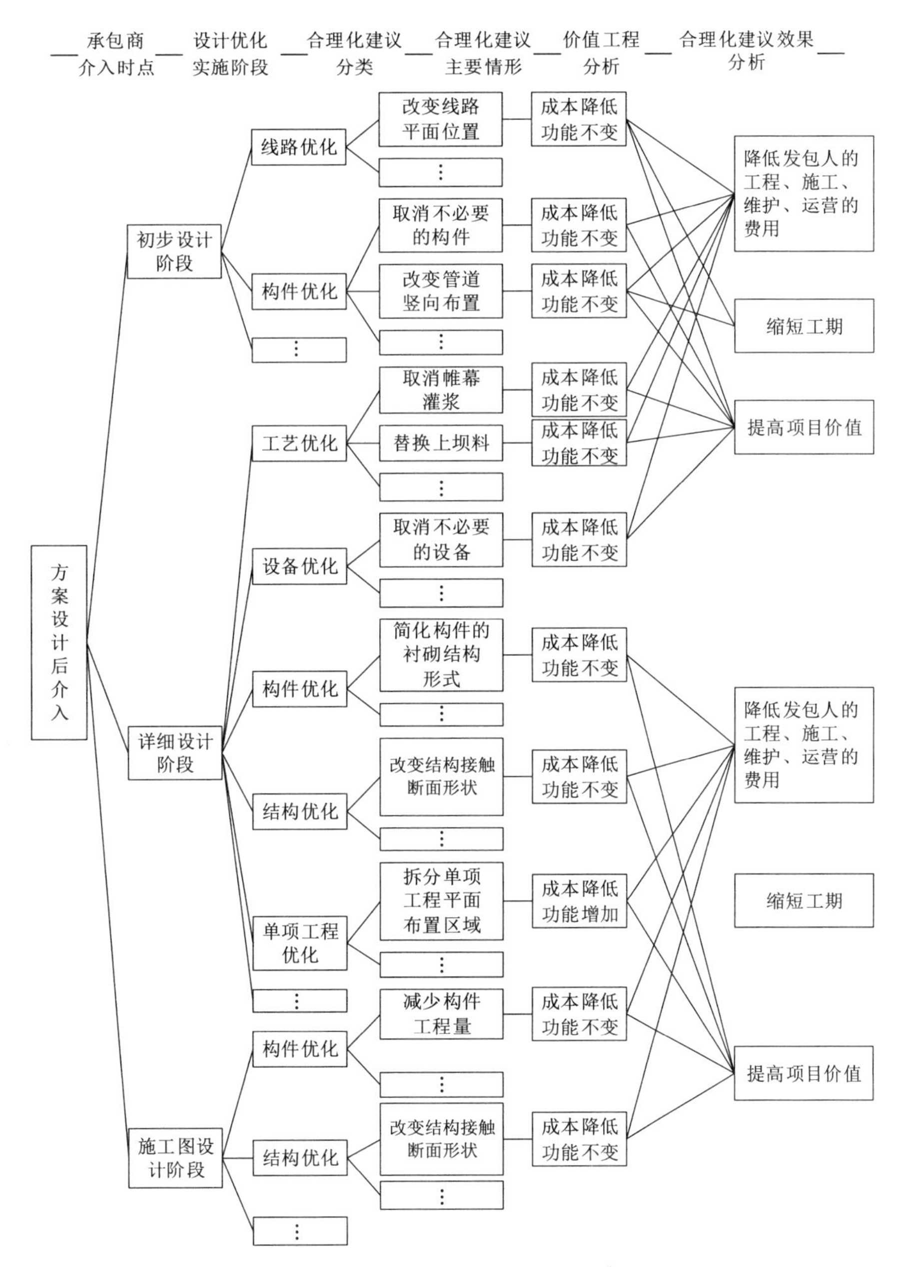

图4-12　方案设计后介入的合理化建议

4．初步设计后介入的合理化建议主要情形

EPC总承包商在初步设计后介入时，进行项目的详细设计及施工图设计等工作，由于施工图设计与详细设计仅一步之遥，EPC 项目执行时，这两项工作往往合在一起，作为一个阶段工作完成，施工图设计阶段是设计方案从图纸变成实际工程关的依据，其正确性和合理性与工程经济性直接相关。本节搜集承包商在初步设计后介入EPC项目的相关案例，筛选出所有在工程变更范围内的书面建议，用价值工程原理进行判定，进一步筛选出合理

化建议的相关内容，并对合理化建议内容进行总结，凝练出合理化建议的主要情形，案例分析结果如表4-9所示。

EPC模式下合理化建议的案例分析（初步设计后介入） 表4-9

作者	案例背景	合理化建议内容	合理化建议情形归类	价值工程分析
杨永亮	洛阳中硅高科技有限公司某扩建多晶硅项目，项目厂址位于河南省洛阳市洛龙科技园区，中硅高科集团完成初步设计后，通过招标选择中国恩菲工程技术有限公司作为总承包单位，由其承揽项目的工程设计、采购、施工建设及试运行服务，总包单位针对中硅高科老生产系统存在的根本性问题进行了技术选择和工艺论证，通过对工艺的适应性、环保、节能等多方面的科学比较，选择了符合大规模、低单耗、高品质、清洁生产发展方向的清洁副产物回收工艺，用于处理多晶硅生产过程中的副产物	施工图设计阶段： 根据生产情况变化，调整原设计的物料平衡，还原生产配比由 4 优化为3.5，还原通料量由之前的51kg三氯氢硅/kg多晶硅优化为42kg三氯氢硅/kg多晶硅。这些变量的优化极大地缩小了氢化、还原、干法、提纯四大生产工序的物料循环量和处理量，节约造价	调整物料平衡比	1.价值工程分析： 成本降低，功能增加。 2.合理化建议效果分析： 1）降低发包人的工程、施工、维护、运营的费用； 2）提高项目价值
		施工图设计阶段： 根据该项目的产品定位，以及多年来跟踪观察材料对产品品质影响情况，将用于普通工况的设备和管道的材料由 304 改为20号钢，仅此一项为项目节省工程投资3000多万元	替换构件的型号和材质； 替换设备型号和材质	1.价值工程分析： 成本降低，功能不变。 2.合理化建议效果分析： 1）降低发包人的工程、施工、维护、运营的费用； 2）提高项目价值
		施工图设计阶段： 系统梳理了已有生产系统，结合生产变化情况，对全厂公辅系统的生产能力重新进行核定，其中发现现有“三废”处理站可以满足新老项目的废水、废气处理要求，取消原设计中新建“三废”处理站和尾气淋洗塔。仅此两项可节省项目投资达 3712.65 万元	取消不必要的单项工程	1.价值工程分析： 成本降低，功能不变。 2.合理化建议效果分析： 1）降低发包人的工程、施工、维护、运营的费用； 2）提高项目价值
罗继明	安哥拉扎伊尔省索约市政工程，是对该市市政工程进行综合改造全面升级的工程，规划分期实施。一期工程，业主完成其中部分工程的初步方案设计后，即以工程总承包模式发包工程，组织实施。根据给定的设计要求和现有的技术条件，应用专业理论和方法，按照给定的目标作出最优的设计方案	施工图设计阶段： 总承包商对原方案进行变更调整，将污水排放动力管网的开挖深度由原设计的7m以上降低至5m以下，优化设计后的方案可施工性更高，能直接带来降低施工难度、减少施工成本、加快施工进度等实际效益	减少管网开挖深度	1.价值工程分析： 成本降低，功能不变。 2.合理化建议效果分析： 1）降低发包人的工程、施工、维护、运营的费用； 2）缩短工期； 3）提高项目价值

续表

<table>
<tr><th>作者</th><th>案例背景</th><th>合理化建议内容</th><th>合理化建议情形归类</th><th>价值工程分析</th></tr>
<tr><td rowspan="2">马代均</td><td rowspan="2">沙特扎瓦尔港项目位于波斯湾西海岸，沙特东部海岸线的半岛上，工程区域自然条件较好，适宜建设大型深水泊位、项目投标合同工期30个月。该项目主要是为了满足磷酸盐厂及工业城产品的进出口需要，建设一个能够提供处理杂货、干散货、液体散货和服务码头的港口，并包括相关的基础设施和港口办公、生产设施。项目主要工程包括疏浚和吹填、码头、导航设施、道路、消防、输变电站工程、房屋建筑、通信及机电等专业工程。价值工程理论在整个工程建设期间发挥了重要的理论指导作用。在业主提供的初步设计图纸中，港区造陆区域分为A、B、C三个区域</td><td>施工图设计阶段：
原设计A区对港区并无实际利用价值，因为工程所在地后方为空旷的沙漠。且按照业主要求，港池及24km航道疏浚材料若满足回填要求，均用于造陆。经过成本分析，总承包商将原设计进行优化，取消了A区，改为向东部发展，同时调整了B、C区，减小B区宽度至500m。回填量减少29%，大大降低了工程施工成本</td><td>取消单项工程所在区域；
减小区域宽度；
调整区域位置</td><td>1.价值工程分析
成本显著下降，功能略有下降。
2.合理化建议效果分析：
1）降低发包人的工程、施工、维护、运营的费用；
2）提高项目价值</td></tr>
<tr><td>施工图设计阶段：
增加C区堆场宽度至500m。根据挖填平衡，预留B4区为后期港池疏浚纳泥区，E区为航道扩展疏浚纳泥区，减少了后期扩建与运营的相互干扰，同时大大增加了后期发展潜力</td><td>增加区域宽度；
调整区域位置</td><td>1.价值工程分析：
成本略有提高，功能显著提高。
2.合理化建议效果分析：
1）降低发包人的工程、施工、维护、运营的费用；
2）提高项目价值</td></tr>
<tr><td rowspan="2">谌伟</td><td rowspan="2">阿联酋首都某高层项目，由5栋塔楼2区裙房组成，所有塔楼均采用框架核心筒结构体系。
裙房部分构件采用后张拉预应力结构体系，建筑外立面全部采用玻璃幕墙饰面。业主完成初步设计后进行发包</td><td>施工图设计阶段：
由于在初步设计过程并没有充分考虑建筑的混凝土桩对土体水平荷载的抵挡作用，地下室挡土墙设计过厚，总承包商将挡土墙优化，既节省了混凝土用量又节省了钢筋用量</td><td>减小构件厚度</td><td>1.价值工程分析：
成本降低，功能不变。
2.合理化建议效果分析：
1）降低发包人的工程、施工、维护、运营的费用；
2）提高项目价值</td></tr>
<tr><td>施工图设计阶段：
在地下室水箱墙初步设计图纸中，靠近挡土墙的一侧也有水箱墙。为便于现场施工，经优化分析，此处的水箱墙可以由挡土墙代替，并且对挡土墙也是有利的，因此取消了该处的水箱墙</td><td>取消某一构件</td><td>1.价值工程分析：
成本降低，功能不变。
2.合理化建议效果分析：
1）降低发包人的工程、施工、维护、运营的费用；
2）提高项目价值</td></tr>
</table>

续表

作者	案例背景	合理化建议内容	合理化建议情形归类	价值工程分析
谌伟	阿联酋首都某高层项目，由5栋塔楼2区裙房组成，所有塔楼均采用框架核心筒结构体系。 裙房部分构件采用后张拉预应力结构体系，建筑外立面全部采用玻璃幕墙饰面。业主完成初步设计后进行发包	施工图设计阶段： 由于整个裙房部分的结构采用的是无梁预应力板体系，所以桩帽的数量很大，在满足结构受力要求下，用板的顶部钢筋代替桩帽的顶部钢筋，使桩帽的配筋量降低30%，节省了大量钢筋	减少构件数量	1.价值工程分析： 成本降低，功能不变。 2.合理化建议效果分析： 1）降低发包人的工程、施工、维护、运营的费用； 2）提高项目价值

承包商在项目初步设计后介入时，案例中的合理化建议实施阶段主要为施工图设计阶段，将案例中的合理化建议的主要情形进行分类，总结出设备优化、工艺优化、构件优化、单项工程优化四个大类。将案例分析结果依次按照承包商介入时点、合理化建议实施阶段、合理化建议分类、合理化建议主要情形、价值工程分析、合理化建议效果分析，如图4-13所示。

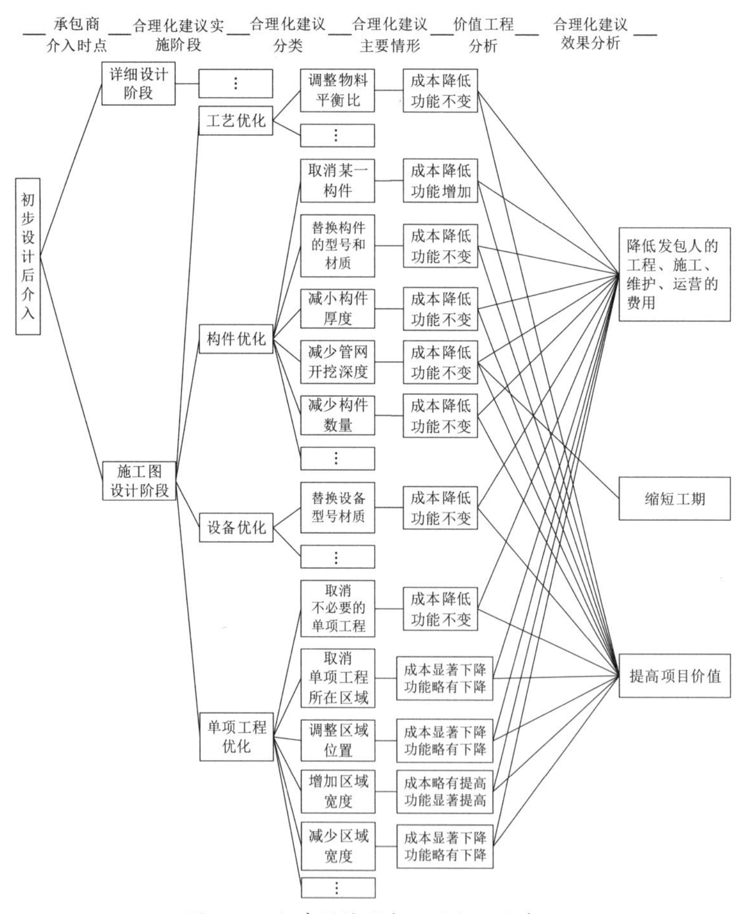

图4-13　初步设计后介入的合理化建议

（三）承包人合理化建议的案例数据分析

本节将不同介入时点下的案例分析结果进行总结，统计相关数据，主要在承包人介入时点、合理化建议实施阶段、合理化建议效果、价值工程实现途径四个方面进行分析。

1．承包人介入时点对合理化建议的影响分析

统计数据发现，所用案例中涉及的合理化建议共有85项，将合理化建议数量按照不同的承包人介入时点进行统计，用竖轴表示合理化建议数量，横轴表示承包人介入时点，得到结果如图4–14所示。

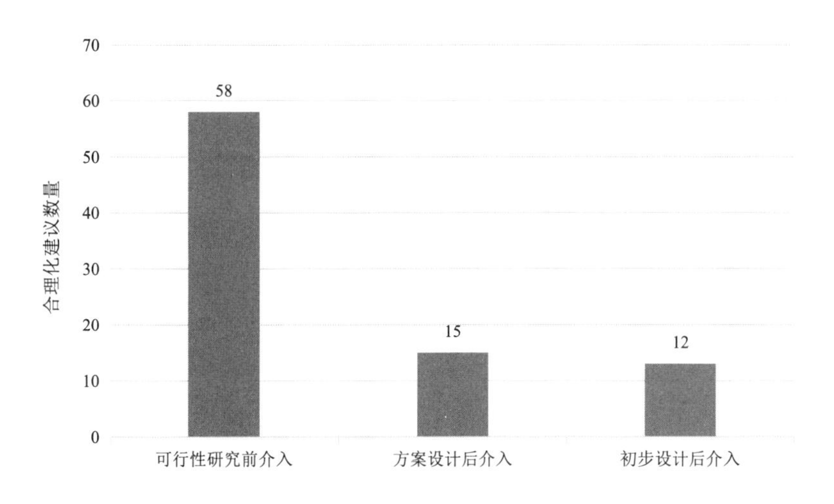

图4–14　承包人介入时点对合理化建议的影响分析

由图4–14可知，承包人在可行性研究前介入时，所提出的合理化建议最多，在方案设计后介入次之，初步设计后介入最少。这是由于承包人在可行性研究前介入时，可提出合理化建议的阶段包括可行性研究阶段、方案设计阶段、初步设计阶段和施工图设计阶段；在方案设计后介入时，可提出合理化建议的阶段包括初步设计阶段和施工图设计阶段。在初步设计后介入时，可提出合理化建议的阶段为施工图设计阶段。承包商介入的时点越早，可提出的合理化建议越多。

2．合理化建议实施阶段分析

承包商在可行性研究前，方案设计后，初步设计后介入时，合理化建议实施阶段的个数依次递减，本节所研究的合理化建议实施阶段为可行性研究阶段，方案设计阶段，初步设计阶段，施工图设计阶段，将合理化建议数量按照不同实施阶段进行统计分析，用竖轴表示合理化建议数量，横轴表示合理化建议实施阶段，所得结果如图4–15所示。

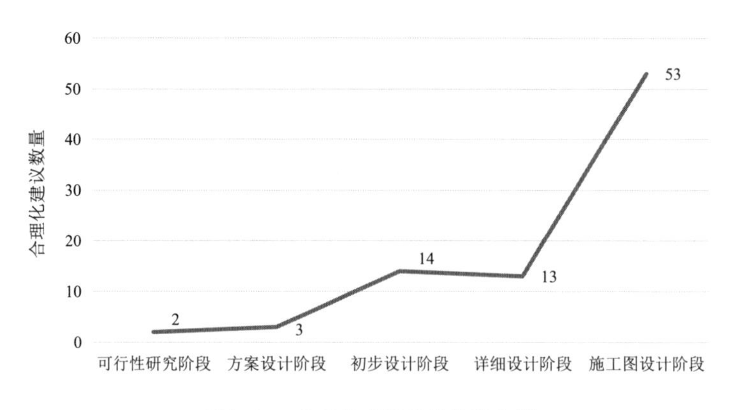

图4-15 合理化建议实施阶段分析

由图4-15可知，案例数据在一定程度上表明，在实际EPC项目中，承包人主要在施工图设计阶段提出合理化建议，可行性研究阶段、方案设计阶段、初步设计阶段提出的合理化建议相对较少，从投资控制的角度出发，工程项目不同阶段的投资可控程度如图4-16所示。

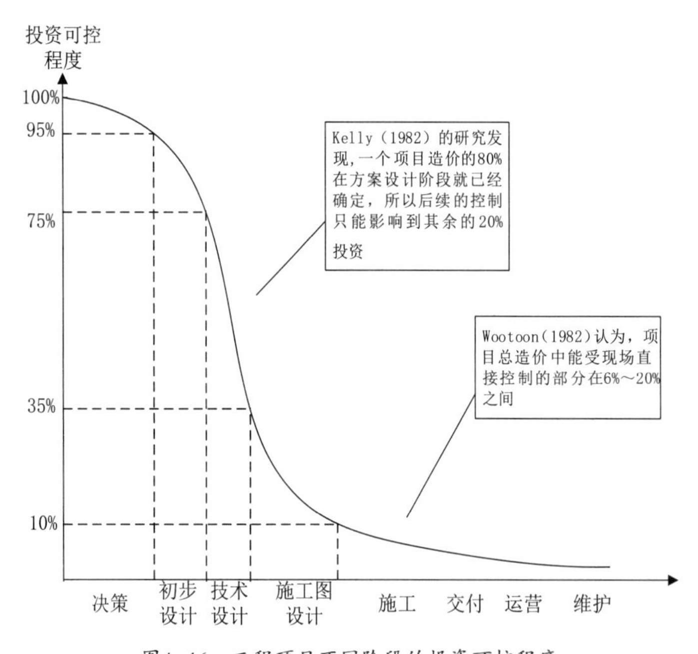

图4-16 工程项目不同阶段的投资可控程度

根据Kelly曲线，项目造价的80%在方案设计阶段就已经确定，所以后续的控制只能影响到其余的20%投资，承包人在可行性研究阶段、方案设计阶段、初步设计阶段提出的合理化建议，其对投资控制的效果远大于在施工图设计阶段提出的合理化建议，因此，在实际项目中，承包人可考虑将提出合理化建议的阶段提前，多在项目决策、方案设计阶段提出合理化建议。

3．合理化建议效果分析

统计分析85项合理化建议的效果，按降低发包人费用、缩短工期、提升项目价值进行分类，得到如图4–17所示结果。

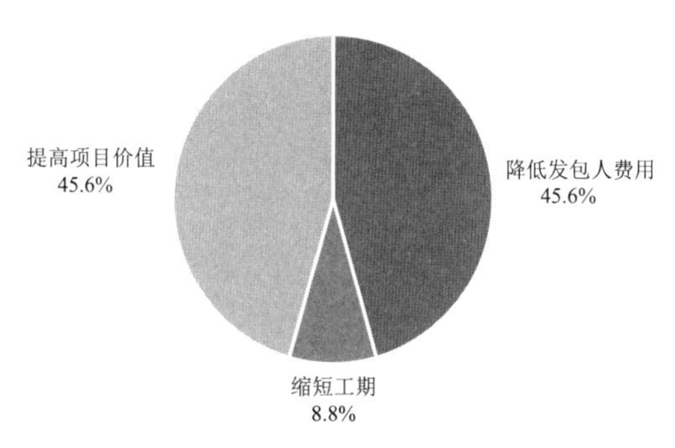

图4–17　合理化建议效果分析

由图4–17可知，根据价值工程原理，在满足功能的前提下，降低发包人费用伴随着提高项目价值，所以这两种合理化建议效果的占比相同，缩短工期的占比很小，仅8.8%，这说明在EPC项目中，保证工程质量的前提下，压缩工期的可能性较小。

4．价值工程实现途径分析

价值工程实现途径有成本降低，功能不变（$C\downarrow$，$F\rightarrow$）；成本不变，功能提高（$C\rightarrow$，$F\uparrow$）；成本降低，功能提高（$C\downarrow$，$F\uparrow$）；成本略有提高，功能显著提高（$C\uparrow$，$F\uparrow\uparrow$）；成本显著下降，功能略有下降（$C\downarrow\downarrow$，$F\downarrow$）五大类。对统计案例中涉及的价值工程实现途径进行数据分析，其结果如图4–18所示

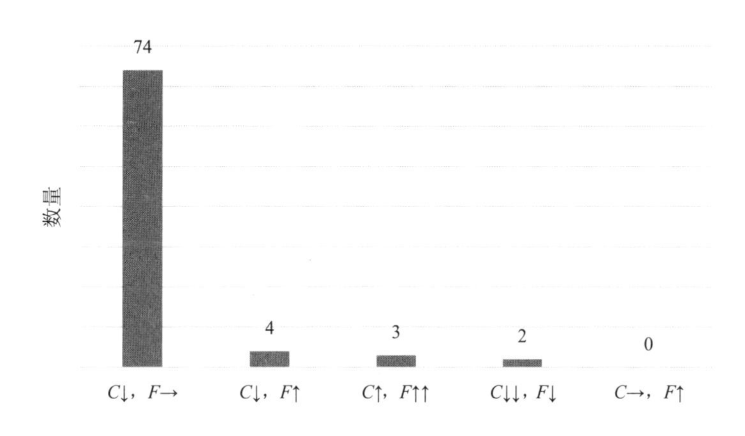

图4–18　价值工程实现途径分析

由图4–18可知，案例涉及的价值工程实现途径中，成本降低，功能不变这一途径最多。针对其中三种途径：（1）成本降低，功能提高；（2）成本略有提高，功能显著提高；（3）成本显著下降，功能略有下降，虽然有所涉及，但是数量远不及成本降低，功能不变这一途径。这说明在实际工程中，提升项目价值的途径主要为在保证功能的前提下，降低成本。

四、合理化建议的奖励机制研究

（一）承包人合理化建议缩短工期的奖励机制

1．缩短工期奖励方式的文献研究

（1）规范性文件分析。

EPC模式下，承包商合理化建议的效果之一就是缩短工期，FIDIC银皮书和2020版合同范本对于承包商合理化建议下缩短工期的奖励方式没有量化规定，由于不同模式下缩短工期的奖励方式在原理上是相通，所以对以下相关文件中缩短工期的奖励方式进行分析，为业主在实践中进行奖励分成明确方向，分析结果如表4–10所示。

规范性文件对于缩短工期奖励方式的规定 表4–10

文件名	奖励办法	基数	奖励方式
《建设工程工程量清单计价规范》GB 50500—2013	发承包双方在合同中约定提前竣工每日历天应补偿的额度。此项费用应作为增加合同价款列入竣工结算文件中，应与结算款一并支付	—	每日历天
《关于建设工程实行提前竣工奖的暂行规定》	每提前（或拖延）一天竣工奖（罚）金额，可根据工程施工的难易程度，按照工程预算造价的万分之二至万分之四来计取	—	每日历天
《关于建设工程实行提前竣工奖励的若干规定》	每提前（或拖延）一天竣工奖（罚）金额不得超过工程预算造价的万分之二	—	每日历天
《广州市建设工程施工合同（2013示范文本）》	合同双方当事人在专用条款中约定提前竣工奖，明确每日历天应奖额度	—	每日历天
《河北省建设工程施工合同（2013版示范文本）》	发承包人在专用条款中约定提前竣工奖，约定每日历天应奖额度	—	每日历天
《四川省建设工程施工合同（示范文本）》	合同双方当事人在专用条款中约定提前竣工奖，明确每日历天应奖额度	—	每日历天
《广东省建设工程标准施工合同（2009年版）》	合同双方当事人在专用条款中约定提前竣工奖，明确每日历天应将额度	—	每日历天
《北京市关于房屋修缮工程实行提前竣工奖的若干规定》	每提前（或拖延）一天，按决算工资总额的千分之五（依此类推）计算奖（罚）金的总额	—	每日历天
《云南省关于对重点建设项目实行奖励的规定》	提取工程投资结余的10%~30%来作为奖金。工期每提前5天，奖金额相应增加1个百分点（工期提前所增加的奖金额不超过10个百分点）	投资结余	计提
《关于电力建设项目提前投产收益问题的若干规定》	提前投产收益按以下比例分配：项目的施工单位（招标承包工程为参加主体的工程施工单位）应不少于收益的75%	提前投产收益	计提

通过表4–10中对规范性文件的分析，可得缩短工期的奖励方式有每日历天和计提两种。其中，计提的基数分为投资结余和提前投产收益。每日历天方式是以双方约定的每日历天应补偿的额度乘以日历天数进行补偿，计提方式是按照一定比例提取计提基数进行补偿。

（2）现有文献对于缩短工期奖励方式的研究。

在奖励方式上，学者提出采用每日历天奖励方式给予承包商缩短工期奖励；还有专家学者提出采用计提奖励方式给予缩短工期奖励，用文献勾选法得到如表4-11所示。

现有文献对于缩短工期奖励方式的规定　　表4-11

作者	奖励办法	基数			奖励方式	
		提前投产收益	投资结余	合同金额	每日历天	计提
左国祥	早投产取得的效益中以适当比例分给施工单位	√				√
古今强	提前竣工节约的成本中按照比例提取一部分作为奖励		√			√
俞柳等	每日历天的价值留出部分利润作为给予承包人的奖励				√	
牛艳丽	从节约的投资额按比例提取作为奖励		√			√
古宛娴	缩短工期应给予工期奖，按照每提前一天奖励额度计算				√	
李伟	以节约的成本为基数，根据博弈理论计取最优利润值		√			√
张尚	提前一天给予承包商的奖励额度，但奖励总值需要设置限额，国际工程一般为合同价款的10%				√	
柯洪	按提前投产效益计提	√				√
赵棣	按提前投产的运营效益计提	√				√
李真	以合同金额为基数计提			√		√
汪嘉昊等	按未来投产收益的净现值计提	√				√
王晓	提前竣工一天往往能带来很大的经济效益和社会效益，所以合同中应明确提前竣工一天应奖励额度，并规定最多奖励额度				√	
薛玉琴	招标文件中应规定提前每天按多少费用计算，这种赶工费的计算较为简单				√	
陈长宏	按项目提前投产所获得的经济效益的一定比例给予承包商提前竣工奖励	√				√
张尚	按合同约定的比例分享提前投产效益	√				√
关为泓	对于工程提前竣工并提前投产获得收益的额度，建设方和施工方应在合同中规定比例分配	√				√
张云等	对于提前完成工程项目，业主通常按固定总承包价的一定比例给予总承包商奖金数额			√		√
合计		7	3	2	5	12

由表4-11可知，相关学者对于缩短工期奖励方式的规定与规范文件是一致的，都分为每日历天和计提两种方式。同时学者们对于计提基数的种类作出更为详细的分类，即计提基数有提前投产收益、投资结余、合同金额。根据文献勾选法所得结果，可以得出，在相关学者的研究中，多数学者按照计提方式计取缩短工期奖励，计提基数以提前投产收益为主。

2．缩短工期奖励方式的比选确定

（1）缩短工期奖励方式的比选。

通过系列文献总结而得，缩短工期奖励方式分为按每日历天奖励和按计提方式奖励两种，缩短工期采取的奖励方式合适与否决定着奖励效果的好坏，合适的奖励方式能正向激励承包商，不合适的方式不仅发挥不了激励效应，而且还会增加业主与承包商之间的矛盾。将不同奖励方式进行对比分析，其结果如表4-12所示。

缩短工期奖励方式对比分析表　　表4-12

奖励方式	每日历天	计提
奖励计算方法	日历天数×双方约定的固定奖励额度	计提比例×计提基数
报酬方式	固定报酬	变动报酬
适用范围	适用范围比较广泛，对于非营利性项目和营利性项目均可适用，即项目运营期有或没有收益的项目，运营和建设是或不是同一单位负责的项目均可	需要将建设阶段和运营维护阶段综合起来考虑的项目，多为营利性项目
承包商满意程度	较低	高
激励效果	较弱	强

由表4-12可知，每日历天方式的奖励计算方法为日历天数×双方约定的固定奖励额度，属于固定报酬的一种形式。承包商的奖励额度并不随提前竣工天数的增加而增加，这种奖励方式没有体现承包商提前竣工天数与奖励额度的正相关，其奖励额度不能体现出承包商的努力程度，因而难以较大地提高承包商的积极性。在工程实践中，可能会产生负面影响，比如承包商会因此产生不公平的心态，妨碍合同的顺利履行；但是相对来说，这种奖励方式计算比较简单，营利性项目和非营利性项目都适用。

与之不同的是，计提奖励方式属于变动报酬的一种形式。其计算公式为：计提比例×计提基数，计提基数与提前竣工的天数呈正相关，奖励额度随提前天数的增加而增加，营利性项目往往采取这种方式来激励承包商。鉴于这种奖励方式，发承包双方处于签订合同状态时，承包商就能明确自身的努力程度会得到相应程度的回报，在与发包人达成合作的初期，一种公平感就会油然而生，就社会资本的角度而言，这也会因公平而产生信任，提高合同的履约绩效。

（2）缩短工期奖励方式的确定。

EPC模式下，有经验的承包人在设计、施工、采购过程中发现有利的条件，从而提出合理化建议，在原约定的合理工期下缩短了实际施工工期。承包人通过合理化建议，使工程工期缩短，从而对项目在全生命周期的收益影响机理如图4-19所示。

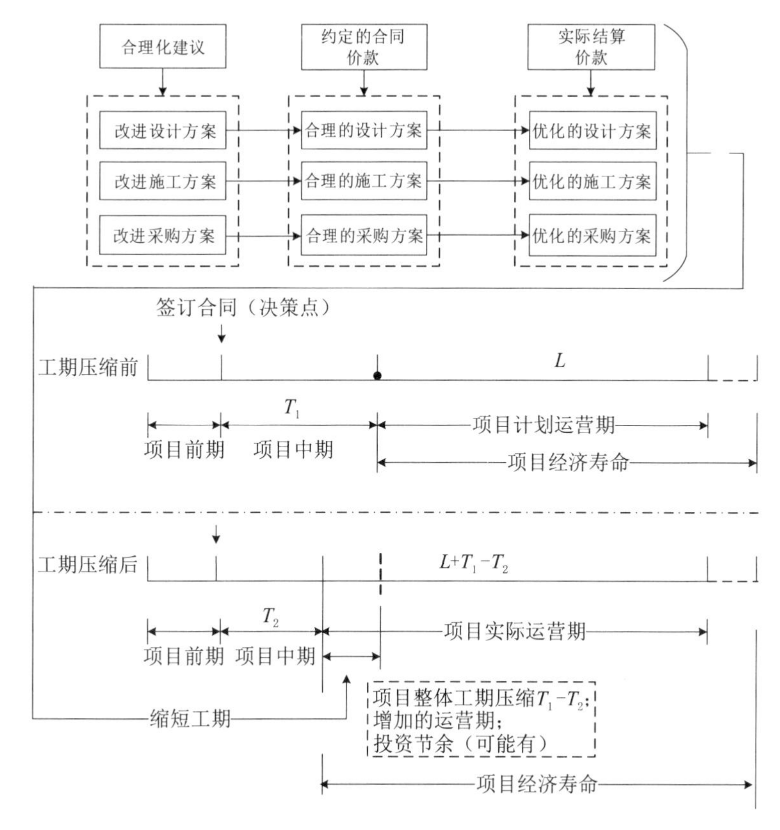

图4-19　EPC模式下缩短工期机理示意

在图4-19中，项目前期表示签订合同前；项目中期表示承包人介入后。从承包人合理化建议对工程工期影响的机理可以得出，承包人通过对设计、施工、采购过程的优化，使得工期压缩，使项目的运营维护期提前，针对营利性的EPC项目，缩短工期给业主带来的收益来源主要包括：①提前投产所增加的未来投资收益；②投资节余（如果有）；针对非营利性项目，由于项目竣工后进入运营期没有任何的经济收入，不以营利为目的。缩短工期给业主带来的收益主要集中在管理费用和财务费用的减少以及其他投资节余上。

针对营利性项目，缩短工期肯定为业主带来提前投产收益，基于超额利润共享原则，即当超额利润是由双方或多方的努力共同创造时，站在共享的角度，各方应按一定的比例分享超额利润。同时考虑到激励效果，承包人合理化建议缩短工期的奖励应该以计提方式计取。在计提基数的选择上，考虑到营利性项目提前竣工不一定有投资节余并且投资节余较难量化，所以以投资节余为计提基数有局限性，以合同金额为计提基数多适用于小规模项目，也不适用于EPC模式下的营利性项目，综上选择提前投产收益为计提基数。以提前投产收益作为计提基数的奖励是一种变动报酬的方式，将业主和承包商的利益捆绑起来，有利于提高承包商的努力程度，最大限度地加快进度，进而使双方达到共赢局面。

针对非营利性项目，由于EPC项目往往投资规模大，以合同金额为计提基数的计提方式需要考虑的因素（如投资规模的大小、总工期的长短等）比较多，由于项目千变万化，奖励标准制定无法涵盖所有的项目情况，在实际操作中具有很大的不确定性，所以不适用于此类风险较高的项目。以投资节余为计提基数的计提方式，由于投资节余难以量化，在实际奖励金额设置上有一定难度，相对来说，每日历天的奖励方式在财务处理上也相对简单也便于量化。综上而言，非营利性项目按每日历天的方式进行奖励。

通过上述对比分析，得出以下结论：

（1）EPC模式下的营利性项目，承包商通过合理化建议使项目工期缩短的，业主采用计提方式给予承包人奖励，计提基数为提前投产收益。

（2）EPC模式下的非营利项目，承包商通过合理化建议使项目工期缩短的，业主采用每日历天的方式给予承包人奖励。

3．营利性项目缩短工期的奖励金额标准

本书研究缩短工期奖励金额是基于以下假设：

（1）项目全寿命周期长度一定，项目越早投产，运营期越长，运营收益越多；

（2）不满足质量标准的工程一律返工，产生的一切损失由承包商承担；

（3）此营利性产业的收益是平稳的，现实中存在同类营利性项目，产业相同，就目前的政策情况和市场状况而言（不考虑变化的因素），拟建项目每日的收益额可根据已建项目单位运营规模的收益类比估计。

采用计提方式确定缩短工期奖励金额，以提前投产效益为计提基数，即得

$$\Delta M_2=\alpha\times P \tag{4.1}$$

其中，ΔM_2为因缩短工期对承包商的奖励金额；α为计提比例；P为提前投产收益额。

（1）提前投产收益的确定。

经研究发现，提前投产收益的确定方式有两种，一是不考虑资金的时间价值；二是考虑资金的时间价值。考虑资金的时间价值又可分为考虑到资金的时间价值属性，可采用现值、年值及终值法来确定给予承包商的缩短工期奖励额度，具体选择何种方法可由双方谈判决定。本书站在考虑资金时间价值角度，采用现值法来确定提前投产收益。将提前投产收益转化为现值，如图4-20所示。

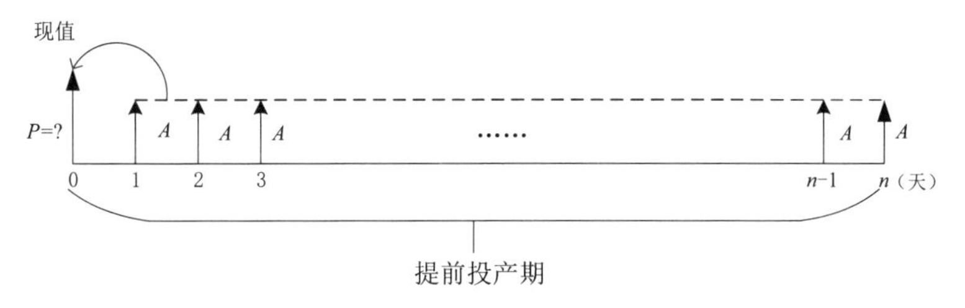

图4-20　考虑资金时间价值提前投产收益图

根据资金等值原理，即在考虑资金时间价值因素后，不同时点上数额不等的资金在一定利率条件下具有相等的价值。得出提前投产现值公式为：

$$P=A\frac{(1+i)\ n-1}{i\ (1+i)\ n},\ i=(1+r/365)\times 365-1 \tag{4.2}$$

其中，P为提前投产现值；A为日收益额；r为年利率；i为计息周期为日的实际利率。

当存在同类营利性项目时，由于产业相同，就目前的政策情况和市场状况而言（不考虑变化的因素），此营利性产业的收益是平稳的，相同的盈利模式所带来的收益可类比，所以拟建项目每日的收益额可根据已建项目单位运营规模的收益，通过类比法估计日收益额A。若按上述类比方法取得的预测收益准确度不高，则可在给予承包商提前竣工奖励时，根据最近时点的政策和市场状况，考虑收益的影响因素，如需求量、鼓励政策、优惠条件等，对类比法确定的收益额进行调整。鉴于项目有一次性的特点，发承包双方在商业领域的经验不足时，为了保证所调整范围的合理及公平性，发包人可以通过第三方咨询机构确定调整值的范围。

当不存在同类的营利性项目时，由于新兴产业是基于已有产业发展产生的，因此可以将拟建项目的产业链分成若干个已存在的同类产业以及新兴产业。对于同类产业，根据前述方法确定每日收益额；对于新兴产业，可请专业咨询机构确定每日收益额。由于整个产业链是由若干个小产业整合而成，相连专业之间可能会有搭接，故将各产业收益额汇总之后还应考虑一定的产业整合度，至于整合度是多少，需要根据具体工程来确定。

（2）计提比例的确定。

①计提比例下限。

在进度–成本关系中，根据有关文献构建的赶工成本模型为：

$$C_B(t)=-B+Be^{at} \tag{4.3}$$

其中，$C_B(t)$为赶工成本；e、a、B均为常数；t为工期缩短时间。

由此赶工成本模型可知，工期缩短时间$t>0$时，$C_B(t)$必然>0，即承包商为了达到工期提前，必然会造成建设成本的增加，如图4–21所示的工期提前激励机理图。

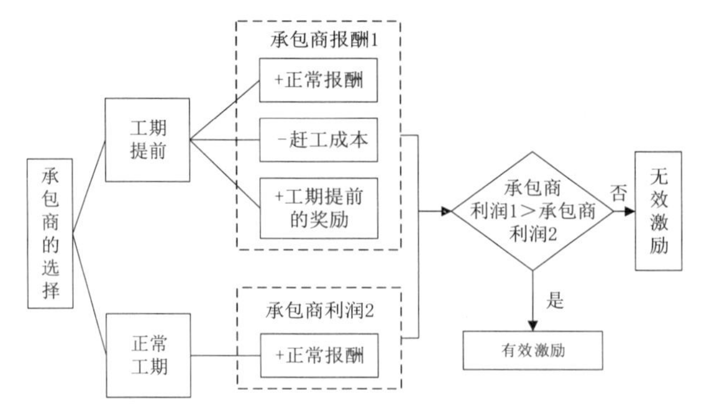

图4-21　工期提前激励机理图

当正常报酬-赶工成本+缩短工期奖励>正常成本，即缩短工期奖励>赶工成本时，对于承包商来说，这才能达到激励效果，为有效激励。只要所获得的收益补偿高于为之付出的努力成本和目标改善成本，承包商就会选择尽量提高努力水平和改善控制目标，计提比例α的下限用公式为：

$$\alpha=\frac{C_B(t)}{P} \tag{4.4}$$

其中，α为计提比例；P为提前投产收益额；$C_B(t)$为赶工成本。

②计提比例上限。

在工程实践中，以提前投产为计提基数的提前竣工奖励没有一个明确固定的上限比例，相关政策文件涉及奖励计提系数的多为代建项目，并且计提基数为投资节余，相关规定如表4-13所示。

政策文件中投资节余奖励标准的计提比例　　表4-13

文件名称	奖励金额相关规定	计提比例
《浙江省政府投资项目实施代建制暂行规定》	奖励资金按节余资金的10%~30%提取，但最高奖励金额不超过200万元，其他节余资金按原投资比例分配	10%~30%
《基本建设财务管理规定》	对非经营性项目，其节余资金的30%可作为奖励部分；大部分试点采用从项目节余资金中提取30%~50%奖励代建人的方式	30%~50%
《海南省政府投资项目代建制管理办法》	代建单位完成建设管理，工期提前且质量优良的，项目法人按财政部发布的《基本建设财务管理若干规定》的有关规定在合同中约定奖励额度	30%~50%
《福建省省级政府投资项目代建制管理办法（试行）通知》	奖励金额为节余资金的10%~30%，具体金额在项目代建合同中约定	10%~30%
《福州市市级政府投资项目代建制管理规定（试行）》	奖励金额为节余资金的10%~30%，具体金额在项目代建合同中约定	10%~30%
《广州市政府投资建设项目代建制管理办法（试行）通知》	项目如期建成且竣工验收合格，并且经竣工财务决算审核批准后，如工程决算比经批准的概算有节余，节余资金的10%以内作为对代建单位的奖励	10%以内

由表4-13可知，代建项目奖励的计提比例为30% ± 20%，计提比例最高限额有10%、30%、50%不等，以30%为主。由于代建项目采用的奖励方式原理和缩短工期奖励方式相同，都表现为基数与比例乘积的形式，均为通过自身的努力给对方带来效益（如投资节约、工期提前、提前投产获得效益等）以得到对方相应的激励，并且目的也很相似，都是为了有效地激励对方。所以采用类比的方法，将缩短工期奖励的计提比例最高限额设为30%。

4．非营利性项目缩短工期的奖励金额标准

（1）奖励金额最高限额确定。

EPC模式下的非营利项目，承包商通过合理化建议使项目工期缩短的，业主采用每日历天的方式给予承包人奖励。承包人所获奖励金额为每日历天的奖励金额与提前竣工天数的乘积，即

$$\Delta M_3=R \times T$$

其中，ΔM_3为缩短工期的奖励金额；R为每日历天的奖励金额；T为提前竣工日历天数。

相关文件对于缩短工期奖励金额ΔM_3一般都有最高限额的规定，如表4-14所示。

相关文件对于缩短工期奖励最高限额的规定　　表4-14

文件	规定内容	最高限额
《建设工程工程量清单计价规范》GB 50500—2013	发承包双方应在合同中约定提前竣工每日历天应补偿的额度，除合同另有约定外，提前竣工补偿的金额可为合同金额的5%（最高限额）	合同金额的5%
《广州市建设工程施工合同》（2013示范文本）	合同双方当事人可在专用条款中约定提前竣工奖，明确每日历天应奖额度。除专用条款另有约定外，提前竣工奖的最高限额为合同价款的5%	合同价款的5%
《四川省建设工程施工合同（示范文本）》	合同双方当事人可在专用条款中约定提前竣工奖，明确每日历天应奖额度。除专用条款另有约定外，提前竣工奖的最高限额为合同价款的5%	合同价款的5%
《广东省建设工程标准施工合同》（2009年版）	合同双方当事人可在专用条款中约定提前竣工奖，明确每日历天应奖额度。除专用条款另有约定外，提前竣工奖的最高限额为合同价款的5%	合同价款的5%
《河北省建设工程施工合同》（2013示范文本）	发包人、承包人可在专用条款中约定提前竣工奖，约定每日历天应奖额度。除专用条款另有约定外，提前竣工奖的最高限额为扣除暂列金额和计日工项目费后的合同价款的5%	扣除暂列金额和计日工项目费后的合同价款的5%
《关于建设工程实行提前竣工奖的若干规定》	每提前（或拖延）一天竣工的奖（罚）金额不得超过工程预算造价的万分之二。奖罚金比例要对等，但总额不得超过工程预算造价的百分之三	工程预算造价的百分之三

由表4-14可知，奖励金额最高限额一般都为合同价款的5%。

$$\Delta M_3=R\times T\leqslant 5\%P_0 \tag{4.5}$$

其中，P_0为合同价格。

（2）每日历天奖励金额确定。

由公式$\Delta M_3=R\times T\leqslant 5\%P_0$可知，每日历天奖励$R=\frac{\Delta M_3}{T}$，合同金额的5%（最高限额）分摊到提前竣工天数上，所以每日历天的奖励金额和提前竣工天数有关。本文运用PERT计划评审技术法讨论实际工期的估算，合同工期与实际工期的差值即为提前竣工天数。

PERT（计划评审技术，Program Evaluation an Review Technique）是20世纪50年代末美国海军部开发北极星潜艇系统时为协调3000多个承包商和研究机构而开发的，本书研究的计划评审技术基于以下假设：

①EPC项目中各个工序的持续时间都是相互独立的，且都服从β分布。

②EPC项目关键路线上工序的数目足够多，根据中心极限定理，项目总工期服从正态分布。

利用计划评审技术法估算项目总工期时，业主需要请经验丰富的工人、技术人员和领导者估计出三个数据值，即完成项目最乐观的估计时间（t_a），最保守的估计时间（t_b）和可能性最大的估计时间（t_c）。假定t_c的可能性是t_a和t_b的两倍，通过加权平均法算得t_a和t_c之间和t_c和t_b之间的平均值分别为（t_a+2t_c）/3和（$2t_c+t_b$）/3，假定这三个数据值期望的概率都为0.5，且项目总工期服从正态分布规律（μ，σ_2），由此可算出该种分布的平均时间μ和方差σ_2，进而求得估计的实际工期，计算式为：

$$R=\frac{\Delta M_3}{T_1-T_0} \tag{4.6}$$

其中，$T_0=\mu+\lambda\sigma$，$\mu=\frac{t_a+4t_c+t_b}{6}$，$\sigma_2=\left(\frac{t_a-t_b}{6}\right)^2$；$T_0$为实际工期；$T_1$为合同工期；$\Delta M_3$为缩短工期的奖励金额（最高限额为合同价格的5%）；R为每日历天的奖励金额；系数λ可根据不同工程进行调整，存在同类工程项目的，可将历史统计数据通过回归分析方法得到。

（3）具体奖励金额确定的影响因素。

通过以上研究，给出了实际工期估算的一种方法和每日历天奖励制度的原则，在实际情况中，应该结合工程性质进行微调。经研究发现，具体奖励金额设定的影响因素有施工工艺的复杂性、项目的投资规模、项目的建设周期等，施工工艺的复杂性影响提前竣工天数，复杂性越大，提前竣工天数越小，导致公式中分母越小，那么奖励额度就越大。这是由于施工工艺越复杂，在保证工程质量的前提下，承包商的施工速度越慢，压缩出较多天数的可能性越小。项目的投资规模越大，则合同总金额越大，那么奖励最高限额也就越大。项目的建设周期越长，提前竣工天数可能越大。这是由于周期越长，施工工期优化的空间越大，越能压缩出较多的天数。在实践中，我们应该在遵循基本原则的前提下因地制宜，即根据项目的具体情况，分析影响因素的影响大小来具体确定奖励金额。

（二）承包人合理化建议降低发包人费用的奖励机制

1．承包人合理化建议降低发包人费用的奖励办法确定

（1）不同合同文本对于降低发包人费用的奖励办法规定。

FIDIC银皮书在第13.2条［价值工程］条款中并未提及降低发包人费用的奖励办法，我国的2020版合同范本在第13.6条［建议变更的利益］分享条款中规定，因发包人批准采用承包人根据13.1.3款提出的变更建议，使工程的投资减少、工期缩短、发包人获得长期运营效益或其他利益的，双方可按专用条款的约定进行利益分享，必要时双方可另行签订利益分享补充协议，作为合同附件。由此可见，国内和国外适用于EPC模式的合同条款都没有对降低发包人费用的奖励方法作出规定。

适用于传统DBB模式的FIDIC红皮书在第13.2条［价值工程］（c）项说明：如此项改变导致该部分的合同价值减少，工程师应按照第3.5条［确定］的规定，商定或确定应包括在合同价格内的费用。此项费用应为以下两项金额之差的一半（50%）：（ⅰ）由此项改变引起的合同价值的此类减少，不包括根据第13.7条［因法律改变的调整］和第13.8条［因成本改变的调整］的规定做出的调整；和（ⅱ）改变后的工程由于任何质量、预期寿命或运行效率的降低，对雇主的价值的减少［如果有，但是，如（ⅰ）中金额小于（ⅱ）中金额］，则不应有此项费用。根据红皮书的相关规定可知，DBB模式下降低合同价格的奖励方法为按照50%的奖励系数乘以降低的合同价格金额。

（2）现有文献对于降低发包人费用的奖励办法规定。

李伟提出，在设计阶段，承包商建议变更的奖励细则：

①奖励的计算需经过项目部和监理部的审核确认，奖励的比例按照变更后造价减少的金额的20%计算；

②奖励的最少起付金额为5000 美元，单项优化最高奖励金额为100000 万美元。

刘玉珂提出，如果没有分享，承包人不会提出减少合同金额的变更建议。从国际合同看，明智的业主对此项建议，一般约定此变更减少金额的3%~5%作为承包商的合理利润和管理费，以激励承包商提出有利的变更建议。

赵东歌指出，对因发包人批准采用承包人提出的变更建议，使工程的投资减少、工期缩短、获得长期运营效益或其他利益，在合同中规定了利益分享办法，总承包方 60%，发包人 39.7%，勘察设计咨询监理单位 0.3%，这个 0.3%将鼓励勘察设计咨询监理单位加大工作力度，严把优化设计和变更关。

上述学者的观点都将合理化建议下降低发包人费用的奖励方法规定为奖励系数×变更后造价减少的金额。

2．承包人合理化建议降低发包人费用的奖励金额标准

（1）承包人合理化建议下降低发包人费用的奖励金额确定。

FIDIC银皮书将降低发包人费用的内容定义为“降低雇主的工程施工、维护，或运行

的费用”，2020版合同范本将降低发包人费用的具体内容定义为“降低发包人的工程、施工、维护、运营的费用”。国内外合同文本的规定趋于一致，都为降低发包人的工程施工、维护、运营的费用，这些费用可近似看为实施合理化建议前后，降低的合同价格与运营维护费用的总和。在此基础上，承包人合理化建议降低发包人费用的奖励金额关系式如下：

$$\Delta M_1=\alpha\left[(P_1-P_2)+\sum_{t=0}^{T}(O_1-O_2)\times PV_{sum}+\sum_{t=0}^{T}(M_1-M_2)\times PV_{sum}\right] \tag{4.7}$$

其中：$PV_{sum}=(1+r)^t-1/[r\times(1+r)^t]$。

式中，P_1——合理化建议前的合同价格；

P_2——合理化建议后的合同价格；

O_1——合理化建议前的运营费用（年度成本包括能源、清洁等）；

O_2——合理化建议后的运营费用（年度成本包括能源、清洁等）；

M_1——合理化建议前的维护费用（包括替换修缮成本等）；

M_2——合理化建议前的维护费用（包括替换修缮成本等）；

PV_{sum}——现值和；

T——生命周期；

t——时间变量。

合理化建议运营维护费用的测算可以采用以下三种方法。

①确定性方法。

这类方法要求给出未来运营和维护方案的详细描述，进行计算时的所有变量要求给出确定的数值。

②不确定性方法。

这类方法主要分为三种，第一种是蒙特卡罗方法；第二种是敏感性分析；第三种是模糊集方法。蒙特卡罗方法要求首先给出每一个参加计算变量的概率分布；然后应用蒙特卡罗模拟技术；最后给出未来运营和维护费用的概率分布，然后计算出期望值。

③基于项目成本数据库的方法。

这类方法主要是神经网络方法，用已有的类似项目成本信息为输入样本，通过神经网络模拟计算出拟估项目的未来运营和维护费用。

（2）奖励系数确定。

奖励系数对奖励金额的确定起重要作用，是确定奖励金额的一个决定性因素。根据孙绍荣等提出的有效激励原则：若被管理者能按照管理者的意图选择倡导行为，则该激励制度有效。

根据2020版合同范本第13.7条［合同价格调整］中的规定，可调价情况包括发包人根据第13.3条至第13.5条变更程序中批准的变更估算的增减，由于承包人的合理化建议是一种工程变更，所以在合同价格调整的范围之内。承包人提出能够降低发包人费用的合理化建议经发包人批准采纳后，会引起合同价格的调整，对于承包商而言，承包商的利润与合同价格呈一定的比例关系，在承包商决策时，就要在降低发包人费用造成的利润损失与预期可获得的奖励之间做出权衡。只有当奖励值大于预期利润损失时，才能对承包商形成有效激励，成本激励机理图如图4–22所示。

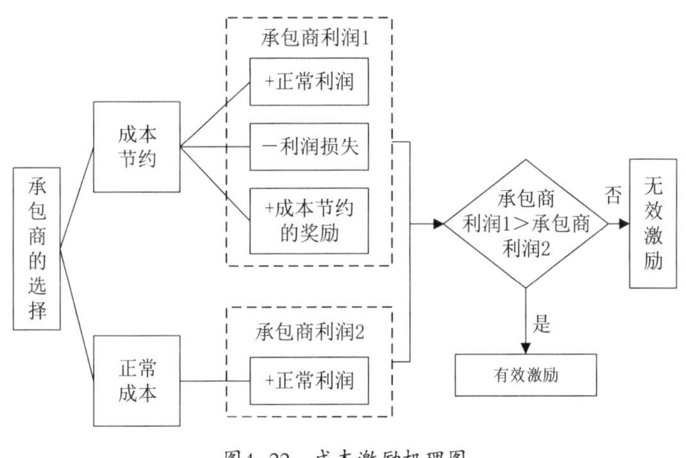

图4–22　成本激励机理图

如图4–22所示，承包人在选择节约成本和正常成本的情况下所产生的利润各不相同，分为以下两种情况：

①承包人提出合理化建议降低发包人的工程、施工、维护，或运行的费用时，承包人的利润组成由以下几点构成：

承包人的利润=正常利润–利润损失+成本节约的奖励

②承包人在正常成本情况下，利润只包括正常情况下承包人所获得的利润，当承包人在成本节约情况下的利润额大于正常成本下的利润时，才能形成有效激励。因此，承包人的利润1＞承包人的利润2，即正常利润–利润损失+降低发包人费用的奖励＞正常利润，降低发包人费用的奖励＞利润损失，根据这一原则，可得：

$$\Delta M_1 > K\%(P_1 - P_2) \tag{4.8}$$

其中，$K\%$为承包人的利润率。式（4.8）成立，则有

$$\alpha > \frac{K\%(P_1 - P_2)}{(P_1 - P_2) + \sum_{t=0}^{T}(O_1 - O_2) \times PV_{sum} + \sum_{t=0}^{T}(M_1 - M_2) \times PV_{sum}} \tag{4.9}$$

此处，PV_{sum}为现值和。由式（4.9）可知，奖励系数α应该大于承包人的利润损失与所降低的发包人费用的比值。发包人可根据工程的实际情况计算出奖励系数α的值。

3. 结论

适用于EPC的合同文本中并未规定降低发包人费用的奖励办法，但是相关学者在研究EPC项目时，给出的奖励办法为一定分成比例×变更后造价减少的金额。适用于DBB的红皮书也作出奖励办法：50%的分成比例乘以降低的合同价格金额，虽然传统DBB模式和EPC模式是两种不同的承发包模式，但是降低发包人费用的奖励方法原理是相通的，同时奖励也都是为了更好地激励承包人。综上而言，EPC模式下，承包人通过合理化建议降低发包人费用的，其奖励办法为奖励系数×所降低的发包人费用。

第三节　研究结论

EPC项目运行复杂，设计施工采购过程中不确定因素繁多，任何建筑工程项目都不可能预见和覆盖项目实施过程中所有可能的变化，因此工程变更是不可避免的；而承包人可以依据经常出现变更的环节提出合理化建议，比如优化设计等。承包人提出的合理化建议一旦被采纳并且给发包人带来工程收益时，业主则应当给予相应的奖励，可以激励承包人利用自身丰富的经验提出有利于项目价值提升的合理化建议，提高业主的投资效率。本书的主要研究成果为：

（1）运用多案例分析，以价值工程理论和工程变更范围为判定依据，将承包商介入时点划分为可行性研究前，方案设计后和初步设计后，整理大量合理化建议，根据不同介入时点进行分类，归纳总结出基于承包商合理化建议的主要情形，可供发包人参照。

（2）对案例中的合理化建议进行分析和数据整理，总结出可行性研究前介入承包商可提出的合理化建议的数量最多；合理化建议效果主要集中于降低发包人费用和提升项目价值上，缩短工期的难度较大，所以涉及较少；提升项目价值的路径主要集中在成本降低，功能不变上；同时统计数据发现，所有介入时点下，在施工图设计阶段承包人提出的合理化建议最多。根据Kelly的研究发现，可行性研究阶段、方案设计阶段和初步设计阶段投资节约可能性大于施工图设计阶段，所以在实际工程实施过程中，应将合理化建议的阶段提前，尽量在施工图设计前多提出合理化建议。

（3）以合同文本、政策文件和现有文献为理论基础，通过对比分析法得出非营利性项目缩短工期采用每日历天法，营利性项目缩短工期采用计提法，根据文献和概率论，确定奖励金额设置标准：每日历天奖励最高限额为合同价格的5%，提前竣工天数估算采用计划评审技术法，计提比例下限为大于赶工成本，下限30%。

（4）以合同文本和现有文献为理论基础，总结归纳出降低发包人费用的奖励办法：奖励系数×降低费用，利用激励理论，将奖励金额设置标准定为大于承包人利润的损失额。

由于合同文本中没有明确规定EPC模式下合理化建议的范围和奖励金额设置标准，相关文献也鲜有对这方面进行研究，所以缺乏理论依据，同时由于时间有限，目前研究尚显不足。主要体现在以下三个方面：

其一，所做承包商合理化建议范围仅限于设计优化，未涉及施工阶段和采购阶段承包商可建议变更的范围，同时，由于EPC项目涉及电力、石油、公路、冶金等不同领域。不同类型的工程可优化点有所不同，通过案例分析做出的范围界定不够全面细化。

其二，在研究非营利性项目缩短工期的奖励时，提前竣工天数用计划评审技术法进行测算，该方法基于项目总工期服从正态分布这一假设，在实际应用时有局限性。

其三，在研究承包人合理化建议降低发包人费用的奖励时，所降低的费用包括运营维护费用等，对设计优化前和设计优化后的运营维护费用降低额没有给出测算方法。在以后的研究工作中，我将进一步加强自己的实践经验，补充完善论文，为我国EPC总承包事业添砖加瓦。

| 第五章 |

基于动态控制理论的EPC项目投资管控研究

第一节　问题描述

一、研究背景

EPC（Engineering Procurement Construction，设计、采购、施工），是指由业主委托承包商按合同规定，在设计、采购、施工、试运行阶段进行工程承包的模式。20世纪60年代诞生于美国的EPC模式，在20世纪70年代进入快速发展阶段，到20世纪80年代EPC模式的推广和发展已经相当成熟，至20世纪末，EPC模式已经成为国际工程项目的主要模式。

20世纪60年代初期，我国建筑行业开始对总承包理论开展研究，20世纪90年代以来，由于EPC项目具有明显的工程管理特色与优势，EPC施工已逐渐发展为工程总承包的主流模式。2003年2月13日，中华人民共和国建设部颁布了《关于培育发展工程总承包和工程项目管理企业的指导意见》，明确推动EPC模式成为项目承包主要形式之一。2011年9月，住房和城乡建设部以及国家工商总局联合颁布了适用于EPC模式的《建设项目工程总承包合同示范文本（试行）》GF-2011-0216。

在目前我国建设项目实施过程中，存在业主和承包商之间的合同数量多、组织协调力度大、建设周期长等问题，需采用EPC总承包模式，以达到双方的责任、权力和利益双赢的目的。从业主的观点来考虑，EPC模式一体化合同具有合同关系简单、工期合理、管理风险低、业主方管理人员少、权力清晰等优点，因此得到业主的广泛关注。从工程总承包方的视角来分析，EPC模式能够充分发挥其技术与经营的优点，有效地整合和利用各方面的优质资源，使工程的施工效益更高，盈利更多。

在现有的工程承包方式中，存在业主双方的合同数量较多、组织协调工作量大、建设周期长等问题。EPC项目的管理模式是在业主与总承包商间实现责任、权力和利益三个方面互利共赢。对于业主而言，EPC总承包模式因其简化的合同关系、合理的工期、较低的管理风险、较少的管理人员以及明确的责任和权力划分而受到业主的推崇。对于承包商而言，EPC模型能够充分利用自身的技术和经营优势、整合和调配各方的高品质资源、实现高效率的工程项目建设、利润空间大等特点。

在国际上，业主将设计、采购、施工等工作全部外包，解决了设计与施工分离的弊端，达到缩短工期、提高质量、降低风险的目的。在国内，EPC模式在国家政策的支持下已经有了相当充分的发展。然而目前我国建设领域缺乏信任，业主与总承包商之间的关系呈现出一种强隐蔽、软对抗的态势。比如，在项目施工方面，业主利用自身优势采取免责条款，而承包商则往往采用“低报价，高索赔”“不平衡投标”等战略，从而妨碍工程的正常进行。

在EPC项目这一契约组织内，由于承包商和承包商之间相互干扰、相互制约、协调度低，从而造成一些无谓的损耗，最终导致组织整体利益下降的现象，这便是“内耗”。此现象在我国的工程建设项目中普遍存在，并且在工程领域逐步形成了恶性循环，制约着建筑业的发展和整体社会财富的增长。

由于我国现行EPC模式的法律法规尚不健全，基于信任的EPC模式会把大量的风险转嫁到总承包身上，从而加大了 EPC项目投资失控风险，使业主承受无法挽回的经济损失。与此同时，EPC项目也给承包商的项目投资带来较大难度。在 EPC总承包项目中，由于市场环境、经济环境、项目质量、合作沟通等诸多因素影响，导致项目投资失控的风险较大。因此，EPC项目的管理者必须对工程项目建设全过程中的工程造价进行动态控制，使建设项目成本能够控制在一定范围内，实现比较可观的经济效益。

但在工程项目的实施过程中，客观上，由于各种不稳定因素，工程质量、进度、投资管理等达到原定目标都是不现实的；主观上，由于一些项目经理常常忽略非关键工作的进度控制，导致项目关键工作不能如期进行的后果，造成资源浪费、经济损失、工期延迟等问题，严重的还会对工程的质量和安全造成不利影响。在此基础上，将动态控制原理应用于工程项目的目标管理是十分有意义的。

根据我国建筑行业现状和EPC项目的实际情况，从投资管控的全局和工程质量管理的视角出发，从EPC项目实施各个阶段入手，对投资管控问题进行要点分析，并结合全过程的动态控制原理，有针对性地解决项目投资失控的问题。

二、研究目的与意义

（一）研究目的

1．分析EPC项目全生命周期的投资管控要点

目前，EPC项目各个阶段的成本控制在国内外已有较好认识，但是对于成本控制的研究主要基于实施阶段的分段研究，且主要集中在设计和施工两个方面。本书在此基础上，分析并识别EPC项目的全生命周期投资管控要点，有利于后续建立投资管控理论模型。

2．建立基于动态控制原理的EPC投资管控理论模型

本书引入并阐述了动态控制原理，提出EPC项目投资管控要点一览表。在分析动态控制原理与投资管控的适配性时，本书从业主的视角出发，探讨了建立在动态管理基础上的投资管控方案。

3．提出基于动态控制原理的EPC项目全生命周期投资管控方案

研究目的是从业主的视角，对EPC项目的全生命周期进行投资管控分析。依据理论知识，找出有效的EPC投资管控方案。在引入动态控制原理的基础上，从“如何针对EPC项目全生命周期应用基于动态控制原理的投资管控要点分析”和“如何更加高效地应用动态控制原理进行EPC项目投资管控”两个方面入手，通过完整的理论分析，以期能够为国内建筑行业提供可供参考的EPC项目投资管控方案。

（二）研究意义

本书的主要意义可分为理论意义和实践意义。

1．理论意义

（1）开展了EPC项目全生命周期投资管控要点的分析。

本书通过文献分析法，整理出国内外关于EPC投资管控的各个理论。并结合全生命周期投资管控的相关理论，在对各个阶段的投资要点进行分析的基础上，开展EPC项目全生命周期投资管控要点的分析，对EPC项目分阶段式投资管控的理论进行创新性研究。

（2）将动态控制原理引入EPC项目全生命周期投资管控之中。

在形成EPC项目投资管控一览表的基础上，将动态控制原理引入EPC项目全生命周期投资管控之中。并对EPC项目全生命周期各个阶段提出动态控制措施，从而形成基于动态控制原理的EPC投资管控理论模型，进而运用挣值法分析投资的偏差，提出相关纠偏措施。因此，实现了EPC项目全生命周期投资管控理论的迭代。

2．实践意义

（1）有助于EPC项目的本土化引入。

鉴于目前我国现行的 EPC法律法规尚未完善，且我国建筑行业现阶段还处于缺乏信任的环境中，若照搬国际上基于信任的 EPC模式，必定会产生“水土不服”现象，这对于业主和承包商都将带来巨大的损失。因此，本书希望通过分析国内外关于EPC投资管控方法研究，总结各个方法基于国内建筑行业的优点与不足，从而找出适用于我国本土的投资管控方法。

（2）完善EPC项目业主的投资管控方案。

综合考虑我国目前的建设业实际情况和 EPC项目特点，需要对EPC项目投资管控方案进行完善。本书引入动态控制原理，围绕两大关键问题：“EPC项目全流程投资管控要点分析”与“基于动态控制原理的EPC投资管控分析”开展深入研究，得出EPC项目全生命周期投资管控理论模型和基于动态控制原理的挣值法投资管控方案。有助于从业主全生命周期投资管控视角，分析和识别EPC项目各个时期的投资管控要点，结合全过程动态控制原理，针对性地发现并解决项目投资失控问题。

三、国内外研究现状

（一）国内研究现状

由于我国对 EPC模式引入时间相对较短、项目类型相对有限等原因，国内相关配套法律法规措施不完善，国内 EPC 投资管控相关研究亦不深入，但足以为EPC项目全生命周期的成本控制要点及控制体系等方面的相关研究提供理论基础。

杨先贺等从业主的视角，提出全面质量管理理论的PDCA流程，以此为基础，对设计结果进行审核，以保证产品符合业主的需要，达到工程的功能性要求。并对 EPC项目的设计与经营进行了讨论，提出了以 DART模式为基础的价值共创理论，以提升设计结果的有效性。为我国推行 EPC总承包模式提供一定的理论和现实基础。

鲁贵卿根据现有实践经验，从承包商的视角提出了项目成本管理方圆图，它能够全面、形象地描述成本管理的控制要点，详细地描述材料费、人工费、机械费、现场费用和专业分包费用五大成本。王二红通过对工程项目的组织结构、工作任务分解、成本责任矩阵及执行对策进行综合运用，形成基于上述内容的EPC项目成本管理体系。傅轶则从人员管理、质量管理和信息化建设三个层面论述了全面成本管理的思想。夏亚运分别对企业管理流程、项目管理模式、组织结构等方面进行分析，并引入BIM技术用于项目管理。

综合上述理论分析可以看出，目前我国对于 EPC模式的投资管控尚缺乏深入的研究，但对 EPC项目投资管控进行了较为系统的探讨，这为本书奠定了理论基础。虽然目前我国大部分的研究者都在研究成本管理的内容与方式，但由于 EPC项目具有特殊性，其在理论与手段方面尚须进一步的完善。

（二）国外研究现状

在国外，已有许多学者对EPC项目进行投资管控研究，包括动态成本优化、成本控制、项目成本管理信息化等方面。

Moreau 和 Back基于对EPC项目成本信息管理的研究，提出将信息化数据库技术运用于EPC项目建设的成本管理中。这样既能实现项目参与各方的信息共享与交流，也能形成加快项目施工进度、缩短工期从而降低项目总成本的效果。

Li 等基于EPC项目的成本管理系统进行研究，运用信息化技术构建了业主、承包商以及项目经理三大主体的服务体系及用于存储项目具体实施信息的数据库。基于上述信息化技术，可以实现业主对于EPC项目实时实施情况的跟踪与控制，最终实现项目进度与成本同时优化的目的。

Gu 等利用层次分析模型进行 EPC项目的投资预测和早期的控制，从设计、施工和运行三个阶段提出了EPC项目的成本管理优化方案。

综上所述可知，国外学者对于EPC项目的研究提出基于信息技术的成本控制，大多聚焦在项目的动态成本优化、成本管理及成本管理信息化的研究等方面。在分析综合国内外关于EPC项目的理论后，本书进行基于动态控制原理的投资管控方案研究。

四、研究内容与技术路线

（一）研究内容

1. EPC项目全生命周期投资管控要点分析

对于EPC项目的实施流程进行分析，并对项目的总投资构成进行分析，找出其中便于控制的部分。从各个阶段的投资占比、投资可控性、投资管控重要性三方面进行分析。在对 EPC项目的投资构成进行研究后，运用相关的理论和方法，对现阶段EPC项目的投资管控现状进行分析，为后文EPC项目投资管控要点分析提供现实依据。从业主全生命周期的投资管控视角出发，运用半结构性访谈的方法，对EPC项目的投资管控要点进行了识别与研究。对于各个阶段可能产生的EPC项目总承包成本的影响因素进行识别筛选、归纳总结，进而得出EPC项目投资管控要点分析一览表。

2．EPC项目全生命周期投资动态控制方案

引入动态控制原理，从业主、工程总承包商和EPC项目管理团队角度，分析实现基于动态控制原理的投资管控，以及与现有投资管控方式相结合的方式。构造融入动态控制原理的投资管控模型，基于此理论模型提出EPC项目全生命周期投资管控方案，即基于“理论模型+挣值法”的投资管控方案。具体应用挣值法，对项目进度与成本进行分析和控制。

从以往的研究发现，少有人将动态控制原理运用于EPC项目投资管控研究中，本书创新性地引入全生命周期要点分析与动态控制原理对EPC项目总承包投资管控要点进行分析研究。运用全生命周期要点控制对EPC项目各阶段投资管控要点进行清晰地了解，用动态控制原理构建对投资管控造成影响的识别、控制模型，为EPC投资管控研究提供了新的思路。

（二）技术路线

基于动态控制理论的EPC项目投资管控研究的技术路线图，如图5-1所示。

第二节　理论研究

一、相关理论回顾

（一）EPC项目流程分析

1．EPC项目的实施流程

EPC模式是业主通过合同把工程项目设计、采购、施工等实施过程中的管理工作委托给总承包商的一种承包方式。总承包商需要根据与业主订立的合同对工程实施过程实行全方位管理，对工程的质量、安全、工期、造价负总责。

在EPC项目中，业主通常会通过邀请招标或公开招标寻找合适的总承包商。付清定金后，承包商将对整个工程全权负责。承包商需要根据双方签订的合同规定和要求实施，保证项目进度、成本、质量符合合同要求。

（1）设计阶段。

在EPC项目的设计阶段中，承包商要根据合同约定对工程项目进行管理，并保证合同内容得到有效执行。同时，EPC工程总承包企业还要承担与业主签订相关协议的责任。在这一阶段要完成设计文件编制及设计图纸绘制，可作为采购及施工阶段实施的依据。所以设计阶段是EPC项目施工的主导阶段。

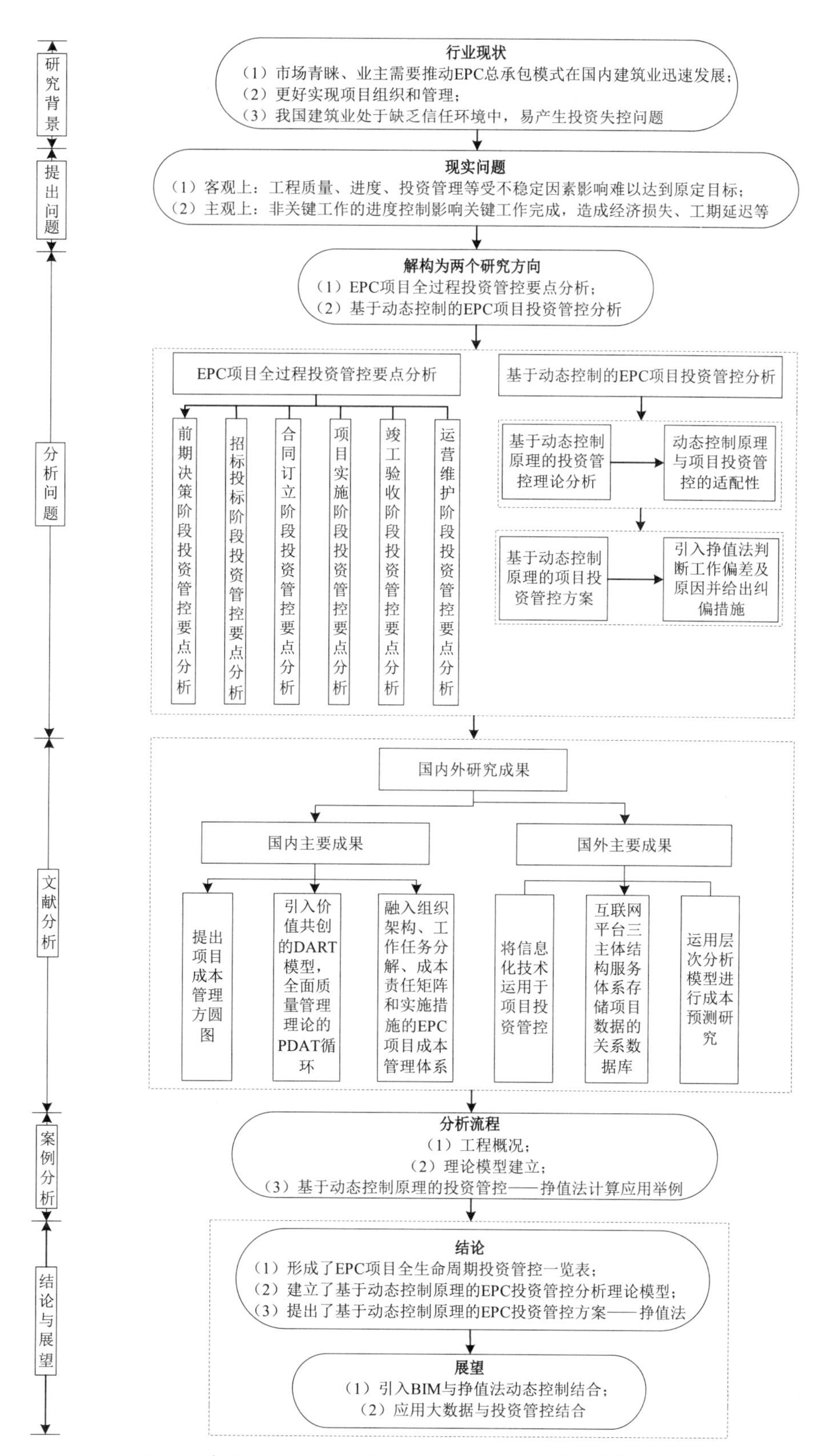

图5-1　基于动态控制理论的EPC项目投资管控研究的技术路线图

设计阶段需要对项目进行设计优选，并完成设计文件编制以及设计图纸的绘制工作，做好上述这些工作能够为后续采购与施工阶段提供实施依据。基于此，可知设计项目在EPC项目建设过程中占主导地位。若能处理好设计阶段、施工阶段与采购阶段紧密合作与合理交叉的关系，能够有效地确保采购材料与设备的质量、降低建设成本以及缩短建设工期。

（2）采购阶段。

从采购阶段开始，后续的阶段就是EPC项目开始实际制造的过程。采购阶段的工作包括设备和材料的购置、运输及检验等工作。这些工作关系到项目施工阶段的顺利开展。采购材料、设备的按时到场，是工程施工工作开展的基础。故采购阶段是EPC项目进度的基础及质量的保障。

同时，由于采购总费用占项目建设费较大比例，这些费用的增减直接影响EPC项目的投资管控效果。因此，采购阶段也是控制成本的重要阶段。必须做好采购阶段与设计、施工两阶段的衔接工作，从而确保工程进度、质量、成本符合合同要求。

（3）施工阶段。

在EPC项目中，施工阶段是依据设计阶段确定的设计文件和图纸，将采购阶段购置的材料转变为实际工程成果的过程。施工阶段与设计阶段和采购阶段相比，是最耗费劳务的阶段。故施工阶段所耗费的费用占项目建设总费用的很大一部分。但是，由于施工阶段能够产生的变动相对较少，故对于建设项目总费用的影响因素相对较小。主要侧重于要素费用的节约。

2．EPC项目总承包商的投资构成

（1）建设项目总投资费用构成。

本书根据《建设项目工程总投资费用项目组成（征求意见稿）》的最新文件，对 EPC项目的投资构成进行界定。由此，得到EPC项目的建设项目总费用构成，如图5–2所示。

建设项目总投资，是指自项目前期决策至建成并满足使用要求的整个过程中预计或者实际投资的总成本，包括建设项目费用、增值税、资金筹措费及流动资金等，具体解释如下：

①建筑项目费用（也称工程造价）是指工程项目建设期内预计发生或者实际发生的建设费用。其中，包括工程费用、工程建设其他费用及预备费等。

②增值税是指计入建设项目总投资内的增值税额。

③资金筹措费包括建设期利息及建设期筹集项目资金所发生的支出。包括各种借款利息、债券利息、贷款评估费、国外借款手续费及承诺费、汇兑损益、债券发行费用和其他债务利息支出或者融资费用等。

④流动资金是指在营运期内长期占用及用于周转的营运资金，但不包括营运所需的临时性营运资金。

（2）EPC项目总承包商的投资构成。

EPC项目总承包费用由建筑安装工程费、设备购置费、建设项目其他费用、预备费用构成。

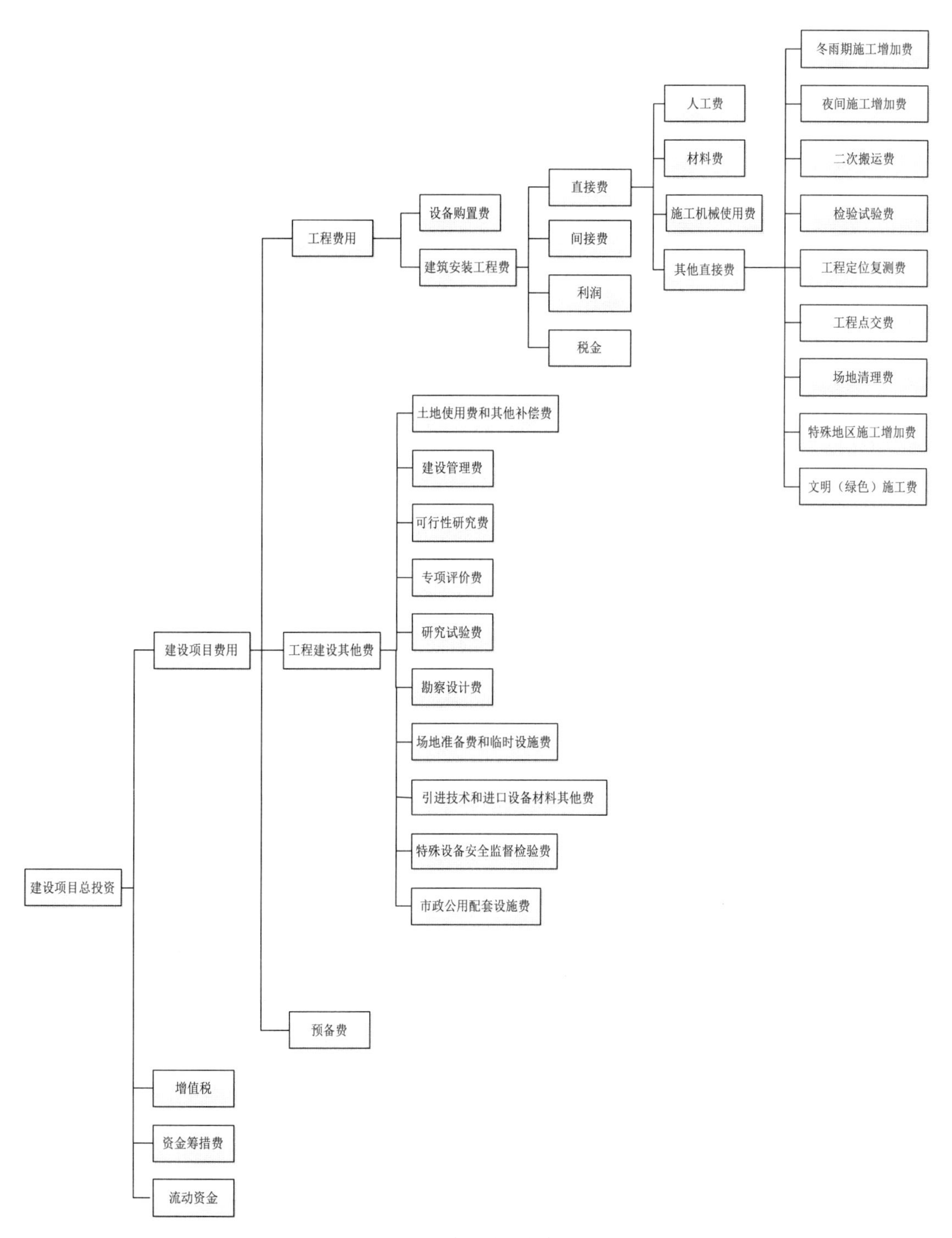

图5-2　项目建设总投资费用构成

①建筑安装工程费用是指实施建筑安装工程过程中发生的全部费用。在建筑工程中占有相当大的比重。它既可以分为直接费用与间接费用两大类，也可以划分为固定成本与变动成本两大类。这是基本建设概算中最重要的部分，它既是建筑产品生产过程中物质消耗

的货币表现，也是衡量建筑工程质量优劣的重要标准之一。因此，确定建筑安装工程费用正确的计算方法，对搞好建设工作具有十分重大的意义。根据我国现行的制度，建筑安装工程的成本由四个部分构成：a.直接费，包括人工费、材料费、施工机械使用费、其他直接费等，这是按分部分项工程个数及预算单价计算成本。b.间接费，包括管理费和其他间接费。c.利润，是指国有施工企业根据国家规定独立核算的工程预算成本的一定百分比收取利润。d.税金，建筑安装工程费用由建设单位按合同规定向总承包单位缴纳。

②设备购置费是指工程建设项目为满足固定资产标准而购置或者自制的设备、工具、器具所产生的费用。具体标准由各级主管部门确定，新建项目及扩建项目新建车间购进或自制的一切设备、工具、用具，不论是否符合固定资产标准都应列入设备和工器具购置费。企业购买设备所需资金，可从生产经营成本中开支；企业购进材料所需资金，可在采购时直接向有关部门拨付，也可以通过其他渠道筹措。这笔费用是建设单位按合同规定向总承包单位缴纳的（不含工程抵扣增值税进项税额）。

③建设项目其他费用（也称独立费）。这是为了开展建安工程施工所发生的不计入工程直接费或施工管理费的其他工程费用。主要包括：a.勘探费、设计费、研究试验费；b.土地租用和补偿费；c.税费；d.总承包项目建设管理费；e.临时设施费等。建设项目其他费用按规定取费标准被列入工程施工图预算并向建设单位征收，形成工程预算造价。此项费用，建设单位应按合同规定向总承包单位缴纳。

④预备费是建设单位在工程总承包项目中准备用于建设期无法预见的支出准备费，包括基本预备费和价差预备费。

综上所述，总承包商的投资构成即是建设项目总投资中建设项目费用的总和。因此，对于总承包商的投资管控即是对于建设项目费用的控制。

（二）EPC项目全流程投资特征分析

1．工程各阶段工程造价特点

EPC项目具体可分为以下六个阶段：项目建议书和可行性研究阶段，招标、投标阶段，初步设计阶段，施工图设计阶段，工程实施阶段，竣工验收阶段。各个阶段所对应的工程造价名称如图5–3所示。

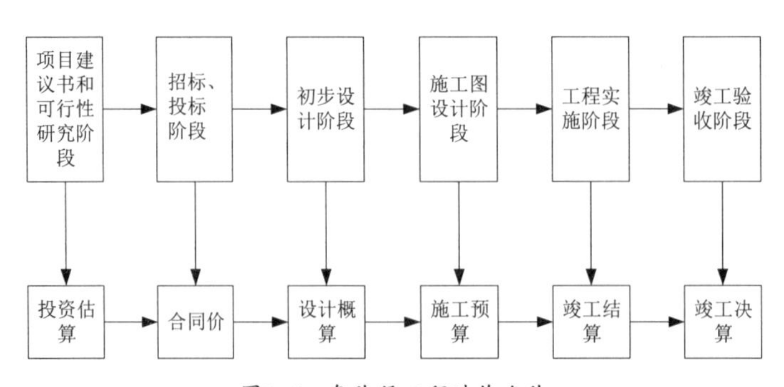

图5–3　各阶段工程造价名称

（1）投资估算。

投资估算是指对拟建项目中的固定资产、流动资金、项目建设期间的借款利率等进行估算。确定投资估算的工作贯穿于项目决策阶段全过程，前期决策阶段可分为投资机会研究或项目建议书、初步可行性研究、详细可行性研究等阶段，且各部分的情况和资料详细度均不相同。因此，在不同阶段对于投资估算准确度要求不同，所起作用也不同。

（2）合同价。

合同价是承发包双方在EPC项目合同签订时约定的合同价格。其中，包括分部分项工程费、措施项目费、其他项目费、规费和税金。

（3）设计概算。

概算是初步设计阶段根据设计图纸、概算定额、费用定额、设备材料预算等编制的技术和经济文件。设计概算由建设项目总概算、工程综合概算、单位工程概算、其他工程与成本概算及编制说明等组成。概算作为建设前期工作的一个重要环节，是对项目投资估算的进一步深化，也是控制投资的重要依据。它由承包商选择设计单位进行编写，构成设计文件的一部分。

（4）施工预算。

按传统意义而言，施工预算是在施工图完成后，按照主管部门制定的预算定额，编制工程预算价格的文件。按现有意义而言，施工图是指在完成了施工图和工程量的基础上，按照施工图纸内容与工程量计算规则进行工程量计算，并根据计算数据编制单位工程或单项工程的预算价格文件。

（5）竣工结算。

竣工结算发生在项目实施阶段结束后和工程竣工验收阶段前。结算通常由承包商提交，并根据项目施工期间发生的变更对施工图预算进行调整，以确定工程项目的最终结算价格。结算以施工承包合同及变更记录为基础，准确计算暂估价与实际发生额之间的偏差，并对照相关定额标准，计算施工图预算漏项及缺项部分应得的工程费用。

（6）竣工决算。

竣工决算应在工程竣工验收合格后进行，决算通常由项目法人单位或受委托单位进行编制。需要对项目的总成本进行综合核算，并编制出最终的结算报表及资产清单。在编制时，应注重全面真实反映工程实际造价结算情况，并对工程实际投资效果进行客观评价。

EPC项目建设全流程可分为五个阶段，即项目决策阶段、招标阶段、设计阶段、施工阶段以及竣工阶段。需要进行的投资管控要求有很大差异，并且在各个时期都会产生不同的效果。因此，本章将根据各个阶段投资管控重要性进行比较分析。

2．各阶段投资管控重要性分析

按照EPC项目推进顺序，依次对EPC项目的前期决策阶段、项目设计阶段、工程采购阶段、工程施工阶段、竣工验收阶段进行投资管控的重要性分析。

（1）前期决策阶段。

前期决策阶段是开展EPC项目投资管控的开端，也是项目建设成本控制的源头，具有总揽全局的作用。项目决策阶段的主要投资包括可行性研究费、市场调研费、投资分析费等。对于一般的建设项目，这些费用大约占总投资的1%。主要用于制定整体规划，其中包括投资要素、成果目标和项目基本实施方案。在决策阶段实施投资管控，对于EPC项目总投资的节约可能性达95%~100%。因此，EPC项目在决策阶段开展投资管控具有重要意义。

（2）项目设计阶段。

项目设计阶段的投入主要包括两方面：一是设计人员的工资；二是重要建设要素的预定和购置，主要包括土地和特殊材料设备。因此，设计阶段对于项目投资影响较小，主要控制因素是要素成本。

投资项目设计阶段的产出，一般是用设计图纸和设计文件表示具体设计方案。以此，确定项目成果的目标、基本实施方案和主要投入要素。设计过程可分为初步设计、施工图设计等。其中，根据一般工业项目建设的经验值，初步设计阶段对投资控制影响的可能性达75%~95%，施工图设计阶段达5%~35%。因此，在EPC项目的设计阶段开展投资管控具有重要意义。

（3）工程采购阶段。

工程采购阶段的投入主要包括材料和设备的购置、检验及运输费用，决定了项目建设的物质基础。根据相关研究发现，采购阶段中设备费和材料费在EPC项目中占建设项目投资的60%~80%。一方面，采购阶段的费用影响EPC项目总投资费用大小；另一方面，材料和设备的购置制约工程进度和质量。因此，采购阶段是EPC项目投资管控全流程很重要的部分。

（4）工程施工阶段。

项目施工的投入包括建筑施工人员的工资和建筑施工要素的投入，根据一般工业建设项目的经验数据，这些投入分别占总投资的10%~20%和50%~60%。由此可见，施工阶段对于投资管控有重要意义。由于投资的主要要素在设计、采购阶段已基本确定下来，所以这个阶段对项目产出的影响较小。

（5）竣工验收阶段。

EPC项目的竣工阶段主要工作包括竣工验收、竣工结算、竣工决算等工作，竣工验收阶段是指由总承包人完成设计、采购、施工等阶段的工作后，向业主提交项目成果报告，双方对工程实施中出现的各种变更进行相应的修正，最后商定最终的结算价。本阶段仅为工程建设的后期，使得工程竣工验收阶段开展投资管控对EPC项目的作用不大。

综合分析以上五个阶段后可以看出，项目投资具有阶段性变化。其一，各阶段的要素费用是从小到大的变化过程，各阶段投资产出对总投资的影响是从大到小的变化过程。从整体来看，建设项目最终经济效果的实现主要由设计工作决定，而设计工作又贯彻了项目决策阶段的思想。因此，建设项目因减少决策和设计阶段的失误，重视在项目实施阶段的要素费用节约。

基于上述分析，上述五大阶段开展投资控制工作的重要性如图5-4所示。

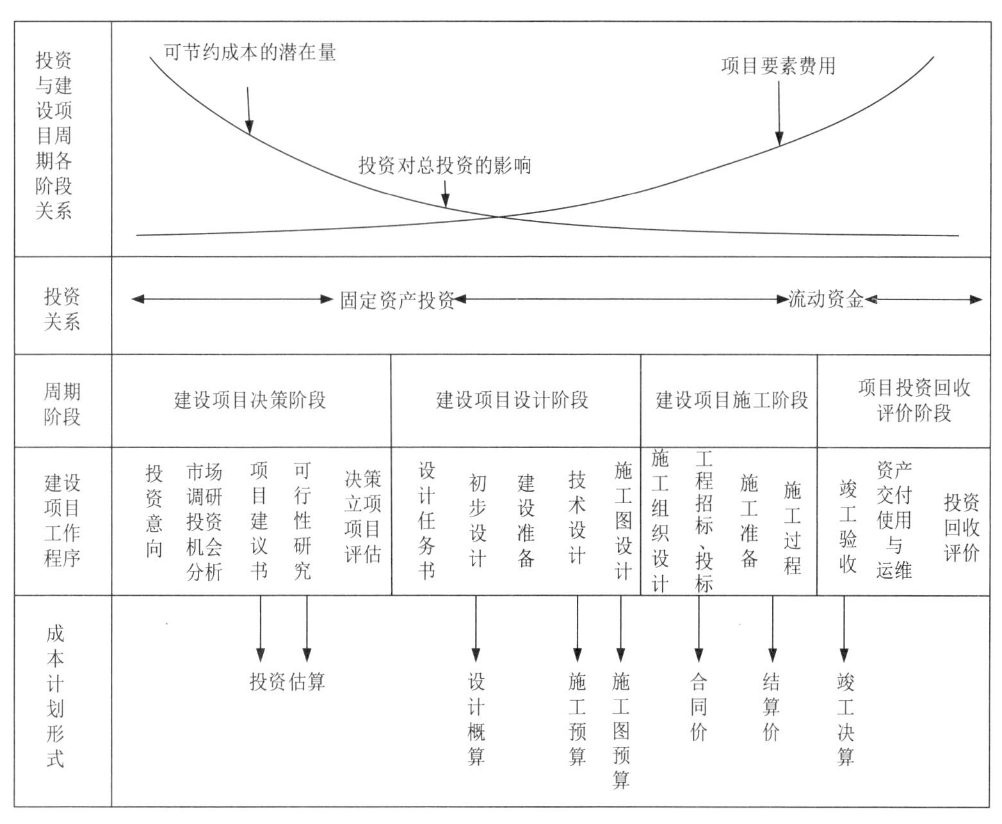

图5-4　建设项目全过程投资分析

综上所述，工程早期的决策阶段和设计阶段的投资总费用仅占建设项目总投资的5%~10%，却影响了建设项目85%~90%以上的总投资，足见本阶段开展投资管控工作的重要性。此外，由图5-4可知，各阶段对投资的影响程度随着项目的推进呈现递减趋势，如决策阶段对投资的影响为75%~95%，设计阶段为20%~75%，招标投标阶段为5%~20%，施工阶段为5%~10%，竣工阶段仅为1%左右。因此，项目决策是投资控制的重点，工程设计是投资控制的关键。

（三）EPC项目全流程投资管控要点识别

1．前期决策阶段投资管控要点分析

在EPC项目的投资管控全过程中，前期决策是项目投资管控的源头，具有总揽全局的作用。在此阶段，要对拟建EPC项目的可行性进行科学论证，并根据具体情况，提出不同的拟建方案，从技术和经济的角度进行分析，比较作出最后的判断和决策。

EPC项目前期决策阶段的投资管控要点主要包括投资机会研究、项目可行性研究、投资估算确立、明确业主需求等方面。各工作中的投资管控要点如下：

（1）进行投资机会研究。

投资机会研究是拟建项目开展的开端，在对建材市场进行充分调研的基础上，分析得出项目的初步设想，这一环节的投资管控要点便是明确合理的投资管控目标。

（2）开展项目可行性研究。

项目可行性研究是决策前阶段投资管理中的要点之一。决策阶段主要是对建筑市场和项目特点进行详细分析，通过对工程建设的技术进步性、经济合理性和财政合理性等因素，针对拟建项目对该地区社会、经济、环境产生的影响进行的深入研究。

（3）市场调查。

对拟建项目的投入、产出以及相关可替代材料供需情况等信息进行整理、分析、汇总，为采购阶段订立合理的资金使用计划提供依据，有利于项目投资的有效利用。

（4）确定项目投资估算。

前期决策阶段的投资估算对 EPC项目有两方面的影响：一方面，投资估算是控制EPC项目的投资费用的首要因素。投资估算作为一个约束指标，使任何阶段的费用均不可超过它；另一方面，投资估算是以过去相似项目的投资经验为依据，确定对拟建项目的未来预期。

投资估算确定后，对EPC项目进行投资管控，能够使资金的使用效率最大化。因此，业主有必要加强这一阶段的投资管控力度。最关键任务就是提高投资估算的准确性，为后续阶段提供有效的投资约束指标。

（5）明确业主需求。

根据业主对项目的需求，所列功能清单包括拟建项目的目的、范围和其他技术标准和要求，以及合同双方对其所做的任何修改或补充进行约定。便于总承包商在中标后将项目业主需求进一步细化，逐渐转化为项目施工过程中的指导需求和质量规范，使项目保质保量完成，项目成果更加贴近业主需求。

综上所述，想在项目前期决策阶段做好投资管控工作，可以采取如下措施：

（1）充分了解设计项目的总体内容，对其可行性进行充分评估，对于建筑市场和建筑资源进行充分调研，分析并比较各个拟建项目，利用技术经济论进行评估比较，从中取优。

（2）业主根据自身对项目成果的需求制定可供参考的功能清单，为投标人制作投标文件提供参考。

（3）提高投资估算准确度，从而为后续各个阶段的工程造价控制提供约束指标，进行投资管控。

2．招标、投标阶段投资管控要点分析

在国际上，EPC项目招标一般是由业主提交工程“功能清单”，招标人应当按照招标、投标相关的法律法规，采用邀请招标或公开招标的方式来确定工程的总承包商。根据投标文件业主将建设工程的预期结果展现给投标人，以确保在招标、投标阶段，投标者对该工程的施工进度有清楚的认识。因此，在招标、投标阶段，业主必须重视招标文件的编制工作。

但在一些EPC项目中，由于业主没有充分时间做好招标文件编制，致使项目招标文件中的关键资料不够完整，从而使总承包商的工作难度和工作水平都有所提高。在招标文件中对工程资料不全的部分，需要由总承包人通过实地勘察、市场调查等形式加以补充，以保证其投标文件中对工程的描述与初步设计要求相符合。因此，在招标过程中，总承包人要在招标工作中花费很多时间和金钱来完善招标方案。基于此，本阶段的投资管控要点主要包括模拟工程量清单、招标标底确定、招标方式确定、资质设置、评标和定标办法的确定。

（1）提高模拟工程量清单准确度。

在招标阶段，业主无法提供完整详尽的拟建项目工程量清单。为保障报价质量，EPC项目招标标底的确定主要采用模拟工程量清单。在招标、投标阶段，投标人根据业主提供的模拟工程量清单进行报价。

在工程建设初期，因前期资料不足，很难达到工程量清单的编制需求，因此，采用模拟工程量清单作为一种衍生品或替代品，两者本质上是相同的。同时，业主在采用模拟工程量清单时，应避免出现漏项、特征描述错误等情况，以此提高模拟工程量清单的准确度。

（2）招标标底的确定。

招标标底应客观公正地反映建设项目的预期市场价格，它是招标单位把握并控制工程造价的重要依据，是判断投标者报价合理性的标尺。招标标底在开标前必须保密，它对于投标报价没有强制约束力，仅作为评标参考。招标标底的确定可以避免依据最低价评标标准的项目因中标价格过低而损害项目质量。

（3）最高投标限价。

最高投标限价是招标人根据招标文件规定的招标范围，结合有关规定、投资计划、市场要素价格水平以及合理可行的技术经济实施方案，通过科学测算并在招标文件中公布的可以接受的最高投标价格或最高投标价格的计算方法，对投标报价的有效性具有强制性的约束力。超过最高投标限价的投标超出了招标人的承受能力，应当被否决。最高招标价可以防止投标人串通抬标。

（4）招标方法的确定。

应根据拟建项目的建设特点，有针对性地选取招标方法。若工程结构较复杂，或所采用的技术具有较高的专业水平，致使工程总承包或联合体数量不多，则可采用邀请招标的形式，以提高工程质量。

（5）资质设置。

资质设置是业主在进行投标人审核中的一种筛选手段，对于投标人资质的设置决定了业主是否能够找到兼具执行能力和执行意愿的承包商。同时，对于投标人的资质设置既要参考工程建设规模和技术要求，也要对参与建设的工作人员进行资质审查。

（6）评标和定标办法的确定。

在招标、投标阶段，评标与定标是一个十分关键的环节。它是指业主在众多的投标人中进行优选，最终选出最适合工程特点和业主要求的中标人。评标方法分为两种：最低价评标法和综合评标法。在最低价评标法中，以招标报价为评判依据，以投标报价最小者为中标人，降低设计、采购和施工的重要性。

而综合评标法综合考虑投标人各种资格资质、技术、商务以及服务的条款，通过对投标人的每一项指标进行符合性审查、核对并给出分数值。最后，汇总比较，取分数值最高者为中标人。因此EPC总承包项目更适合综合评标法。

3．合同订立阶段投资管控要点分析

在EPC项目中，业主选定中标人后，需在一个月之内与中标总承包商签署一份书面合同。其中包括双方对质量、工期、成本等方面进行协定。在合同订立阶段，业主和中标总承包人应协商好合同的类型、合同价格、合同条款、价格调整机制的设计以及其他有关投资管控方面的问题。

（1）合同的订立。

在EPC项目中，业主通过招标、投标阶段确定总承包商后，需要在发出中标通知书的一个月内与总承包商签订合同。双方需要对合同类型、合同条款、合同价格、调价机制设计等相关投资管控内容进行协商讨论，最终达成协议。此外，双方需在合同中协定好有关项目在工期、造价、质量等方面的实质性内容。

（2）合同类型的选择。

合同类型包括总价合同、单价合同、成本加酬金合同。根据住房和城乡建设部关于EPC项目发展意见和地方相关政策文件的规定，目前 EPC总承包项目多采用固定总价合同，这在一定程度上为业主的转移风险和管理提供了方便。

（3）合同价格的确定。

合同价格反映了拟建项目的实际建设总费用和业主的投资成本。合同价格的确定是进行投资管控最为直接的表示，合同价格是指业主和承包人在进行交流和协商后，确定的一个完工所需费用的数值。在一定程度上，合同价格既能使承包商获利，也能使业主的投资得到充分利用。目前在 EPC项目招标、投标中，总承包的投标报价通常是以浮动率为项目标的，中标后按项目实施过程中的设计概算确定EPC总承包项目的合同价格。由于大部分的 EPC项目都是按固定总价合同签订，项目风险主要由总承包人承担，包含平均成本、利润和风险报酬金。在 EPC项目中，虽然业主所面临的风险减小，但考虑拟建项目建设工期长、外部环境变化大等因素，风险酬金的存在导致EPC项目合同总价偏高。

（4）合同条款的设置。

合同条款的设置以双方对等的责任、权利、利益合理分配为基础，同时在条款中加入监管和激励相关机制，以此鼓励总承包商保质保量完成项目建设。

（5）调价机制的规定。

在签订可调价格合同的EPC项目中，通常需要对项目调价机制进行规定。项目实施方案中的定价和调价机制通常融入消费物价指数、劳动力市场指数等相关因素。在合同订立阶段加入合理的调价机制，有利于根据外界因素的变动对价格进行调整，确定最终EPC项目竣工阶段费用。但运用总价合同的项目中由消费物价指数、劳动力市场指数变动引起的合同价款变动多由总承包商承担。

4．项目实施阶段投资管控要点分析

（1）工程设计阶段的投资管控要点

工程设计阶段是EPC项目进行投资管控的重要阶段。设计过程可分为初步设计、施工图设计。其中，初步设计阶段对投资管控的影响可能性为75%~95%；施工图设计阶段对投资管控的影响可能性为5%~35%。在设计阶段进行投资管控是事前的一种主动控制，有利于提高资金的利用率。

①实行限额设计。

限额设计是为了在可行性研究投资估算中控制初步设计，按照初步设计概算控制施工图设计，即根据上一个阶段核定的投资限额，对本阶段投资进行控制，并将其分解到各专业，然后分解到各单位工程和分部工程。在履行职责的情况下，各部门根据规定的投资额度进行控制，并对不合理的设计变更进行严格把关，以保证投资限额不被突破。

限额设计具有灵活性，可以让设计者在满足任务目标的配置方面有作出选择和决定的自由。限额设计的过程如下：首先，将费用目标分配给分系统。其次，用分系统的估算值与预期值比较，在没有满足费用指标的要求时，应进行费用的重新分配或更改设计。最后，使估计值能满足预期的总费用目标。

②设计优化。

设计优化是从多种方案中选择最佳方案的设计方法。它以数学中的最优化理论为基础，根据设计所追求的性能目标建立目标函数，在满足给定的各种约束条件下，寻求最优的设计方案。设计方案的优化可以对工程的进度、成本进行控制，使效益得到保障。

③编制设计概算。

设计概算是根据初步设计图纸和相关规定对项目投资的概略计算，是项目控制投资的目标，也是竣工决算的主要依据。作为项目静态总投资的最高限额，不得任意突破。

④施工图设计文件审查。

由于EPC项目的特殊性，施工设计工作均交由总承包商完成，故业主对项目设计的控制很弱。所以，应加强工程项目的前期设计监理以及项目设计成果审核。通过积极的控制，可以减少后期变更对项目管理造成的负面影响。

⑤开展设计监理。

尽管国外建设工程都开始采用全流程监理的体系，而我国现阶段建设项目更加重视施工阶段的监理。若能在工程建设全过程中强化监理制度，将有利于实现较好的投资管控效果。设计监理是对前期勘察和设计工作进行监督与管理。前期勘察和设计工作不仅关系到工程的整体质量，也会提高后期施工出现较大变更的可能性，对于EPC项目建设总费用的变动影响大。因此，有必要完善设计阶段的监理制度。

（2）工程采购阶段的投资管控分析。

EPC项目中采购阶段是节约要素成本的重要阶段，采购费用占建设项目总费用的60%~80%。采购阶段的工作为项目建设提供物资基础，同时是施工开展的前提。因此采购价格的高低，一方面影响了工程建设费用的高低，另一方面还对工程质量和进度起到制约作用。

①材料、设备管理。

对拟建项目所涉及的材料、设备的数量、质量采取严格把控的手段进行控制。在采购工作开始之前制订采购计划，提高投资利用率，有助于项目施工阶段的顺利开展。

②采购管理。

对拟建项目所涉及的材料、设备采购过程实施监管以确保与合适的供应商合作。供应商是采购管理工作的重要内容。在合作的过程中，工程公司通过对供应商从产品质量、价格、服务、技术力量等方面进行综合考评，优胜劣汰，建立“合格供应商长名单”。

（3）工程施工阶段的投资管控分析。

质量、工期、投资三者紧密联系，相互影响，三者中的任何一个变化都将引起项目投资管控受到影响。因此，在项目施工阶段，应处理好三者相互协调的关系，从而进行有效的投资管控。首先，EPC项目在实施过程中要加强项目的品质控制，以保证项目的各项指标符合规定。项目质量不仅关系到投资管控目标的实现，也关系到后期运营维护的成本。其次，EPC项目在实施过程中要加强施工进度的控制。资金是一个有时间意义的资产，故其施工进度对其效益产生一定的影响。由于固定总价合同的特殊性，工程延期增加费用通常是由总承包人来承担。但还是有部分影响因素起源于业主，这部分就需要业主承担。因此，双方需共同对项目的外在因素进行协调，确保工程如期竣工。

①施工监理。

业主应挑选具有资格的工程监理机构，对工程质量、进度、安全等方面进行监督。工程质量监督是对项目进行质量管控，消除引起不符合标准或不满意效果的原因，并对工程完工后的验收提出了具体的要求，从而对施工成果提出要求，有利于项目获取经济效益。进度管理是指对项目进度和变更情况进行管控。安全管理是指为拟建项目制定安全管理制度和措施，并对建设项目所在的内外部环境进行定期安全培训。

②变更管理。

EPC项目一般采用固定总价合同，其主要风险转嫁到承包人身上，但业主风险转嫁也会使工程变更的规模受到一定的约束。但是，变更情况总是时有发生，这些变动会对项目的质量、工期和投资造成很大的冲击。所以，在实施过程中，有必要对可能出现的变更进行防范和管理，从而尽量减少项目变更的出现。工程变更产生的原因主要是新增项目。由于引起新增项目的原因较多，需要对其进行严格的、基于合同概念的区分，并采取不同的处理方法，对责权进行划分，减少合同纠纷。

③索赔管理。

在建设项目中，由于施工现场条件变化，国家政策及法律法规的变更、合同缺陷、设计变更等诸多因素的影响，工程承包合同履行中不可避免地会产生索赔，进而导致项目投资发生变化。索赔是双向的，既包括承包人向发包人索赔，也包括发包人向承包人索赔，但只有产生实际经济损失或权利损害时才能进行索赔。索赔是合同执行阶段一种避免风险的方法，同时也是避免风险的最后手段。工程建设索赔在国际建筑市场上是承包商保护自身正当权益、弥补工程损失、提高经济效益的重要手段。

5．竣工验收阶段投资管控要点分析

EPC项目竣工工作主要包括竣工验收、竣工结算、竣工审计和竣工结算。在设计、采购、施工等阶段工作完成后，总承包商将项目移交给业主前，需要接受业主的竣工审核。审核合格后，将按照执行期间发生的各项变更，对原有的合同进行相应的修改，最后由双方共同商定结算价格。

（1）竣工验收。

竣工验收是指在工程竣工后，业主、总承包商及相关单位、工程质检等部门对工程质量与设计进行全方位的审查，并出具竣工合格凭证和资料的过程。

（2）资料档案管理。

对拟建项目实施过程中产生的所有资料进行归档整理。基本建设工程档案资料是指整个建设项目从前期决策到建成投产的过程中形成的有归档保存价值的文件资料，包括项目的提出、调研、可行性研究、评估、勘测、设计、施工、调试、生产准备、试运行、移交生产、竣工等工作活动中形成的文字材料、图纸、图表、声像材料和其他载体材料。建设工程档案资料是国家、企业的宝贵财富，是勘测、设计、施工和管理人员的劳动结晶。各级人员需做好文件材料的立卷归档工作，确保档案的完整性、准确性。这些资料档案为项目决算审计、竣工决算提供依据。

（3）编制竣工结算。

竣工结算是拟建项目或分项工程全部竣工后业主与承包商根据竣工图纸、会议纪要、设计变更和现场签证等资料，进行合同价款的调整与修正。竣工结算是项目或各分项工程竣工验收后的最终总结，应确保结算范围、内容及计价标准与合同范围相一致；竣工图纸所示的工程量与实际完成相一致，并进行精准计算，完成的工程和服务、供应的物料和设备必须符合合同约定的质量要求并通过验收。

（4）结算审计。

结算审计是业主以总承包商提交的工程竣工资料为依据，对承包方编制的工程结算的真实性及合法性进行全面的审查。其中，竣工资料包括造价资料、合同条款、变更索赔等相关资料。结算审计对办好工程竣工结算有现实意义。业主在进行审计时应重点关注审核工程竣工图、落实竣工验收、核对工程合同条款、审核结算资料。特别是对新增工程、设计变更的计算，对隐蔽工程进行检查、落实审核变更、索赔现场签证。确保变更、索赔及现场签证手续齐全。

（5）编制竣工决算。

建设项目竣工决算应包括从筹建到竣工投产全过程的全部实际支出费用，即建筑工程费用、安装工程费用、设备工器具购置费用和其他费用等。竣工决算是反映建设项目实际造价和投资效果的文件，是竣工验收报告的重要组成部分。所有竣工验收项目，应在办理手续之前，对其财产和物资进行认真清理，及时、正确地编制竣工决算。

上述内容项目全流程投资管控的重点分析内容。为了能够以整体的角度进行投资管控，整理了EPC项目全流程投资管控要点分析一览表，如表5-1所示。

EPC项目全流程投资管控要点分析一览表　　表5-1

序号	阶段	管控要点	管控要点说明
1	前期决策阶段	进行拟建项目机会研究	通过分析拟建项目所在区域的自然资源和市场调查，分析并提出对于业主最有利的投资机会
2		确定项目可行性研究报告	调研与拟建项目有关的自然、社会、经济、技术等方面，并进行分析比较，重点预测完工后的建设项目所产生的社会经济效益，全方位论证项目建设的必要性与可行性
3		明确业主要求	根据业主自身对项目的需求、功能清单，包括拟建项目的目的、范围与其他技术标准和要求，以及合同双方当事人约定对其所做的修改或补充
4		市场调查	对拟建项目的投入、产出以及相关可替代性材料供需情况等信息进行整理、分析、汇总
5		投资估算	提高拟建项目投资估算精确度
6	招标、投标阶段	模拟工程量清单	业主在采用模拟工程量清单时，应避免出现漏项、特征描述错误等情况，以此提高模拟工程量清单的准确度
7		资格预审	针对拟建项目在投标前对提交资格预审文件的潜在投标人进行筛选的方式
8		招标方式确定	根据拟建项目的建设特点，有针对性地选取招标方式，如公开招标、邀请招标等
9		招标文件	业主基于功能清单对拟建工程编制的建设大纲，是业主后续实施拟建项目的依据
10		评标、评标办法	运用评标标准评审、比较投标的具体方法
11		编制最高投标报价	招标方根据国家或地区颁发的有关计价依据和办法，结合招标文件以及EPC项目具体情况，编制招标工程最高投标报价

续表

序号	阶段	管控要点	管控要点说明
12	合同订立阶段	合同订立	双方需要对合同类型、合同条款、合同价格、调价机制设计等相关投资管控内容进行协商讨论，最终达成协议
13		合同类型	目前，EPC总承包项目多采用固定总价合同
14		合同条款	以双方对等的责、权、利为基础，同时在条款中加入监管和激励相关机制，以此鼓励总承包商保质保量完成项目建设
15		合同价格	业主与总承包商在谈判中根据招标文件、中标文件、项目特点而商定的合同价格
16		调价机制	调价机制通常受消费物价指数、劳动市场指数等因素影响
17	实施阶段	沟通管理	保证拟建项目信息及时、正确地提取、收集、传播、存储以及最终进行处置；保证信息畅通，避免信息不对称造成投资失控
18		开展限额设计	按照投资或造价的限额进行满足技术要求的设计
19		编制/审核设计概算	根据设计图样及说明书、设备清单、概算定额、各项费用取费标准等资料，用科学的方法计算和确定建筑安装工程全部建设费用的经济文件
20		开展设计优化	利用价值工程原理对前期的设计方案进行优化
21		审查设计概算	对初步设计概算进行审查，不允许突破估算，并获得政府部门对概算的审批
22		开展设计监理	接受拟建项目业主的委托和授权，依据国家相关法律法规以及签订的监理合同，利用自身的经验对项目进行监督与管理
23		编制/审核施工图预算	针对建设项目依据施工图纸和国家规定的工程量计算规则套用有关单项或单位工程预算价格
24		施工图审查	针对建设项目施工图设计文件审查是指由政府建设主管部门及其认定的审查机构，对施工图是否符合有关法律法规要求，是否涉及公共利益、公共安全等内容进行审查
25		合同管理	通过合同管理使项目各方主动履行义务、承担责任和行使权利，充分识别项目风险，在风险分析和处理的基础上，对可能的危害程度作出客观评价，制定有针对性的合同管理措施
26		材料设备管理	对拟建项目所涉及的材料、设备采取严格把控手段进行控制，确保质量
27		采购管理	对拟建项目所涉及的材料、设备采购过程实施监管以确保与合适的供应商合作
28		施工监理	业主通过选择有资质的监理公司对拟建项目实施监理，尤其是对质量、进度、投资及其他方面的控制
29		投资控制	在批准的概预算条件下确保项目保质按期完成
30		索赔管理	依据合同双方约定的权责分配进行索赔处理

续表

序号	阶段	管控要点	管控要点说明
31	竣工验收阶段	竣工验收	拟建项目竣工后，由业主同总承包商以及相关设备供应单位、工程质量监督等部门，对该项目是否符合规划设计要求进行全面检验后，取得竣工合格资料、数据和凭证的过程
32		资料档案管理	对拟建项目实施过程中的所有资料进行归档整理
33		竣工结算	拟建项目或单项工程、单位工程全部竣工后，业主与总承包商根据现场施工记录、设计变更通知书、现场变更等资料，进行合同价款的增减或调整计算，竣工结算应按照合同有关条款和价款结算办法的有关规定进行，合同通用条款中有关条款的内容与价款结算办法的有关规定有出入的，以价款结算为准
34		结算审计	依据收集的造价资料、合同条款、变更索赔相关资料等对建设项目进行结算审计
35		竣工决算	拟建项目竣工验收交付使用阶段，由业主编制的建设项目从筹款到竣工验收、交付使用全过程中实际支付的全部建设费用

二、基于动态控制原理的EPC项目投资动态控制方案

（一）EPC项目全流程投资管控理论分析

魏鸿娟和高洁均指出，我国EPC总承包项目下，业主投资管控指标主要包括项目前期决策阶段的投资估算、招标投标阶段的合同价、初步设计阶段的设计概算、施工图设计阶段的投资预算、竣工验收阶段的竣工决算；并根据EPC项目特点分析各个阶段的投资要点，如图5-5所示。

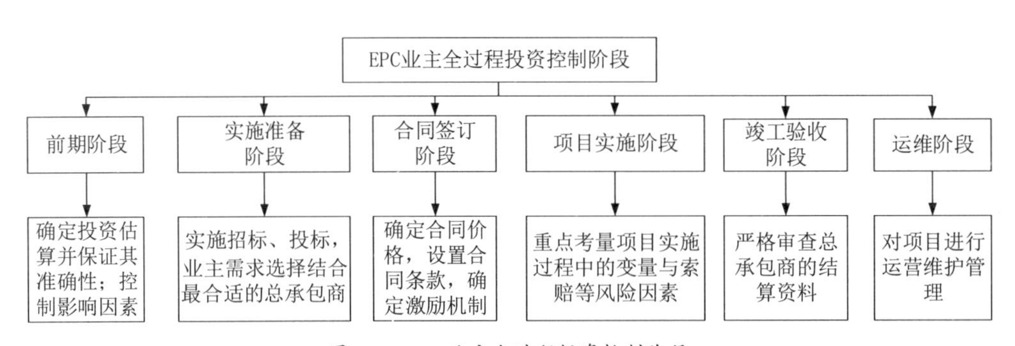

图5-5　EPC业主全过程投资控制阶段

此外，张毅研究了政府投资PPP项目各阶段投资管控的影响因素，包括但不限于决策阶段的项目规模确定，招标阶段的招标、评标方法确定；设计阶段的设计优选；施工阶段的工程监理。特别地，孙鹏璐在指出造成投资失控问题的原因时，提出了基于BIM技术的建设项目全流程投资控制措施，重点分析了采用BIM技术能够产生价值增值的关键点。

基于上述分析可知，既有研究对建设项目投资管控的探讨多是先将建设项目的各个阶段进行划分，进而在此基础上对各个阶段的投资管控提出具体的方案。然而，阶段性的投资管控思路仅限于对覆盖范围内的各阶段投资控制要点，缺乏对项目全流程投资管控的讨论。基于此，本书引入动态控制原理，旨在探讨EPC项目全生命周期投资管控问题，并提出基于“理论模型+挣值法”的投资管控方案。本书的最终研究成果将有利于业主对EPC项目开展有针对性的全生命周期投资管控。

（二）动态控制原理与EPC项目投资管控的适配性

1. 动态控制原理

动态控制是指根据事物及周边的变化情况，实时实地进行控制。动态控制是对建设项目在实施过程中，在时间和空间上的主客观变化而进行项目管理的基本方法论。项目管理的核心任务是项目的目标控制。在项目实施过程中，主客观条件的变化是绝对的，不变则是相对的；项目实施过程中有时并不能够按照计划顺利执行，因此在项目的实施过程中必须随着情况的变化进行项目目标的动态控制。

通过动态控制原理进行项目目标管理的基本工作程序大致如下：第一步，分解项目目标，确定目标控制计划值；第二步，收集项目进展实际信息，定期将实际值与目标值进行比较，发现偏差，采取纠偏措施；第三步，如果通过纠偏仍不能实现既定目标，则进行项目目标的调整，然后回到第一步的工作程序，进行动态循环跟踪。

动态控制的大致流程如图5-6所示。

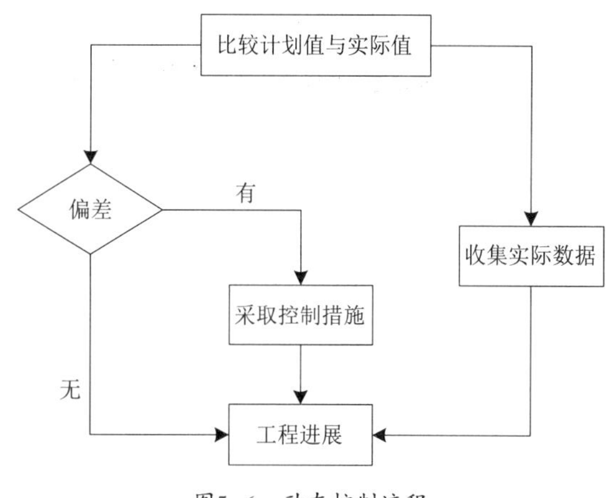

图5-6　动态控制流程

2. EPC项目的投资管控特点

EPC总承包项目与一般项目类型相比，特点如下：

（1）总承包商在实施阶段处于主导地位。

在 EPC 项目的实际推进过程中，总承包商按照合同规定对项目设计、施工和采购阶段的工作全权负责，根据项目特点对各个分包商进行工作分配和组织协调，责、权、利的扩大使得总承包商处于施工阶段的主导地位。同时，地位的提升意味着对于总承包商能力的更高要求。因此，总承包商应具备丰富的施工经验和更高水平的管理协调能力。

（2）业主权利受约束程度高。

由于EPC项目中，业主在完成前期决策工作与招标投标工作、确定总承包商、签订总承包合同后，将项目的实施权利转交于总承包商。此时，总承包商作为项目的总实施者，掌握着主动权。业主的管理权利相较于传统项目相对减少，管理工作也相对精简。因此业主可以通过重要里程碑事件进行管理，而不需要实时监控施工流程。

（3）大部分项目风险分摊在总承包商身上。

采取EPC总承包模式时，项目的实施步骤要比传统DBB模式复杂，风险也相应增加。由于EPC项目主要采用固定总价合同，因此总承包商承担了项目的主要风险，包括除业主承担的政治风险、社会风险、自然风险等小部分风险之外的大多数风险。所以业主开展EPC总承包的风险把控难度加大。

综上所述，EPC项目的投资管控要点较多，同时由于EPC工程总承包项目通常规模较大，周期较长，因此对于项目的投资要达到理想效果，应从EPC项目全生命周期进行投资管控。

3．运用动态控制原理进行EPC项目的投资管控的有效性

（1）进行EPC项目投资管控的目的。

由于EPC项目各阶段联系密切，且项目的设计、采购与施工工作均交由承包商负责，故应将EPC项目投资管控看作一个系统连续的过程。此外，由于建设项目每个阶段的投资管控都关系到最终建设项目能否取得良好的社会效益和经济效益。因此，需要对EPC项目进行全生命周期投资管控，以降低项目成本，提高经济效益。

（2）运用动态控制原理的EPC项目投资管控效果。

在EPC项目的投资管控过程中，引入动态控制原理，对EPC项目实施的具体时点收集实际信息，计算分析得出实际实施情况与计划进度的偏差，进而采取相应的纠偏措施，在经过对项目全生命周期的动态控制循环后，可减小项目最终实施与计划成果的偏差。产生降低EPC项目投资总成本，提高项目经济效益的效果。

（3）动态控制原理与投资管控的适配度。

对于EPC项目进行投资管控的目的是降低项目成本，提高经济效益。而运用动态控制原理进行投资管控，可以对EPC项目全生命周期进行实时实地投资管控。根据动态控制原理，分析项目实施具体情况与计划的偏差，及时采取纠偏措施。有助于项目按照计划进行，能够在降低成本的同时，提高项目成果的经济效益。因此，运用动态控制原理能够很好地发挥投资管控的作用，动态控制原理与投资管控具有很高的适配度。

（三）基于动态控制原理的EPC项目投资管控方案

在分析了项目动态控制原理与投资管控的适配性后，选择提出基于动态控制原理的

EPC项目投资管控方案。依据动态控制原理的特点，引入与之相对应的挣值法。它是国际上工程公司普遍采用的项目管理方法，能对项目进行效果分析，对费用和进度进行综合控制。它能够通过引入已完工作的预算值，来对项目费用和进度进行综合评估，即在项目实施过程中将任一时刻已完工作的预算值与该时刻工作任务的计划预算值进行对比以评估和测算其工作进度；并将已完工作的预算值与实际消耗值作对比，以评估和测算其资源的执行效果。达到对EPC项目基于动态控制原理的投资管控。因此，本书提出挣值法用于判断项目的偏差以及原因分析，并根据偏差提出相应的纠偏措施，保障EPC项目的顺利进行。

1．挣值法的相关概念

挣值法也称为“赢值法”，它是指将项目投资与进度综合考量，并以基本公式计算的方法来准确地反映工程的进度情况。该方法可以预测工程进度延迟及成本超限的情况，并据此制定相应的纠偏方法，是项目管理与资金管控的一种行之有效的方法。

挣值法主要以三个基本参数来描述项目施工进度及费用投入情况，并以此来预估项目投资及完成工期。

（1）在项目完工期间，工程计划的预算成本（*BCWS*），也称为计划价值（*PV*），是指项目根据一个已核准的计划工作或进度安排在各个时点或某段时间内其所需要的资金积累值，反映了该工程在计划进度内一个特定时期或某个时期所需要的费用。

（2）在项目完工期间，工程所需的预算成本（*BCWP*），也称为实现价值（*EV*），即在工程实施期间内，既定时间工程实际完工工作量所需的计划费用。

（3）在项目完工期间，工程所需的真实成本（*ACWP*），也称为实际价值（*AV*），是在该工程实施期间，既定时间工程实际完工工作量所需的实际费用。

挣值法的指标体系包括评价指标体系与预测指标体系，其中评价指标又包括成本评价指标与进度评价指标。具体如表5–2所示。

挣值法的指标计算表　　表5–2

指标		计算公式
评价指标体系	成本偏差指标	*CV=BCWP–ACWP=EV–AV*
	成本绩效指标	*CPI=BCWP/ACWP=EV/AV*
	进度偏差指标	*SV=BCWP–BCWS=EV–PV*
	进度绩效指标	*SPI=BCWP/BCWS=EV/PV*
预测指标体系	完工费用估计	*EAC=ACWP+BCWS–BCWP=AV+PV–EV*
		EAC=ACWP+（BCWS–BCWP）/CPI=AV+（PV–EV）/CPI
	尚须成本估计	*ETC=EAC–ACWP=EAC–AV*

在挣值法中，我们可以对三个指标进行对比，从而对工程的实施情况进行预测。在剔除了所有的参数相等情况后，将三种不同的参数按不同次序进行排列后，共有六种情形，并分别针对不同情形的成因进行了剖析，最终给出相应的应对调整策略，具体如表5-3所示。

挣得值参数分析和对应措施　　　　表5-3

序号	参数关系	分析	措施
1	$ACWP>BCWS>BCWP$ $SV<0$，$CV<O$	效率低、进度较慢、投入超前	增加工作效率高的人员或替换工作效率低的人员
2	$BCWP>BCWS>ACWP$ $SV>0$，$CV>0$	效率高、进度较快、投入落后	如果偏差不是很大，则维持原状
3	$BCWP>ACWP>BCWS$ $SV>0$，$CV>0$	效率高、精度较快、投入超前	调走部分工作人员，使进度变慢
4	$ACWP>BCWP>BCWS$ $SV>0$，$CV<0$	效率较低、进度较快、投入超前	用骨干人员替换部分工作人员
5	$BCWS>ACWP>BCWP$ $SV>0$，$CV<0$	效率较低、进度较慢、投入延后	增加高效人员的投入
6	$BCWS>BCWP>ACWP$ $SV<0$，$CV>0$	效率较高、进度较慢、投入延后	迅速增加人员投入

2．基于动态控制原理的EPC项目投资管控方案的流程

结合上一节的挣值法与EPC项目全生命周期投资管控模型，关于“理论模型+挣值法”的EPC项目投资管控方案的流程如下：首先，需要计算出各个时点的挣得值。①根据计划进度与各项工作预算成本计算得到计划完成工作的预算成本（*BCWS*）；②根据项目实际进度与各项工作预算成本计算得出已完工作的预算成本（*BCWP*）；③根据项目每日费用记录计算得到各个时点已完成工作实际费用（*ACWP*）。然后，根据成本偏差指标（*CV*）与进度偏差指标（*SV*）是否大于零的结果分析出项目的实施效率、进度快慢，以及投入情况。计算偏差并分析其产生原因，同时对项目成本进行预测，以便于制定出正确的应对措施。

除了根据各个时点自身数据的计算分析外，也可以根据不同的时点实施具体情况进行对比，对偏差原因进行更加准确的原因分析，从而采取更加有效的调整应对措施，实现对项目成本动态的、合理的控制。

此外，可以结合外在环境变化来分析偏差产生原因。如雨季和夏季炎热天气都可能导致工期延长。但应该采取的措施并不完全相同。对于雨季带来的工期延长，我们应该根据降雨时段进行分析，提高非降雨时段的工作效率，同时，对于已完成工作做好一定的防护措施，减少因降雨带来的返工行为。对于炎热天气带来的工期拖延，可以采取调整工作时段的方法。将原本上午7~11点、下午1~5点的工作时段，调整到上午5~9点、下午4~8点的工作时段。避开一天中最炎热的时段，从而提高工作效率。同时为了防止工人在高温作业下中暑，应该给工人提供清凉饮品、避暑药等达到预防与缓解的效果。基于动态控制原理的成本控制具体流程如图5-7所示。

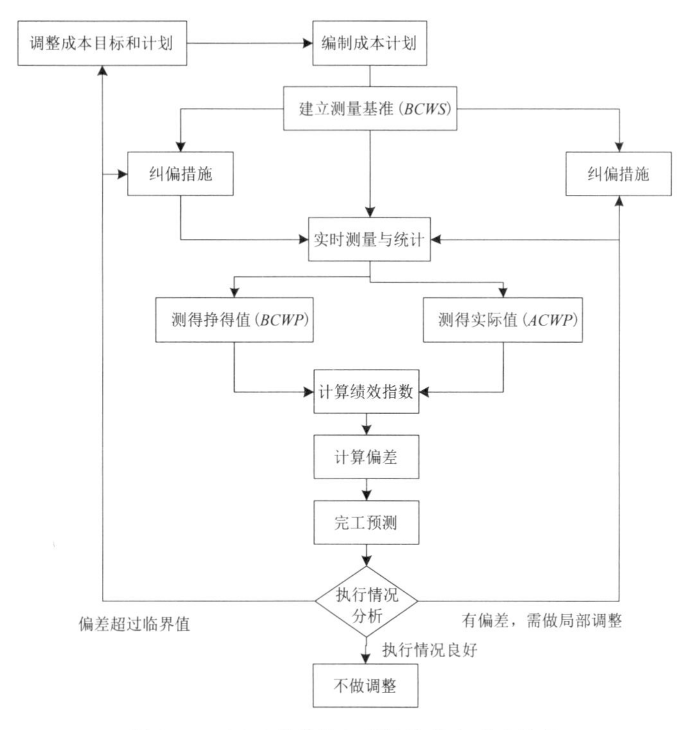

图5-7　EPC工程总承包项目的成本动态控制

第三节　案例分析

本节结合实际EPC工程总承包项目，重点在于建立项目全流程投资管控要点分析模型，同时依据前文基于动态控制原理的投资管控流程，结合泸州市某医教园区基础设施EPC+PPP项目部分资料进行挣值法计算举例。充分证明动态控制与EPC投资管控的适配性。

一、工程概况

泸州市某医教园区基础设施EPC+PPP项目位于泸州市城北新区，紧邻沱江，与老城区隔沱江相望，交通十分便利，同时也是高速路出口的一个形象展示，校区临江而建，景观条件良好。总容积率为1.18，建筑密度为29.8%，绿地为40.2%。建设内容主要包括科技楼、教学楼、实验楼等。该工程占地245645万m^2，其中，地面建筑面积为2244000m^2，地下建筑面积为21625万m^2，预计总投资14亿元。本工程建设周期为三年（2016年6月至2019年9月）。项目建筑指标和费用如表5-4所示。

泸州市某医教园区项目规划建筑指标　　表5-4

序号	工程名称	建筑面积（m^2）	地上建筑面积（m^2）	地下建筑面积（m^2）	备注
一	已设计部分	65500.00	61500.00	4000.00	
1	科技大楼	35500.00	31500.00	4000.00	已完成设计
2	体育馆	30000.00	30000.00	0.00	已完成设计
二	尚未设计部分	180125.00	162500.00	17625.00	
1	实验教学楼	35650.00	31000.00	4650.00	
2	公卫大楼	16100.00	14000.00	2100.00	
3	药学大楼	11500.00	10000.00	1500.00	
4	人文大楼	19550.00	17000.00	2550.00	
5	教学大楼	11500.00	10000.00	1500.00	
6	学术交流中心	35075.00	30500.00	4575.00	
7	学生公寓	26000.00	26000.00	0.00	
8	食堂	14000.00	14000.00	0.00	
9	校医院	2875.00	2500.00	375.00	
10	后勤服务楼	2875.00	2500.00	375.00	
11	生活服务用房	5000.00	5000.00	0.00	
	合计	245625.00	224000.00	21625.00	

（一）项目运作流程

本项目以 EPC+PPP的模式进行，由泸州市住房和城乡建设局进行项目实施，泸州市城建投资有限责任公司作为政府出资代表，与选定的社会资金及用户利益相关方组成建设项目公司。最终中标单位为中国电建集团成都勘察设计院有限公司，由其承担工程勘察设计、投融资、建设、运营维护、移交等全流程管理。

本项目所选择的社会资金方必须由政府根据泸州市政府投资建设工程管理模式进行项目管理。项目实施方将委托泸州市政府投资建设工程管理公司进行施工场地的管理（主要包括控制投资、质量、进度、工期；负责项目的变更和追加投资的审核等）。

（二）投资估算

本项目为泸州市某医教园区基础设施EPC+PPP项目，根据类似项目测算出投资估算为139707.69万元，且本项目的计价方式为工程量清单计价法。不涉及征地拆迁费用，如表5-5所示。

泸州市某医教园区项目各项费用　　表5-5

拟建项目实施时间	工程费用（万元）	工程建设其他费用（万元）	基本预备费（万元）	合计（万元）	所占比例
近期	57214.80	2279.21	4748.50	64242.51	45.98%
中期	38798.25	1658.21	3238.70	43695.16	31.28%
远期	28110.23	1298.27	2361.52	31770.02	22.74%
合计	124123.28	5235.69	10348.72	139707.69	100%
所占比例	88.84%	3.75%	7.41%	100%	

由于此项目投资费用大且历时三年时间建成。无论是外在环境的变化，还是项目自身变更导致的投资失控问题都是不可避免的。因此有必要引入动态控制原理进行投资管控分析。

二、理论模型建立

本节进行基于动态控制原理的投资管控理论模型的建立。其中，包括各个阶段的投资管控要点以及管控要点的措施。理论模型建立的过程是：①根据文本分析法，制作全生命周期的投资管控要点分析一览表。②根据国内外投资失控案例进行分析得到各个管控要点的措施。③按照项目全生命周期的顺序制作出基于动态控制原理的投资管控理论模型。

根据理论模型，明晰项目前期决策阶段、招标投标阶段、合同订立阶段、项目实施阶段、竣工验收阶段以及运营维护阶段的投资管控重要要点；再根据项目具体实施情况进行分析，若产生偏差，我们可以根据各个阶段的投资管控要点进行具体准确的分析，找出问题的关键，并根据基于动态控制原理的投资管控理论模型实施计划的分析与调整。

基于上述分析，建立本项目的基于动态控制原理的投资管控理论模型，如图5-8所示。

三、基于动态控制原理的投资管控

基于上文提出的动态控制投资管控理论模型，为各阶段投资失控问题提供了相应的调整措施。因此，在引入挣值法计算项目实时实施偏差后，可结合基于动态控制原理的投资管控模型分析得出相应的纠偏措施，运用基于“理论模型+挣值法”的投资管控方案，进行EPC项目全生命周期的投资管控。

本节选取泸州市某医教园区项目的校医院土建项目数据进行分析说明，利用挣值法进

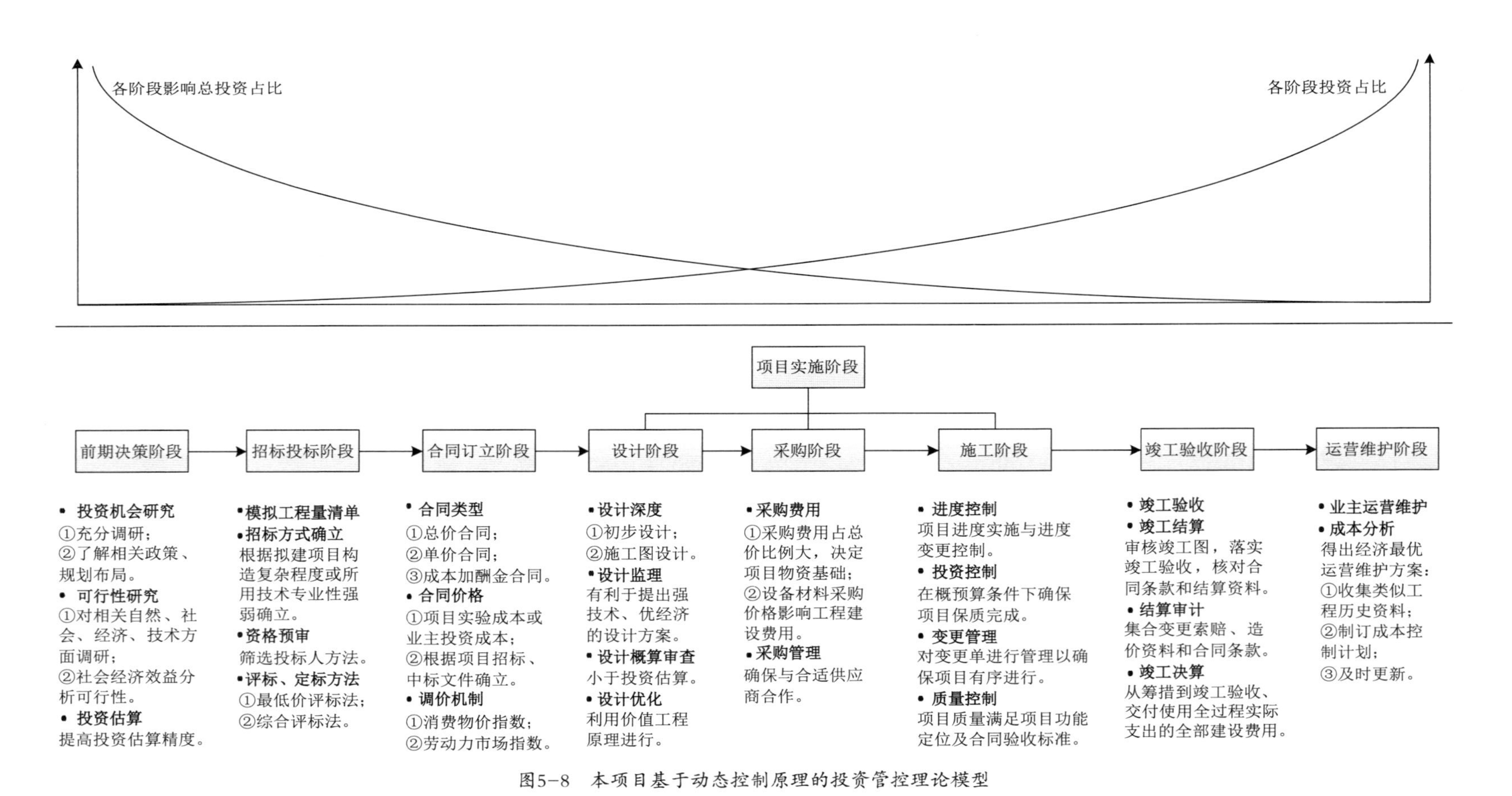

图5-8 本项目基于动态控制原理的投资管控理论模型

行基于动态控制原理的投资管控分析具体实施过程。校医院土建工程计划从2017年2月1日开始动工，于2017年12月31日竣工验收。本项目能够搜集到的实施资料有限，且本节的重点是对于挣值法在投资控制方面的实际应用。因此，后文的分析数据不能完全符合该项目的实际情况。

首先，将校医院土建工程分解为各级工作包，对各级工作包进行编号并根据项目资料，得到该项目校医院土建工程的各个分项工作的计划费用汇总表，如表5-6所示，即得到了该项目校医院土建工程预算成本，从而根据进度计划计算得出计划工作预算成本（*BCWS*）。

泸州市某医教园区校医院土建工程各级工作计划费用汇总表　　表5-6

序号	任务名称	总费用（万元）	持续时间（天）
110	表土清理	15.35	5
120	土方开挖	23.68	10
130	土方填筑	14.96	5
210	底板防水施工	31.12	20
220	承台底板施工	124.37	13
230	地下室外墙防水、保温	19.32	42
240	墙板、顶板柱施工	303.42	14
310	一层框架	268.45	20
320	二层框架	250.88	16
330	三层框架	215.37	16
340	四层框架	259.06	20
410	钢结构制作	88.79	25
420	钢结构安装	48.07	25
510	一层墙体	20.50	10
520	两层墙体	19.14	15
530	三层墙体	105.71	10
540	四层墙体	95.55	10
550	屋顶女儿墙	38.04	7
610	室内抹灰	102.18	48
620	室外抹灰	86.33	36
710	屋面保湿	91.64	14
720	屋面防水	113.09	9

根据表5-6所示，如果计划在2017年6月完成该项目计划的110~330的全部工作，以及将编号为340的工作完成60%，编号为410的工作完成90%，编号为420的工作完成30%，编号为 510的工作完成30%，其他编号工作按计划未开始，则可通过计算得到截至2017年6月该项目计划工作的预算成本（*BCWS*）=1522.84万元。

根据EPC工程总承包项目的成本动态控制过程，现在实时测量并统计挣得值，通过实时现场监督可以得到具体的工程进度情况，根据工程进度计算得到挣得值*BCWP*，即完成工作量百分比的该项工作计划费用。由于项目实施过程中各项工作在每天的费用均有记录资料，因此可以统计得到该时点各项工作的实际费用*ACWP*。表5-7为2017年6月的工作量完成百分比、该时点挣得值*BCWP*、各项工作在该时点的实际费用*ACWP*。

工程实际完成进度占比与*ACWP*、*BCWP*计算表　　表5-7

项目名称：泸州市某医教园区校医院土建工程			日期：2017年6月	
项目编号：000				
任务名称	完成工作量	完成进度占比	各项实际工费用（*ACWP*）（万元）	各项工作挣得值（*BCWP*）（万元）
表土清理	100%	已完成	13.5	15.5
土方开挖	100%	已完成	22.5	23.68
土方填筑	100%	已完成	14.8	15.1
底板防水施工	100%	已完成	33.4	31.4
承台、底板施工	100%	已完成	132.3	125.5
地下室外墙防水、保湿、保护墙	100%	已完成	17.8	19.5
墙板、顶板柱施工	100%	已完成	295.5	306.13
一层框架	100%	已完成	275	265.8
二层框架	100%	已完成	235.3	248.8
三层框架	100%	已完成	248.2	256.5
四层框架	60%	钢板结束钢筋完成2/5	123.4	129.22
钢结构制作	90%	主构件基本制作完成	87.32	79.91
钢结构安装	25%	安装25%	47.6	12.02
一层墙体	30%	完成1~4轴墙体	15.51	6.17
累计完成工作费用（万元）			1562.13	1535.23
项目挣得值（万元）			1562.13	1535.23

本项目是从2017年2月1日~2017年12月31日，可以在每月月底进行项目进度检测，根据上述方法计算得到各个时点的挣得值（*BCWP*）；可以根据每月月底的计划进度计算得到各个时点的项目计划工作预算成本（*BCWS*）；可以根据每日费用记录资料计算得到各个时点的已完成工作预算成本（*ACWP*）。

由于资料有限，因此只以2017年6月这个时点进行具体分析。根据上文已经得到该时点的$BCWP$=1535.23万元，$ACWP$=1562.13万元，$BCWS$=1522.84万元。由对应评价体系公式可得，成本偏差指标$CV=BCWP-ACWP=-26.9$万元，进度偏差指标为$SV=BCWP-BCWS=12.39$万元，$ACWP>BCWP>BCWS$，$CV<0$，$SV>0$。因此，该时点的实际成本大于预算成本，实际进度快于计划进度。由此可知，项目在该时点效率较低，实际进度提前，投入超前，费用超支。根据“理论模型+挣值法”投资管控方案，对本项目投资管控问题进行具体分析。

对于项目存在的费用超支的现象，可根据项目具体实施情况分析，采取成本控制措施。假设该计算时点属于项目施工阶段，依据投资管控理论模型，可采取以下措施进行成本控制：加强施工监理，变更管理进行成本控制；也可划分项目任务，根据不同任务特点采取不同的措施；优化施工方案、提高效率、加强质量管理减少返工、加强沟通以降低成本。

对于项目进度超前现象，可调出项目需要的部分人员以减缓项目实施进度。在保证项目能够保质保量完成的基础上，对于项目进度提前的经验进行记录，通过经验积累，提高类似项目的实施效率。

四、结论与展望

本书在EPC总承包项目全生命周期投资控制理论和文献分析法的基础上，分析EPC建设总承包项目在全生命周期内的投资控制要点，并形成投资管控要点一览表。引入动态控制原理，用于项目全生命周期投资管控中，利用挣值法寻找到基于动态控制原理的实际方法。具体研究结论如下：

第一点，形成了EPC建设总承包项目全生命周期的投资管控一览表，并提出EPC项目各阶段投资管控的重要要点。运用文献分析法对国内外投资失控的案例研究进行分析，进而确定我国EPC总承包项目全生命周期的投资管控要点，随后运用半结构化访谈的方法对初步确定的控制要点进行补充、修正和完善，为后续投资管控具体分析打好基础。

第二点，引入动态控制原理，建立基于动态控制原理的EPC投资管控分析理论模型。针对EPC工程总承包项目实施具体情况，分别对EPC项目全流程投资管控要点进行具体分析，提出基于动态控制原理的EPC项目投资动态控制方案。

第三点，提出基于动态控制原理的EPC投资管控方案，即“理论模型+挣值法”投资管控方案。本书从业主视角对所研究的工程投资动态控制问题进行分析，运用挣值法计算可定量分析工程的具体实施状况，针对工程实施具体情况采取相应措施，以达到投资动态管控的目的。

参考文献

［1］龙亮，李芬，尹贻林，等.基于价值共创的EPC项目设计管理研究［J］.建筑经济，2021，42（7）：40-44.

［2］Cheung S O，Wong W K，Yiu T W，et al.Developing a trust inventory for construction contracting［J］.International Journal of Project Management，2011，29（2）：184-196.

［3］尹贻林，董宇，王垚.工程项目信任对风险分担的影响研究：基于扎根理论的半结构性访谈分析［J］.土木工程学报，2015，48（9）：117-128.

［4］Cruz C O，Marques R C.Flexible contracts to cope with uncertainty in public - private partnerships［J］.International Journal of Project Management，2013，31（3）：473-483.

［5］Chiara N，Kokkaew N.Risk analysis of contractual flexibility in BOT negotiations：A quantitative approach using risk flexibility theory［J］.International Journal of Engineering and Management，2009，1（1）：71-79.

［6］赵华.风险分担对工程项目管理绩效的作用机理研究［D］.天津：天津大学，2012.

［7］Wikstrom S.The customer as co-producer［J］.European Journal of Marketing，1996（4）：6-19.

［8］Ramirez R.Value co-production：intellectual origins and implications for practice and research［J］.Strategic Management Journal，1999（1）：49-65.

［9］Vargo S L，Lusch R F.Service-Dominant Logic：What it is，What it is not，What it might be.［M］.M.E.Sharpe，2006.

［10］Prahalad C K，Ramaswamy V.Co-opting customer competence［J］.Harvard Business Review，2000，78（1）：79-90.

［11］Prahalad C.K，Rarnaswamy V.Co-creation experiences：The next practice in value creation［J］.Journal of Interactive Marketing，2004（3）：5-14.

［12］何东平.基于客户参与的汽车服务链价值共创研究［D］.天津：河北工业大学，2015.

［13］李春涛，刘贝贝，周鹏.卖空与信息披露：融券准自然实验的证据［J］.金融研究，2017，447（9）：130-145.

［14］于海丰.EPC总承包项目风险管理研究［D］.南京：东南大学，2006.

［15］曹珊.解读《建设项目工程总承包合同（示范文本）》［J］.项目管理评论，2021（2）：26-31.

［16］楚伟峰.设计牵头EPC联合体工程风险管理研究［D］.郑州：郑州大学，2021.

［17］仉乐.国际工程总承包合同范本比较研究［D］.天津：天津大学，2007.

［18］张驰，何坤，张文杰，等.2020版与2011版建设项目工程总承包合同示范文本对比分析［J］.建筑经济，2021，42（11）：40-44.

［19］张嘉鼎.建筑工程总承包项目风险分担研究［D］.哈尔滨：哈尔滨工业大学，2020.

［20］朱冰.H办公楼项目建筑工程设计风险分析及管理［D］.北京：北京化工大学，2016.

[21] 赵珊珊.工程总承包模式下的风险分担理论与实证研究 [D]. 天津：天津大学，2006.

[22] Ndekugri，Mcdonnell.Differing Site Conditions Risks：A FIDIC/Engineering and Construction Contract Comparison [J]. Engineering Construction and Architec-tural Management，1999，6 (2)：177-187.

[23] Li，et al.The Allocation of Risk in PPP/PFI Construction Projects in the UK [J]. International Journal of Project Management，2005 (23)：25-35.

[24] Khazaeni，et al.Optimum risk allocation model for construction contracts：fuzzy TOPSIS approach [J]. Canadian Journal of Civil Engineering，2012，39 (7)：789-800.

[25] 杜亚灵，尹贻林.不完全契约视角下的工程项目风险分担框架研究 [J]. 重庆大学学报 (社会科学版)，2012，18 (1)：65-70.

[26] 张水波，何伯森.工程项目合同双方风险分担问题的探讨 [J]. 天津大学学报 (社会科学版)，2003 (3)：257-261.

[27] 楼海军.国际EPC工程风险分担原则研究 [J]. 混凝土与水泥制品，2010 (4)：20-22.

[28] 刘雷，杜秀红，毛晔，等.公共工程招标投标及合同签订阶段舞弊风险控制审计模型研究 [J]. 工程管理学报，2013，27 (3)：51-56.

[29] 党建军.基于国内外施工合同范本的风险分担比较研究 [D]. 大连：大连理工大学，2017.

[30] 孟宪海，赵启.EPC模式下发包人和承包商的风险分担与应对 [J]. 国际经济合作，2004 (12)：45-46.

[31] 朱冰，李启明.工程项目风险分担问题的探讨 [J]. 江苏建筑，2005 (3)：50-52.

[32] 王东.海外EPC总承包项目风险管理研究 [D]. 广州：华南理工大学，2014.

[33] 尹贻林，王垚.工程项目信任对风险分担的影响研究：基于扎根理论的半结构性访谈分析 [J]. 土木工程学报，2015，48 (9)：117-128.

[34] 徐志超.信任对工程项目管理绩效的作用机理研究：模型建立与实证分析 [D]. 天津：天津理工大学，2013.

[35] Cruz，Marques.Flexible contracts to cope with uncertainty in public - private partnerships [J]. International journal of project management，2013，31 (3)：473-483.

[36] 侯思婷.设计院牵头的EPC总承包联合体内部风险动态分担研究 [D]. 长沙：长沙理工大学，2019.

[37] 许雷.政府投资水利工程项目风险管理研究 [D]. 南宁：广西大学，2021.

[38] 郭威.基于AHP方法选择以设计为龙头的EPC风险管理关键因素 [J]. 广东水利水电，2010 (6)：39-41.

[39] 宋洪兰.面向总承包商的水电EPC项目风险分析 [D]. 天津：天津大学，2010.

[40] 曹力.水利工程EPC合同关键风险及防范对策 [J]. 水利技术监督，2022 (1)：63-66.

[41] 唐浩中.水利水电工程项目监理合同风险控制方法研究 [J]. 水利技术监督，2020 (6)：142-143，

254，269.

［42］梁彬彬.水利水电工程征地移民存在的问题及解决措施［J］. 水利电力技术与应用，2022，4（2）：176-178.

［43］黄从钢.大型水电工程EPC总承包风险分担实践探索［J］. 四川建筑，2020，40（6）：300-302.

［44］李超娟，罗福周.EPC承包模式下水电工程风险管理研究［J］. 人民黄河，2013，35（5）：115-117.

［45］李伟.国际水电项目总承包风险管理研究［D］. 大连：大连理工大学，2012.

［46］孙晨.水利设计院 EPC工程总承包项目的风险管理研究［D］. 武汉：华中师范大学，2021.

［47］张清振.基于伙伴关系的国际水电EPC项目设计管理研究［D］. 北京：清华大学，2018.

［48］吴小刚，黄有亮.EPC与传统DBB模式下的设计管理比较研究［J］. 建筑设计管理，2007（5）：36-38.

［49］李佳恬.全过程工程咨询视角下EPC项目设计管理核心业务研究［D］. 天津：天津理工大学，2021.

［50］陈凡.EPC 建设项目总承包的成本控制研究［D］. 天津：天津大学，2007.

［51］尹贻林.《贻林微观察》EPC篇［J］. 中国招标，2021（11）：11-14.

［52］Salmon，W A.Practical risk management for EPC/design-build projects：manage risks effectively-stop the losses［M］. Chichester，UK：John Wiley & Sons，Ltd，2020.

［53］Knotten V，Lædre O，Hansen G K.Building design management-key success factors［J］. Architectural Engineering and Design Management，2017.

［54］Farry M.Design Management.Modder and Stoughton［M］. London，1966：34-36.

［55］Gorb P.Introduction：What is design management［J］. Design Management：Papers from the London Business School，1990：1-12.

［56］Blaich R.Global design［J］. Journal of Product Innovation Management：AN INTERNATIONAL PUBLICATION OF THE PRODUCT DEVELOPMENT & MANAGEMENT ASSOCIATION，1988，5（4）：296-303.

［57］Sanjay L A，Paul D.The impact of design management and process management on quality an empirical nvestigation［J］. Journal of Operations Management，2000：23-25.

［58］Ahopelto J.Design Management as a strategic instrument［M］. Vaasa：Universitas Wasaensis，2002：15-20.

［59］沙励，官嫣嫣.EPC 总承包模式下的设计增值体现［J］. 价值工程，2015（28）：1-2.

［60］王进友.EPC 总承包模式下的项目设计管理研究［D］. 天津：天津大学，2008.

［61］王腾飞，唐文哲，漆大山，等.基于伙伴关系的国际 EPC 水电项目设计管理［J］. 清华大学报（自然科学版），2016，56（4）：360-364，372.

［62］刘晓光.石油工程管理模式中基于 EPC 的项目伙伴关系的应用［J］. 民营科技，2014（5）：106.

[63] 唐文哲，强茂山，陆佑楣，等.建设业伙伴关系管理模式研究［J］. 水力发电，2008（3）：9-13，43.

[64] 袁婷.基于价值共创视角的综合交通枢纽服务设计研究［D］. 天津：天津大学，2014.

[65] 吕文学，陈茜，宋俊，等. 项目伙伴关系管理模式在建筑企业间的应用机理分析［J］. 天津大学报（社会科学版），2007，9（3）：211-213.

[66] 杨先贺，于晓田，尹贻林.EPC 总承包项目前期投资管控设计管理研究［J］. 项目管理技术，2019，17（6）：7-11.

[67] Lusch R F，Vargo S L.The service-dominant logic of marketing：dialog，debate，and directions［M］. Routledge，2014.

[68] Prahalad C K，Ramaswamy V.Co-opting customer competence［J］. Harvard Bussiness Review，2000，78（1），79-87.

[69] Prahalad C K，Ramaswamy V.The new frontier of experience innovation［J］. MIT Sloan management review，2003，44（4）：12.

[70] Solomon M R，Surprenant C，Czepiel J A，et al.A role theory perspective on dyadic interactions：the service encounter［J］. Journal of Marketing，1985，49（1）：99-111.

[71] Holbrook M B，O'shaughnessy J.On the scientific status of consumer research and the need for an interpretive approach to studying consumption behavior［J］. Journal of Consumer Research，1988，15（3）：398-402.

[72] Von Hippel E.Lead users：a source of novel product concepts［J］. Management Science，1986，32（7）：791-805.

[73] Liu A H.Customer value and switching costs in business services：developing exit barriers through strategic value management［J］. Journal of Business & Industrial Marketing，2006.

[74] Gentile C，Spiller N，Noci G.How to sustain the customer experience：An overview of experience components that co-create value with the customer［J］. European Management Journal，2007，25（5）：395-410.

[75] Muñiz Jr A M，Schau H J.How to inspire value-laden collaborative consumer-generated content［J］. Business Horizons，2011，54（3）：209-217.

[76] Payne A，Storbacka K，Frow P，et al.Co-creating brands：diagnosing and designing the relationship experience［J］. Journal of Business Research，2009，62（3）：379-389.

[77] 张钰.价值共创导向下的企业——客户互动研究［J］. 经营管理者，2016（21）：1-2.

[78] 高志军，刘伟，高洁.服务主导逻辑下物流服务供应链的价值共创机理［J］. 中国流通经济，2014，28（11）：71-77.

[79] 杨学成，徐秀秀，陶晓波.基于体验营销的价值共创机理研究——以汽车行业为例 [J]. 管理评论，2016，28（5）：232-240.

[80] 胡彪，孙文鹏，孙春玲.基于 DART 模型的 EPC 建设工程项目设计阶段价值共创研究 [J]. 铁道标准设计，2014（4）：126-130.

[81] 龙亮，李芬，尹贻林，等.基于价值共创的EPC项目设计管理研究 [J]. 建筑经济，2021，42（7）：40-44.

[82] 于晓田.业主视角下EPC总承包项目前期投资管控研究 [D]. 天津：天津理工大学，2019.

[83] 柯妍.EPC项目建设全过程工程造价管理研究 [D]. 长春：长春工程学院，2021.

[84] 张浩.国际EPC合同的“变更”探讨 [J]. 国际石油经济，2013（9）：109-110.

[85] 王玉明.浅谈工程建设总承包项目变更管理 [J]. 经营管理者，2016（8）：321-322.

[86] 张水波，汪辉辉，何伯森.EPC总承包工程项目的争端与索赔 [J]. 国际经济合作，2006（2）：36-38.

[87] 孙矿生.EPC合同模式下的变更和索赔管理 [J]. 煤炭工程，2013（12）：139-141.

[88] 刘玉珂.《建设项目工程总承包合同示范文本（试行）》组成、结构与条款解读大纲（上）[J]. 中国勘察设计，2011（11）：7-16.

[89] 赵东歌.库—阿高速公路设计施工总承包管理实践 [D]. 西安：长安大学，2014.

[90] 王波.发挥设计在总承包项目中的主导作用 [J]. 石油工程建设，2013（1）：66-68.

[91] 孟宪海，次仁顿珠，赵启.EPC总承包模式与传统模式之比较 [J]. 国际经济合作，2004（11）：49-50.

[92] 陈玉伟.浅析国内（总承包公司的）EPC项目管理现状和发展方向 [J]. 科技创新导报，2008（12）：187-188.

[93] 樊飞军.EPC工程总承包管理在项目中的应用与探讨 [J]. 建筑经济，2006（9）：49-51.

[94] 王伍仁.EPC工程总承包管理 [M]. 北京：中国建筑工业出版社，2008.

[95] 胥善林.基于总承包模式的工程项目管理研究 [D]. 重庆：重庆大学，2004.

[96] 刘华，黄小龙.EPC 合同争端预警及案例分析 [J]. 重庆大学学报，2014，37（9）：144-150.

[97] 于海丰，成虎.工程总承包的发展过程和发展动力 [J]. 基建优化，2005（2）：35-38.

[98] 尹贻林，侯春梅，李贺.激励理论下承包商合理化建议奖励模 [J]. 武汉理工大学学报（信息与管理工程版），2013（1）：102-105.

[99] 胡宇.A工程公司EPC项目全生命周期价值工程应用研究 [D]. 上海：华东理工大学，2016.

[100] 李建彬，付荣华.工程总承包项目管理中设计变更的控制措施 [J]. 四川水力发电，2012（S1）：7-9.

[101] 曾斐.基于价值工程的Z公司总承包项目成本优化研究 [D]. 济南：山东大学，2016.

[102] 郭彧，徐泽泉.越南缘何EPC工程设计优化与管理 [J]. 中国水泥，2011（11）：54-56.

[103] 罗继明，孙春雷.优化设计在国际施工总承包工程中的几点探索［J］. 科技创新导报，2016（27）：26-27.
[104] 苏金亮.老挝会兰庞雅EPC项目设计方案的优化［J］. 四川水力发电，2015（S1）：10-12.
[105] 谌伟，靖立秋，王力尚，等.价值工程在中东地区EPC项目中的应用研究［J］. 施工技术，2013（4）：101-104.
[106] 王会见.国际EPC工程项目管理研究——印尼糖厂建设项目实践［D］. 上海：复旦大学，2013.
[107] 马代均，杨林虎.价值工程理论在沙特扎瓦尔港EPC项目中的应用［J］. 珠江水运，2016（7）：76-77.
[108] 赖炜.价值工程在工程项目管理中的应用研究［D］. 上海：上海财经大学，2005.
[109] 陈鑫.A医院总承包项目协调管理研究［D］. 广州：华南理工大学，2015.
[110] 王延树，成虎.EPC总承包新型计价合同——目标合同应用研究［J］. 重庆建筑大学学报，2008（5）：73-76.
[111] 李健，王力尚，朱建潮.价值工程在国际EPC项目中的应用研究［J］. 施工技术，2013（6）：55-57.
[112] 王孟钧，崔忠东，宋程鹏.大型建筑企业运作F-EPC项目的战略构思［J］. 土木工程与管理学报，2013（1）：56-61
[113] 左国祥.缩短工期提高电站建设效益［J］. 电力建设，1990（6）：53-55.
[114] 古今强.浅谈监理单位的合理化建议——兼议监理合同示范文本的奖励条款［J］. 建设监理，2001（3）：20-21.
[115] 孙政.施工项目成本控制及应用研究［D］. 西安：西安建筑科技大学，2006.
[116] 黄建陵，杨丁颖. 铁路地质灾害防治工程经济效益分析方法研究［J］. 铁路工程学报，2008（2）：100-103.
[117] 俞柳，徐柳，夏际平.工期奖惩条件下的投标策略.浙江建筑［J］，2009，26（12）：71-73.
[118] 牛艳丽.工程项目监理激励机制研究［D］. 西安：西安建筑科技大学，2008.
[119] 杨长明.浅议施工企业的合理化建议活动［J］. 发展战略，2012（8）：7-9.
[120] 李伟.基于施工组织设计优化降低施工成本书［D］. 北京：清华大学，2013.
[121] 雷杨，梁忠民.防洪工程经济效益计算方法研究进展［J］. 水利经济 2013，26（3）：69-70.
[122] 丁正红，李蕊，胡致江.基于价值工程的建设合同激励机制研究——以深圳国际低碳城建设项目为例［J］. 建筑经济，2014（2）：30-32.
[123] 殷继兴.海外铁路EPC项目的设计管理和优化对策［J］. 高速铁路技术，2012（2）：6-9.
[124] 曾雪涛.基于EPC模式的某开敞式近海海域码头设计优化与控制浅析［J］. 珠江水运，2014（12）：4-5.

[125] 杨永亮.国内某多晶硅EPC项目的设计管理［D］. 北京：清华大学，2014.
[126] 古宛娴.浅议建筑工程施工工期的缩短［J］. 西部探矿工程，2006（2）：197-198.
[127] 张尚.工程合同激励机制研究［J］. 项目管理技术，2013，11（3）：59-63.
[128] 柯洪，张熙.计提奖励方式下提前竣工奖励标准制定问题研究［J］. 建筑经济，2016（10）：62-65.
[129] 赵棣.基建项目与施工工期优化的经济效益及其分配［J］. 国外建材科技，2003（1）：83-85.
[130] 李真，孟庆峰，盛昭瀚.考虑公平关切的工期优化收益共享谈判［J］. 系统工程理论与实践，2013（1）：82-91.
[131] 江嘉旻，孙永广，吴宗鑫.收益激励的优化与最优工期的选择［J］. 系统工程，2000（3）：5-10.
[132] 王晓.大型工程项目管理理论与方法研究［D］. 成都：西南交通大学，2005.
[133] 薛玉琴.关于地铁工程变更的审批及赶工费的审核问题研究［J］. 科技创新导报，2009（29）：11-12.
[134] 陈长宏，李岚，宋文生.建设工程项目工期优化分析［J］. 郑州航空工业管理学院学报，2003，21（3）：84-85.
[135] 关为泓，关柯.建设项目施工工期优化的经济效益及其分配［J］. 哈尔滨建筑大学学报，1998，31（4）：99-104.
[136] 张云，吕萍，宋吟秋.总承包工程建设供应链利润分配模型研究［J］. 中国管理科学，2011，19（4）：98-104.
[137] 柳瑞禹.电力建设工程管理博弈分析［M］. 北京：科学出版社，2009.
[138] Sun SR，SUN N，CUI XI.Third-party game of balancing and system design and management of progress［J］. Beijing：Science Press，2010：101-102.
[139] 杨莹.EPC模式下总承包商成本影响因素分析及评价研究［D］. 成都：西华大学，2018.
[140] 杜玲玲.基于EPC总承包模式的工程项目管理协同度评价研究［D］. 兰州：兰州交通大学，2021.
[141] 冯违.EPC 工程总承包项目的合同管理研究［D］. 广州：华南理工大学，2012.
[142] 裔小秋.EPC 总承包模式下的业主合同管理研究与实践［D］. 郑州：郑州大学，2016.
[143] 杨渫.浅谈EPC模式下业主方的全过程投资管控措施［J］. 江西建材，2022（3）：240-241.
[144] 郭园园.EPC供应链中工程总分包间依赖对合作绩效的影响研究［D］. 天津：天津理工大学，2018.
[145] 尹贻林，杜亚灵.基于信任建立的工程项目内耗效应治理机制［J］. 国际经济合作，2014（3）：58-62.
[146] 林庆，于晓田.基于全生命周期的EPC项目投资管控要点分析［J］. 工程经济，2019，29（7）：43-47.
[147] 张江华.利用动态控制的原理对水利工程进行进度目标控制［J］. 吉林水利，2016（1）：59-62.
[148] 夏亚运.基于BIM技术的EPC项目成本控制研究［D］. 杭州：浙江大学，2020.

[149] 杨先贺，于晓田，尹贻林.EPC总承包项目前期投资管控设计管理研究［J］. 项目管理技术，2019，17（6）：7-11.

[150] 鲁贵卿. “工程项目成本管理方圆图”理论模型解析［J］. 施工企业管理，2016（5）：88-91.

[151] 王二红.临汾热电工程EPC总承包项目成本管理研究［D］. 北京：华北电力大学（北京），2011.

[152] 傅轶.建筑企业全面成本管理体系的构建与实施［J］. 管理观察，2017（2）：27-29.

[153] Moreau K A，Back W E.Improving the design process with information management［J］. Automation in Construction，2000，10（1）：127-140.

[154] Li et al.Internet-based database management system for project control［J］. Engineering，Construction and Architectural Management，2006.

[155] Gu et al.Hierarchy probability cost analysis model incorporate MAIMS principle for EPC project cost estimation［J］. Expert Systems with Applications，2011，38（7）：8087-8098.

[156] 张庆猛.项目建设全过程的投资控制［J］. 商讯，2021（2）：187-188.

[157] 江泽昭.设计阶段建设工程造价控制的关键性［J］. 四川建材，2008，34（6）：253-256.

[158] 于晓田.业主视角下EPC总承包项目前期投资管控研究［D］. 天津：天津理工大学，2019.

[159] 李锦荣.浅析建设工程项目周期各阶段对投资的影响［J］. 同煤科技，2011（4）：48-50.

[160] 郭红珍.建设工程项目全过程工程造价动态控制原理［J］. 中国集体经济，2021（32）：25-27.

[161] 魏鸿娟.EPC模式下业主投资控制系统的理论及其应用研究［D］. 长沙：湖南大学，2013.

[162] 高洁.关于生产企业在 EPC 总承包模式下全过程造价控制的研究［J］. 化肥设计，2018，56（4）：59-61.

[163] 张毅.政府工程投资控制研究［D］. 天津：天津大学，2004.

[164] 孙鹏璐.基于 BIM 的建设项目投资控制研究［D］. 徐州：中国矿业大学，2015.

[165] 阳淑瑗.赢得值原理在造价动态控制中的应用［D］. 武汉：武汉大学，2004.

[166] 马丽娜.建设工程项目工程造价全过程动态控制原理［J］. 科技创新导报，2010（35）：107.

图书在版编目（CIP）数据

工程总承包项目投资管控理论与实务 / 钟泉，郑子英，丁燕梅主编 . —北京：中国建筑工业出版社，2022.9
（新时代工程咨询与管理系列丛书）
ISBN 978-7-112-27917-3

Ⅰ.①工… Ⅱ.①钟… ②郑… ③丁… Ⅲ.①建筑工程—承包工程—投资项目—项目管理 Ⅳ.① TU71

中国版本图书馆 CIP 数据核字（2022）第 167659 号

责任编辑：朱晓瑜　张智芊
责任校对：李辰馨

新时代工程咨询与管理系列丛书
工程总承包项目投资管控理论与实务
钟　泉　郑子英　丁燕梅⊙主编
尹贻林　李孝林　张瑞瑞⊙主审
*
中国建筑工业出版社出版、发行（北京海淀三里河路 9 号）
各地新华书店、建筑书店经销
北京海视强森文化传媒有限公司制版
北京市密东印刷有限公司印刷
*
开本：787 毫米 × 1092 毫米　1/16　印张：13　字数：281 千字
2022 年 12 月第一版　2022 年 12 月第一次印刷
定价：**55.00** 元
ISBN 978-7-112-27917-3
（40065）